能量分布对激光焊接质量的调控

艾岳巍　著

本书彩图

北　京
冶　金　工　业　出　版　社
2024

内 容 提 要

本书主要从能量角度论述了激光焊接过程中的能量分布特征、焊缝形貌与组织的调控机制及焊接过程能量分布的智能调控，内容包括：激光焊接焊缝的形成过程与特征，激光焊接熔池小孔动力学模型与仿真，激光焊接过程能量分布特征及调节，激光焊接焊缝形貌特征的识别、能量分布对焊缝形貌的影响及对焊缝形成过程的调控，激光焊接过程焊缝微观组织演变、能量分布对焊缝微观组织特征的影响及调控，激光焊接过程能量分布智能调控方法及其实现等。

本书可供从事激光加工和技术研发的工程技术人员阅读，也可供大专院校有关专业的师生参考。

图书在版编目（CIP）数据

能量分布对激光焊接质量的调控 / 艾岳巍著.
北京 : 冶金工业出版社，2024. 9. -- ISBN 978-7-5024-9986-0

Ⅰ. TG456. 7

中国国家版本馆 CIP 数据核字第 2024D0J725 号

能量分布对激光焊接质量的调控

出版发行 冶金工业出版社　　**电　话** (010)64027926
地　址 北京市东城区嵩祝院北巷 39 号　　**邮　编** 100009
网　址 www. mip1953. com　　**电子信箱** service@ mip1953. com

责任编辑 高 娜　美术编辑 彭子赫　版式设计 郑小利
责任校对 李欣雨　责任印制 禹 蕊
北京建宏印刷有限公司印刷
2024 年 9 月第 1 版，2024 年 9 月第 1 次印刷
710mm×1000mm 1/16；15. 25 印张；297 千字；234 页
定价 128. 00 元

投稿电话 (010)64027932　投稿信箱 tougao@cnmip. com. cn
营销中心电话 (010)64044283
冶金工业出版社天猫旗舰店 yjgycbs. tmall. com
（本书如有印装质量问题，本社营销中心负责退换）

前 言

近年来，激光焊接技术高速发展，凭借其高效率、高精度、低变形等优势，在航空航天、轨道交通、汽车制造、海洋船舶等领域被广泛应用。在激光焊接过程中，材料吸收激光能量涉及熔化、蒸发等多物态转变的复杂传热传质行为，容易影响焊接过程的稳定性，导致焊接缺陷的形成，严重降低焊接构件的综合服役性能。如何调节激光焊接过程中能量的分布特征，进而调控焊接过程的稳定性和焊接质量，已成为激光焊接技术进一步发展的技术瓶颈。目前，从能量分布方面调控激光焊接质量，已成为国际研究的热点，并取得了显著的研究成果。

作者根据十余年的科研实践，总结出了涉及激光焊接过程中能量分布的一系列重要成果，这些内容属于激光焊接领域的前沿科学问题，具有一定的前瞻性和先进性。本书重点阐述了能量分布对激光焊接过程中熔池小孔动力学行为的影响，在此基础上从焊缝成形形貌、微观组织等方面对激光焊接质量进行调控，旨在通过能量分布调控实现激光高质量焊接过程。

本书共分为6章：第1章为绪论；第2章论述了常规激光焊接熔池小孔动力学模型与仿真，以及振荡激光焊接动力学模型与仿真；第3章介绍了激光焊接过程能量分布特征，并论述了焊接工艺参数、束流分布方式、振荡激光束对激光焊接过程能量分布的调节；第4章重点论述了激光焊接过程能量分布对焊缝形貌的影响，以及激光焊接过程能量分布对焊缝形成过程的改善与调控；第5章介绍了激光焊接过程能量分布对焊缝微观组织特征的调控；第6章介绍了激光焊接过程能量分布智能调控方法及其实现。全书以能量分布对激光焊接质量的调控为中心，各章具有一定的独立性，读者可根据需要选择相关章节阅读。

本书的核心内容除了取自作者已发表或未发表的论文、报告等资料外，还包含作者指导的研究生的学位论文。研究生们很好地配合完成了各项课题和其他合作任务，做出了较多的创新性工作，对他们所做的贡献表示衷心的感谢。

书中引用了国内外有关文献资料，在此对文献作者深表感谢。

对焊接质量进行调控是激光焊接领域的前沿课题，目前在世界范围内仍处于不断探索和发展之中，希望本书的出版能起到抛砖引玉的作用，敬请行业专家、读者对书中不足和错误之处批评指正。

作　者

2024 年 7 月

目　　录

1 绪　论

1.1 激光焊接技术

激光焊接是一种先进的制造技术。在焊接过程中，由激光器发出的激光束通过一系列的光学元件传输变换后，聚焦形成具有特定光斑形状与能量密度的光束。光束辐射在焊接基材表面，使得基材熔化形成焊接熔池，熔池凝固之后形成焊缝，实现基材之间的熔化连接。

1.1.1 激光的产生

激光是一种利用诱发光源与增益介质之间的相互作用，通过受激辐射将光源放大的人造光源[1]。与普通光源相比，激光具有诸多的优势，包括方向性高、单色性好、相干性强、亮度高及能量密度高等[1]。激光产生的基本原理如下[2]。

1.1.1.1　受激吸收

假设一个原子系统具有 E_1 和 E_2 两种不同能级，且 $E_1 < E_2$。当处于低能级状态的原子受到一个能量为 $E_2 - E_1$ 的光子作用时，可能会吸收光子的能量，从低能级 E_1 态跃迁到高能级 E_2 态。该过程为原子的受激吸收。

1.1.1.2　自发辐射

受激吸收后原子的状态是不稳定的，会在极短时间内自发回到低能级的状态。在这一过程中原子会向外界辐射一个能量为 $E_2 - E_1$ 的光子，称为原子的自发辐射。

1.1.1.3　受激辐射和光放大

如果高能级状态的原子在自发辐射之前受到一个能量为 $E_2 - E_1$ 的外来光子的激励作用，将可能从高能级状态向低能级状态跃迁，同时将一个与外来光子同频率、同相位、同方向、同偏振态的光子辐射出去。该过程为原子的受激辐射。

一个入射光子通过受激辐射增殖为两个光子，这两个光子继续通过受激辐射增殖为四个光子。以此类推，一个入射光子将可能在原子系统中诱发产生大量全同光子。该过程为光放大。

1.1.1.4　粒子数反转与激励

与普通光源不同，激光器的发光主要为受激辐射。原子系统持续发射激光的前提是该系统中原子的受激辐射占据主导地位。为了实现这一目的，应使高能级状态的原子数量持续大于低能级状态的原子数量，即实现粒子数反转。

可见，粒子数反转对激光的持续产生至关重要。系统中不断地输入能量，使其中尽可能多的粒子转变为高能级状态，即可实现粒子数反转。该过程也称为激励。

激光器由激光活性介质、激励源和光谐振腔等部分组成[3]。其中，激光活性介质为被激励之后能实现粒子数反转的物质，激励源为能使激光活性介质发生粒子数反转的能量源，光谐振腔由两块能使光在其中反复振荡和被多次放大的反射镜构成。粒子受到激励后从低能级状态跃迁到高能级状态，并且系统中处于高能级状态的粒子数多于处于低能级状态的粒子数，实现粒子数反转，然后通过受激辐射实现光的放大[2-3]。

激光器发射出的激光由若干束光组合而成，且每束光的强度较弱，不能直接用于对金属等材料的加工。为了获得具有特定光斑形状和更高能量密度的激光束，激光器发射出的激光需要经过一系列的传输与变换。一种典型的激光焊接系统中的激光束光路传输与变换如图1.1所示。在图1.1中，箭头代表激光束传输方向。首先，由激光器发出的激光束经准直透镜组变换为准平行光；其次，激光束依次通过反射镜和分光镜到达聚焦透镜组；最后，由聚焦透镜组将激光束引导到基材上，获得特定的光斑形状和能量密度[4]。

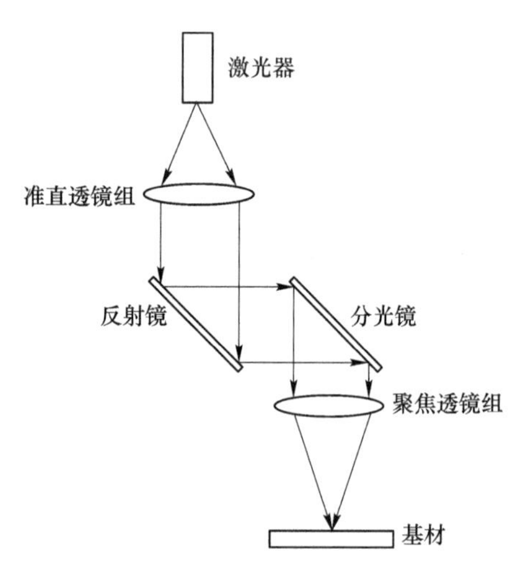

图1.1 激光焊接系统中的激光束光路传输与变换示意图[4]

1.1.2 激光器类型

在激光焊接中，常见的激光器包括二氧化碳（CO_2）激光器、Nd：YAG激光器、光纤激光器及飞秒激光器等，下面介绍这些激光器的工作原理及特点。

（1）CO_2激光器。CO_2激光器由平面反射镜、球面反射镜、输气管、放电毛细管等部分组成，如图1.2所示。CO_2激光器是一种以CO_2、氮气（N_2）和氦气（He）三种气体组成的气体混合物为增益介质的气体激光器。在激光的产生过程中，CO_2起到产生激光辐射的作用，N_2及He起到辅助作用。另外，CO_2激光器中可能还存在着一些其他的气体，如氢气（H_2）、氙气（Xe）和水蒸气等，这些气体的主要作用是在增加激光器输出功率的同时降低电压。CO_2激光器通过

CO_2分子的振动、转动及能级间的跃迁产生激光。其中，N_2分子被激励到亚稳态振动能级，与CO_2分子碰撞时把自身的能量转移给CO_2分子，使CO_2分子被激励。He 可以使激光下能级降低，从而能够提高激光器的效率。CO_2分子的不同振动模式，包括对称振动、弯曲振动和反对称振动，可以使激光器发射出不同波长的激光。通过调整CO_2分子中 C 原子同位素（^{12}C、^{13}C、^{14}C）和 O 原子同位素（^{16}O、^{17}O、^{18}O）的比例，可以在更大的范围内调整激光波长[5]。CO_2激光器具有效率高、输出能量高等优势，在焊接领域被广泛应用[6]。

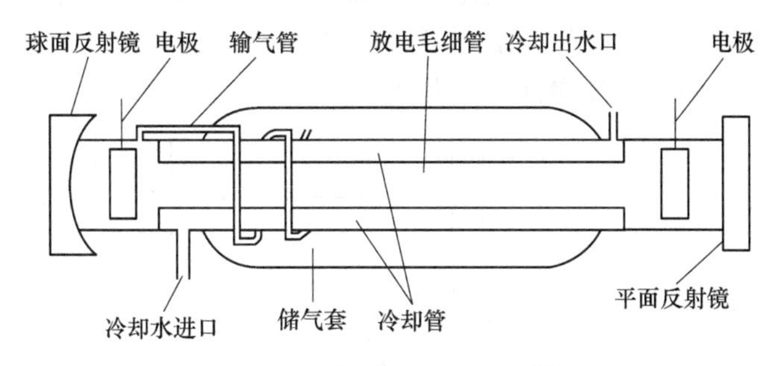

图 1.2 CO_2激光器的组成[5]

（2）Nd：YAG 激光器。Nd：YAG 激光器和CO_2激光器是激光焊接中最常用的两种高功率激光器。与CO_2激光器不同的是，Nd：YAG 激光器是一种固体激光器，以棒状 Nd：YAG 晶体作为固体增益介质。一种典型的 Nd：YAG 激光器的结构如图 1.3 所示。在 Nd：YAG 激光器中，增益介质由闪光灯沿径向方向进行光泵浦，或由激光二极管沿轴向方向进行光泵浦。在使用波长为 0.808 μm 的激光二极管沿轴向方向进行光泵浦时，可以产生波长为 1.064 μm 的激光。在该激光波长下，激光束可以通过柔性光纤进行传输。与CO_2激光器相比，Nd：YAG 激光器在系统紧凑性和传输效率方面具有显著的优势。Nd：YAG 激光器具有连续和脉冲两种工作模式，连续模式下的输出功率可以达到几千瓦，脉冲模式下的峰值功率则可以达到 20 kW[7]。Nd：YAG 激光器还具有增益高、阈值低、量子效率高及热效应小等特点，在焊接中的应用越来越广泛[8]。

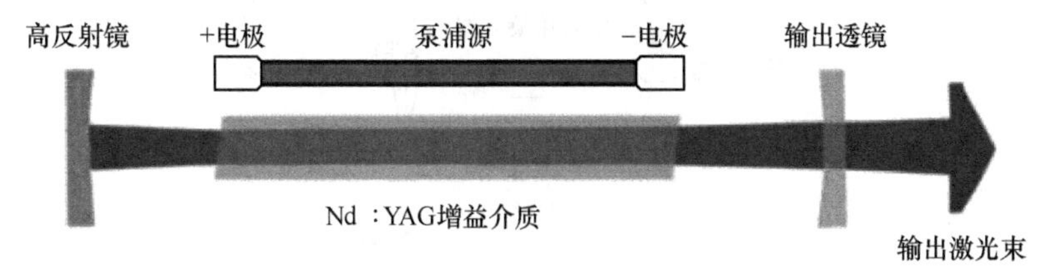

图 1.3 Nd：YAG 激光器的结构[7]

（3）光纤激光器。光纤激光器是指在光纤增益介质中掺有稀土的激光器。早期，光纤激光器在输出功率和脉冲能量等方面落后于固体激光器[7]。随着光纤激光器的不断发展，现已成为有望替代传统固体激光器的光源。在各种稀土掺杂的光纤增益介质中，Yb 掺杂光纤增益介质具有量子效率高的优势，有利于产生高功率激光，被广泛应用于光纤激光器的制造中[7]。Yb 掺杂光纤激光器的组成如图 1.4 所示。在 Yb 掺杂光纤激光器工作过程中，泵浦源通过光纤耦合进入光谐振腔内，作用于光纤增益介质，使其发生受激辐射产生光子，光子在两腔镜之间往复振荡，不断获取增益。当腔内的增益大于损耗时，形成激光，并从输出耦合镜中输出[9]。由于 Yb 掺杂光纤增益介质和光学组件的特性，光纤激光器具有电光效率高、光束质量好、抗干扰性强及系统紧凑性好等优点[7]。

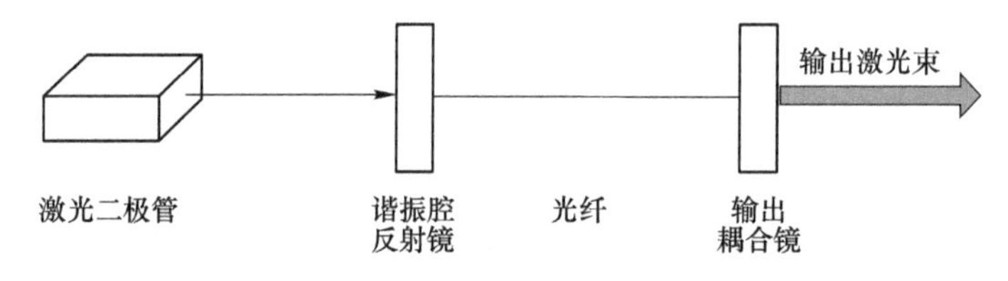

图 1.4　Yb 掺杂光纤激光器的组成[9]

（4）飞秒激光器。随着工业领域对生产效率要求的不断提高，飞秒激光器开始应用于激光焊接中，尤其是玻璃等非金属材料的焊接[10]。图 1.5 所示为一种光纤飞秒激光器的结构。在该激光器的工作过程中，泵浦激光通过波分复用器与准直器的集成器件进入谐振腔中，在高掺杂增益光纤中构造粒子数反转，由光

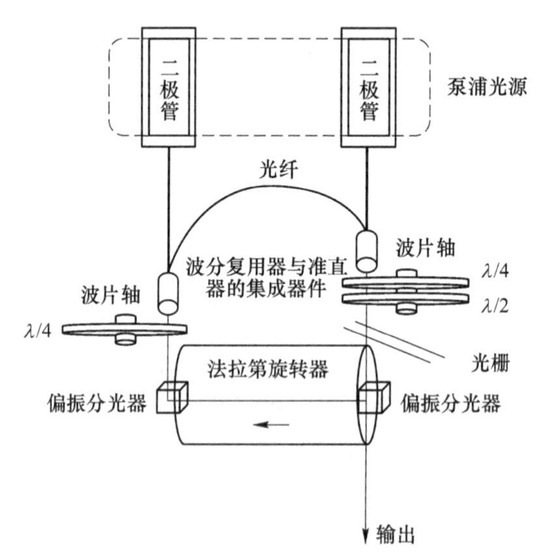

图 1.5　光纤飞秒激光器的结构[11]

纤光到空间光，再回到光纤中，形成一个完整的光学回路。同时，激光器中的各个器件和光纤共同组成一个类饱和吸收体被动锁模器件，实现脉冲的窄化及高重复频率的飞秒脉冲激光的输出。光纤飞秒激光器具有输出光谱宽、脉宽窄、稳定性好及单位时间内脉冲序列多等优点，应用前景十分广阔[11]。

1.1.3 激光焊接过程

激光器发射出的激光经光路传输与变换后转变为具有特定光斑形状与高能量密度的光束。在激光焊接过程中，高能量密度的激光束与基材发生相互作用，基材表面吸收激光束能量，吸收的能量使基材的温度迅速上升形成熔池，并以热传递的方式向周围区域传递。

当基材吸收的激光束能量较少时，这些能量不足以使熔融材料发生蒸发，熔池中熔融材料不会受到反冲压力的作用，表面未出现明显的凹陷区域。这种焊接模式称为激光热传导焊接[3]，如图 1.6（a）所示。当基材吸收的激光束能量达到一定阈值时，基材迅速熔化，熔池中局部区域温度过高，熔融材料发生蒸发，形成金属蒸气/等离子体，蒸发界面产生反冲压力。在反冲压力的作用下，熔池表面产生明显的凹陷，最终形成小孔。这种焊接模式称为激光深熔焊接，又称为激光小孔焊接[12-13]，如图 1.6（b）所示。

随着激光束沿焊接方向在基材表面向前移动，熔池前方材料不断熔化蒸发，熔池后方的能量不断散去，温度逐渐降低，熔融材料冷却凝固后形成焊缝。

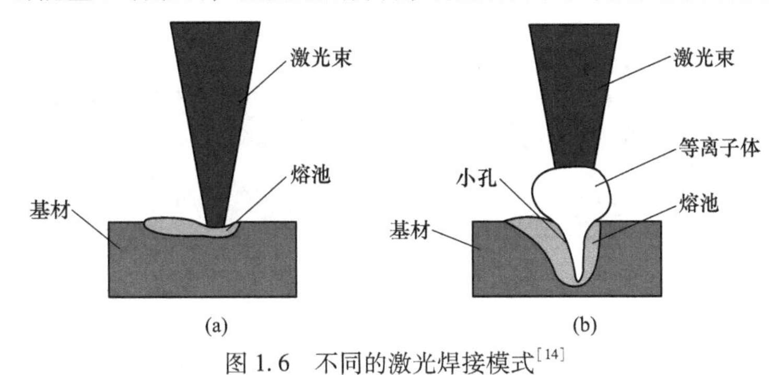

图 1.6 不同的激光焊接模式[14]
（a）激光热传导焊接；（b）激光深熔焊接

1.1.4 激光焊接工艺参数及控制

1.1.4.1 激光焊接工艺参数

激光焊接工艺参数对焊缝形成过程及接头性能具有重要的影响。在激光焊接中，工艺参数包括激光功率、焊接速度、离焦量、焊接姿态、保护气体类型和流量等。

A 激光功率

激光功率对焊接过程中的能量分布具有重要的影响，主要通过改变熔池小孔动力学行为影响焊缝的形成过程。在焊接工艺参数为焊接速度 2.0 m/min，离焦量 0 mm，激光功率 1.0 kW、1.5 kW、2.0 kW、2.5 kW 时，基材表面的能量分布如图 1.7 所示。本节中的能量密度用 E 表示。从图 1.7 中可以看出，随着激光功率的增加，基材表面的能量密度逐渐增加。这是因为在焊接速度和离焦量不变

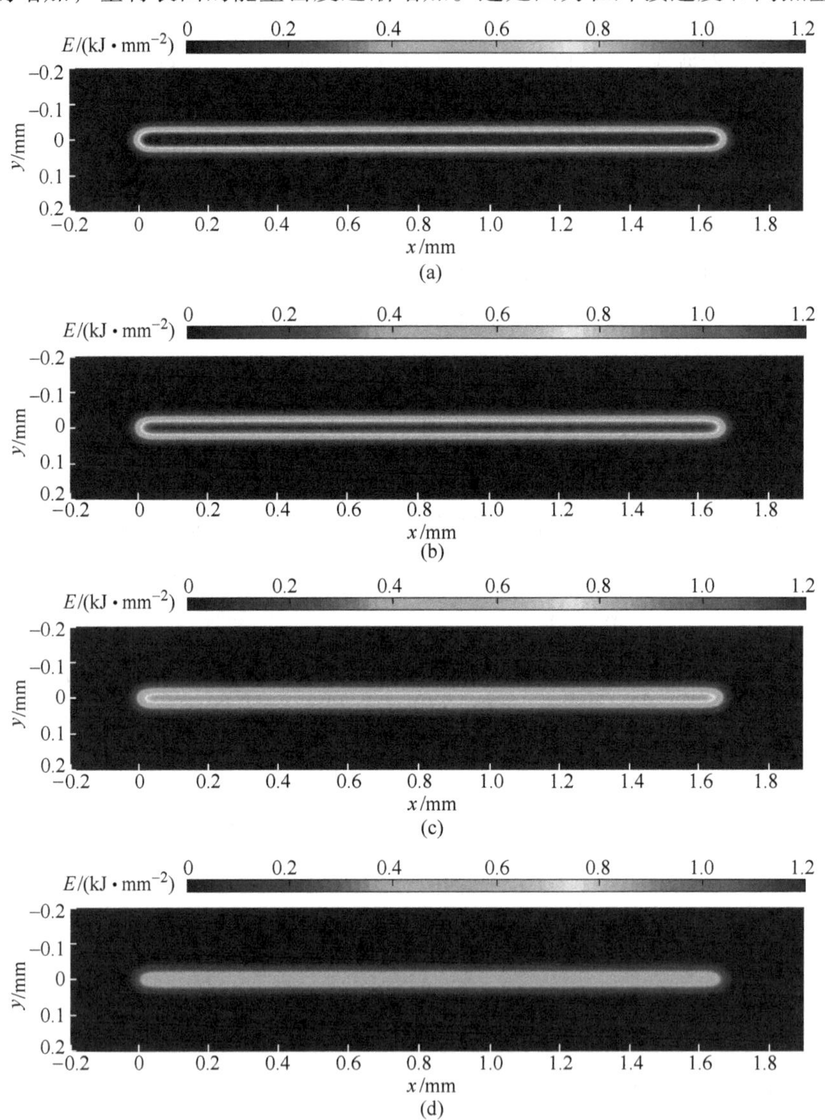

图 1.7 不同激光功率条件下基材表面的能量分布

(a) 激光功率 1.0 kW；(b) 激光功率 1.5 kW；(c) 激光功率 2.0 kW；(d) 激光功率 2.5 kW

时，随着激光功率的增加，激光束线能量逐渐增加，基材表面单位面积吸收的激光束能量增加。

B 焊接速度

与激光功率相似，焊接速度对焊接过程中的能量分布具有重要的影响。当焊接工艺参数为激光功率 2.0 kW，离焦量 0 mm，焊接速度 0.5 m/min、1.0 m/min、1.5 m/min、2.0 m/min 时，基材表面的能量分布如图 1.8 所示。从

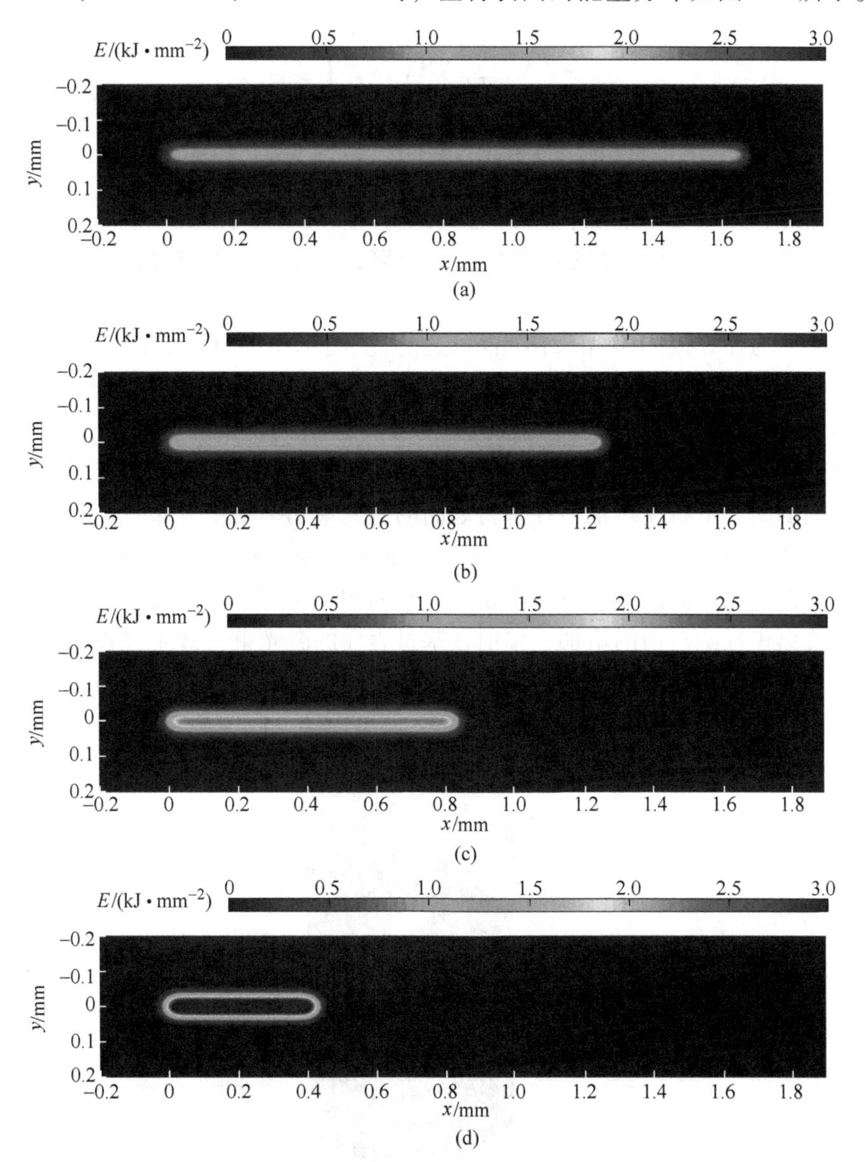

图 1.8 不同焊接速度条件下基材表面的能量分布

(a) 焊接速度 0.5 m/min；(b) 焊接速度 1.0 m/min；(c) 焊接速度 1.5 m/min；(d) 焊接速度 2.0 m/min

图 1.8 中可以看出，随着焊接速度的增加，基材表面的能量密度逐渐减小。这是因为在激光功率和离焦量不变时，随着焊接速度的增加，激光束线能量逐渐减小，基材表面单位面积吸收的激光束能量减少。

C 离焦量

激光焊接过程中所使用的激光束通常可近似为高斯光束，高斯光束在空间中的功率密度分布可表示为[15-16]：

$$E_1 = \frac{3Q}{\pi r^2}\exp\left(-\frac{3r_1^2}{r^2}\right) \tag{1.1}$$

$$r = r_0\sqrt{1 + \left(\frac{z\lambda}{\pi r_0^2}\right)^2} \tag{1.2}$$

式中，E_1 为激光束功率密度；Q 为激光功率；r 为高斯光束的有效半径；r_1 为高斯光束横截面中一点到该横截面中心点的距离；r_0 为激光束束腰半径；λ 为激光波长。

图 1.9 为在焊接中激光束离焦示意图。从图 1.9 中可以看出，当离焦量为 0 mm 时，激光束焦点位于基材表面；当离焦量大于 0 mm 时，激光束焦点位于基材表面之上，辐射在基材表面的激光束有效半径增大；当离焦量小于 0 mm 时，激光束焦点位于基材表面之下，辐射在基材表面的激光束有效半径也增大。另外，不同的离焦量将使得辐射在基材表面的激光束功率密度分布发生变化。当焊接工艺参数为激光功率 2.0 kW，离焦量−8 mm、−4 mm、0 mm、+4 mm、+8 mm 时，辐射在基材表面的激光束功率密度分布如图 1.10 所示。从图 1.10 中可以看出，随着离焦量绝对值的增加，辐射在基材表面的激光束有效半径逐渐增加，激光束功率密度峰值逐渐降低，激光束功率密度分布的均匀性逐渐提高。

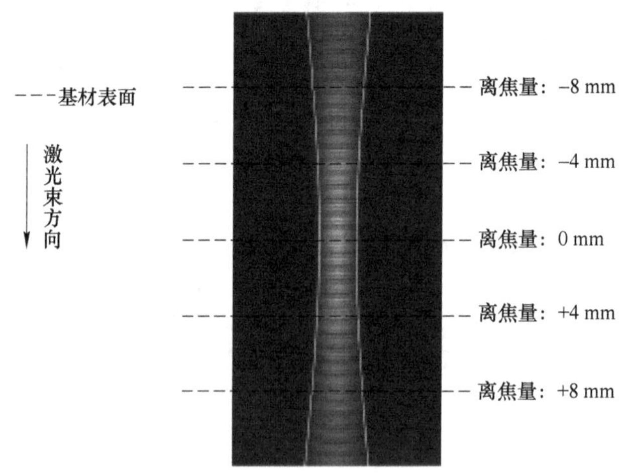

图 1.9 激光束离焦示意图

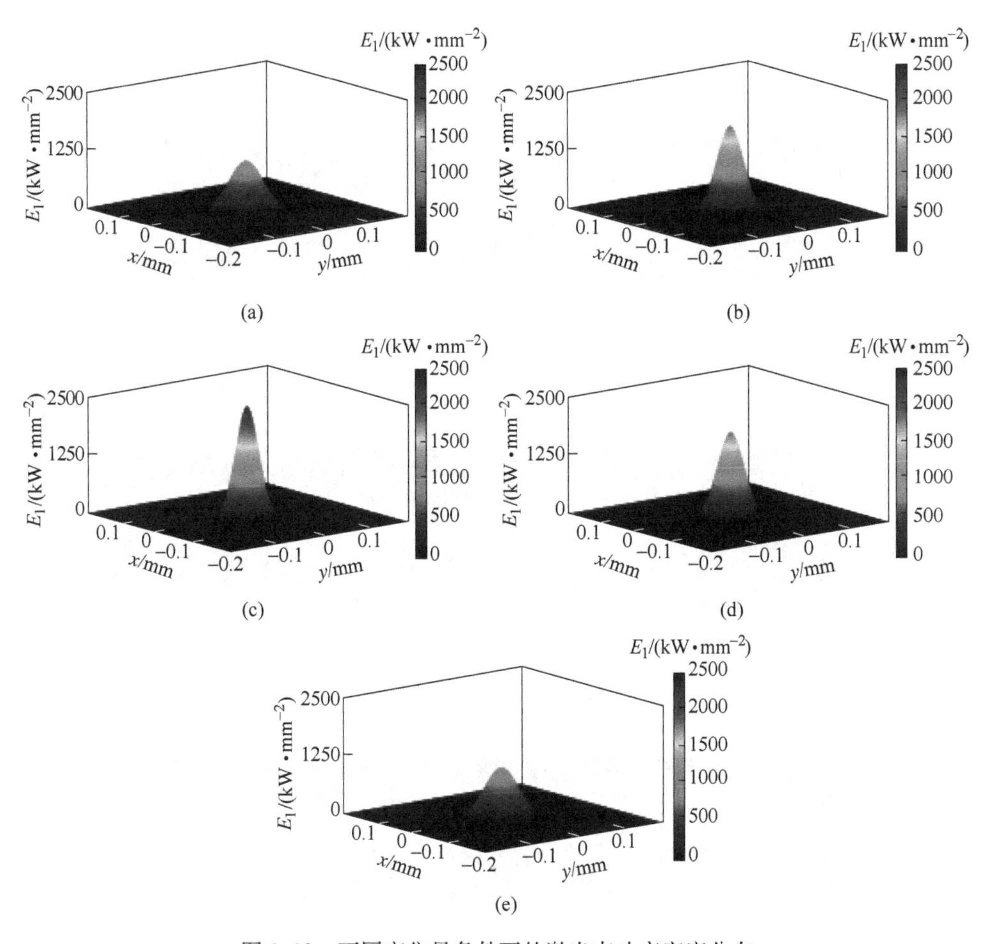

图 1.10 不同离焦量条件下的激光束功率密度分布

（a）离焦量−8 mm；（b）离焦量−4 mm；（c）离焦量 0 mm；（d）离焦量+4 mm；（e）离焦量+8 mm

当焊接工艺参数为激光功率 2.0 kW，焊接速度 2.0 m/min，离焦量−8 mm、−4 mm、0 mm、+4 mm、+8 mm 时，基材表面的能量分布如图 1.11 所示。从图 1.11 中可以看出，随着离焦量绝对值的增加，基材表面的能量密度峰

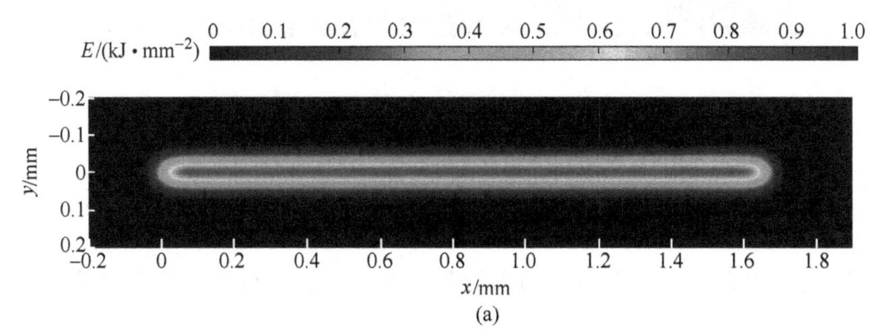

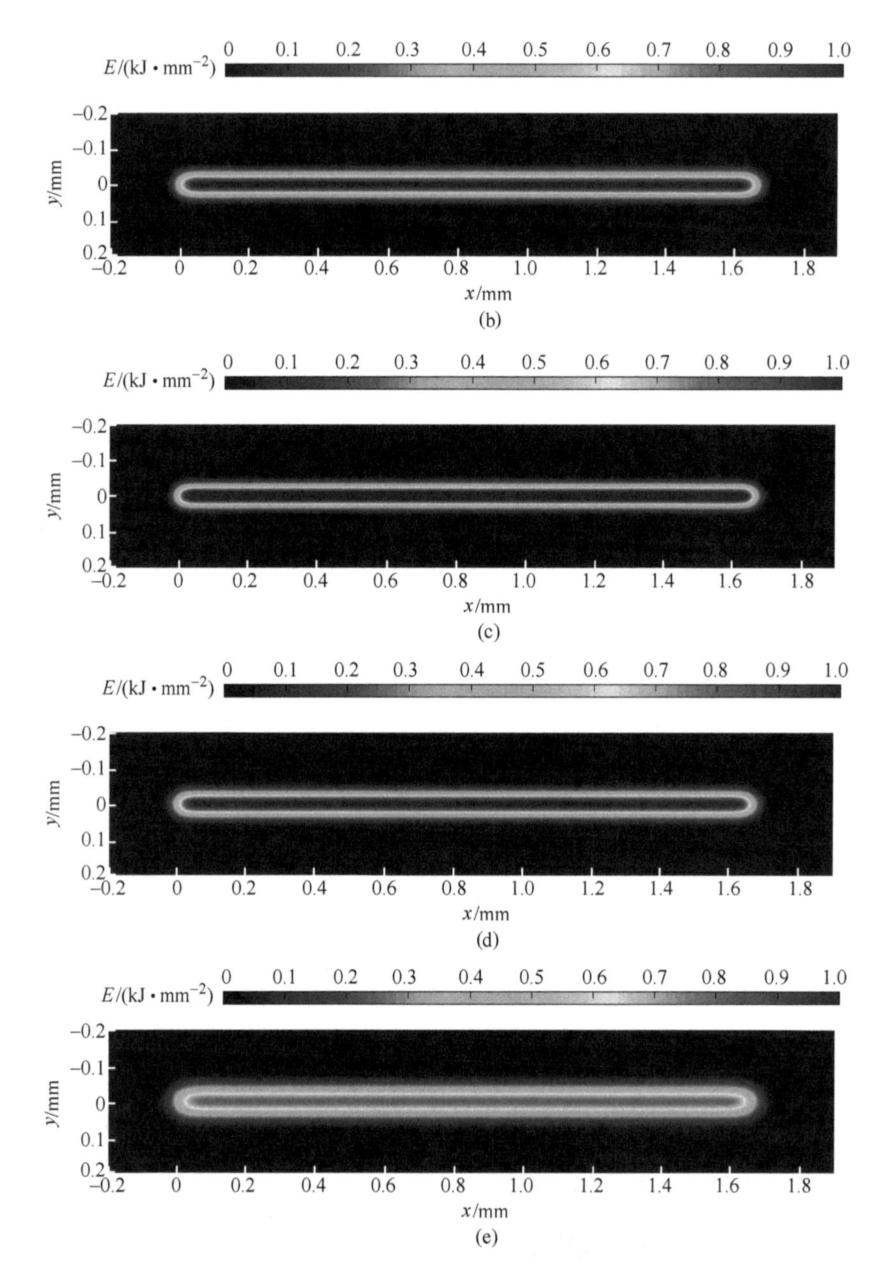

图 1.11　不同离焦量条件下基材表面的能量分布

（a）离焦量-8 mm；（b）离焦量-4 mm；（c）离焦量 0 mm；（d）离焦量+4 mm；（e）离焦量+8 mm

值逐渐降低，激光束在 y 方向上的辐射范围增加，能量分布的均匀性提高。

D 焊接姿态

激光焊接中常用的焊接姿态包括平焊、下坡焊、上坡焊、立焊，如图 1.12 所示，焊接姿态对焊缝的成形质量具有重要影响。

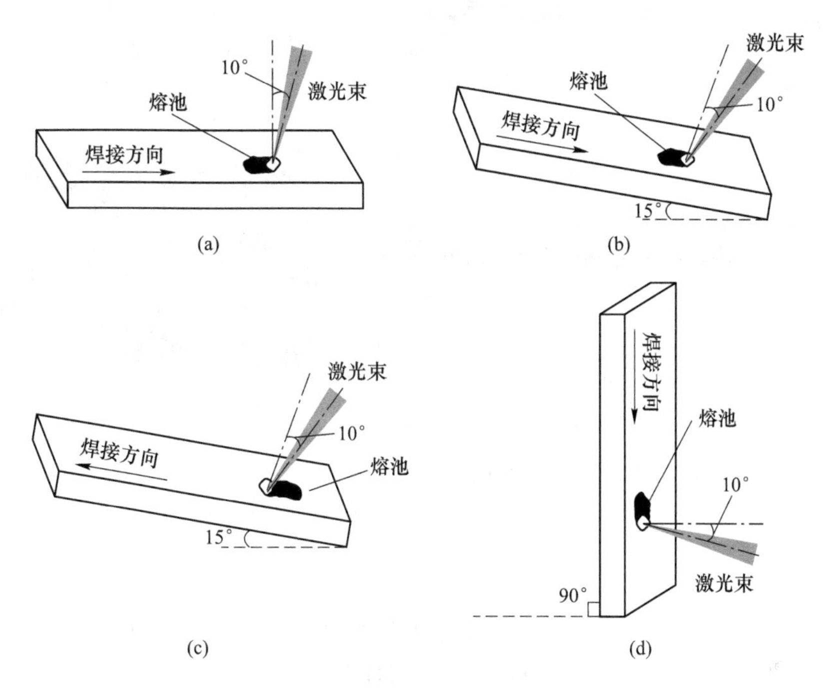

图 1.12 不同焊接姿态示意图

(a) 平焊；(b) 下坡焊；(c) 上坡焊；(d) 立焊

当焊接工艺参数为激光功率 9.0 kW、焊接速度 24.0 m/min、离焦量 0 mm 时，分别以平焊、下坡焊的姿态条件（如图 1.12（a）（b）所示）对 316L 不锈钢进行了激光焊接实验，所获得的焊缝形貌如图 1.13 所示。从图 1.13 中可以看出，采用平焊的姿态条件所获得的焊缝存在驼峰缺陷；采用下坡焊的姿态条件所获得的焊缝，未发现驼峰缺陷，并具有较大的熔深，焊缝成形质量良好。

在采用上坡焊或下坡焊的姿态条件进行焊接时，焊接基材与水平面之间的夹角是一个重要的工艺参数，如图 1.12（b）（c）所示。当该夹角为 0°时，姿态条件由上坡焊或下坡焊转变为平焊，如图 1.12（a）所示；当该夹角为 90°时，姿态条件由上坡焊或下坡焊转变为立焊，如图 1.12（d）所示。在下坡焊的姿态条件下，通过改变焊接基材与水平面之间的夹角，可以改变焊接过程中熔池的受力情况，抑制焊缝驼峰缺陷的形成[17]。

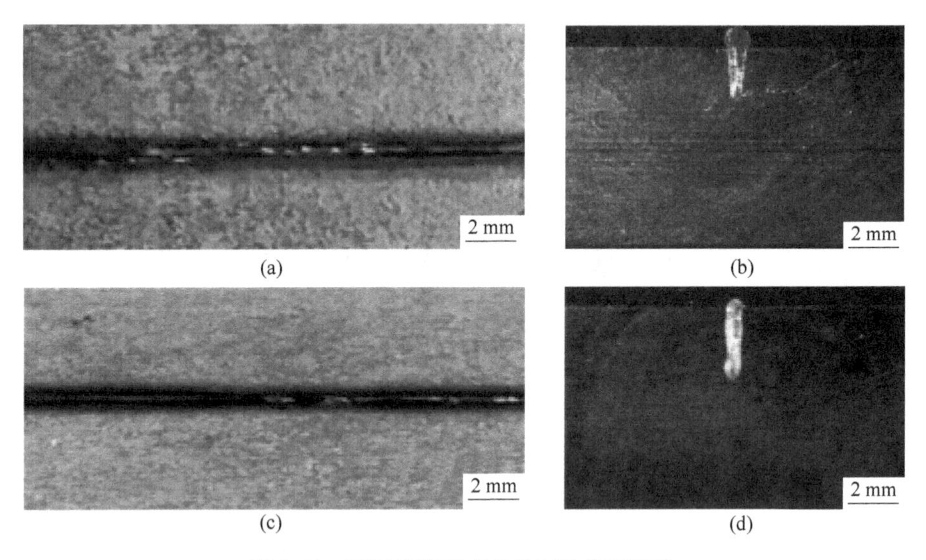

(a)　(b)　(c)　(d)

图 1.13　不同焊接姿态条件下的焊缝形貌

(a) 平焊姿态条件下焊缝的上表面；(b) 平焊姿态条件下焊缝的横截面；
(c) 下坡焊姿态条件下焊缝的上表面；(d) 下坡焊姿态条件下焊缝的横截面

E　保护气体类型和流量

在激光焊接过程中，保护气流具有吹散熔池上方的金属蒸气/等离子体、防止熔融金属氧化等作用[18]。不同的保护气体类型对激光焊接过程的作用不同。当焊接工艺参数为激光功率 20 kW、焊接速度 1.5 m/min、离焦量 0 mm 时，不同保护气体类型条件下 Q235 低碳钢激光焊接的焊缝横截面形貌如图 1.14 所示[18]。从图 1.14 中可以看出，与 Ar 保护条件下获得的焊缝相比，He 保护条件下获得的焊缝熔深更大，焊缝中存在明显的裂纹缺陷。

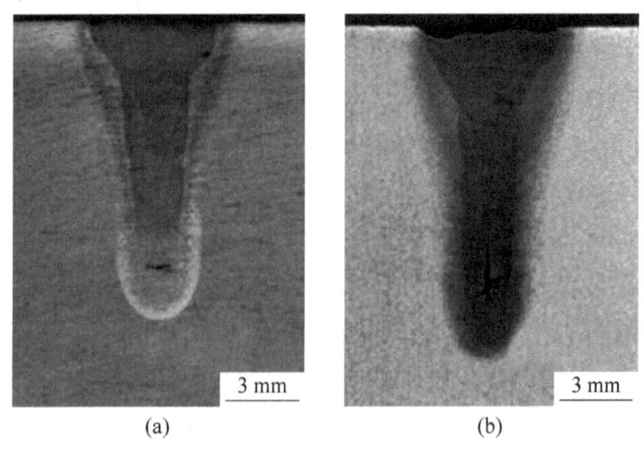

(a)　(b)

图 1.14　不同保护气体类型条件下的焊缝横截面形貌[18]

(a) Ar；(b) He

激光焊接中的保护气流量对焊缝形成过程具有一定的影响。当焊接工艺参数为激光功率 10.0 kW、焊接速度 1.0 m/min、离焦量−10 mm 时，在不同的保护气流量条件下对 304 不锈钢进行了激光焊接实验，所获得的焊缝横截面形貌如图 1.15 所示[19]。从图 1.15 中可以看出，当气流量为 0 L/min 时，焊缝呈上宽下窄的钉子形；当气流量为 5 L/min 和 10 L/min 时，焊缝上部变为 V 形，同时焊缝宽度和深度增大；当气流量增加到 15 L/min 时，焊缝两侧与基材连接的部位存在较深的咬边，上部变为椭圆形；当气流量增加到 18 L/min 时，焊缝上部未能成形，内部出现了不规则的孔洞[19]。

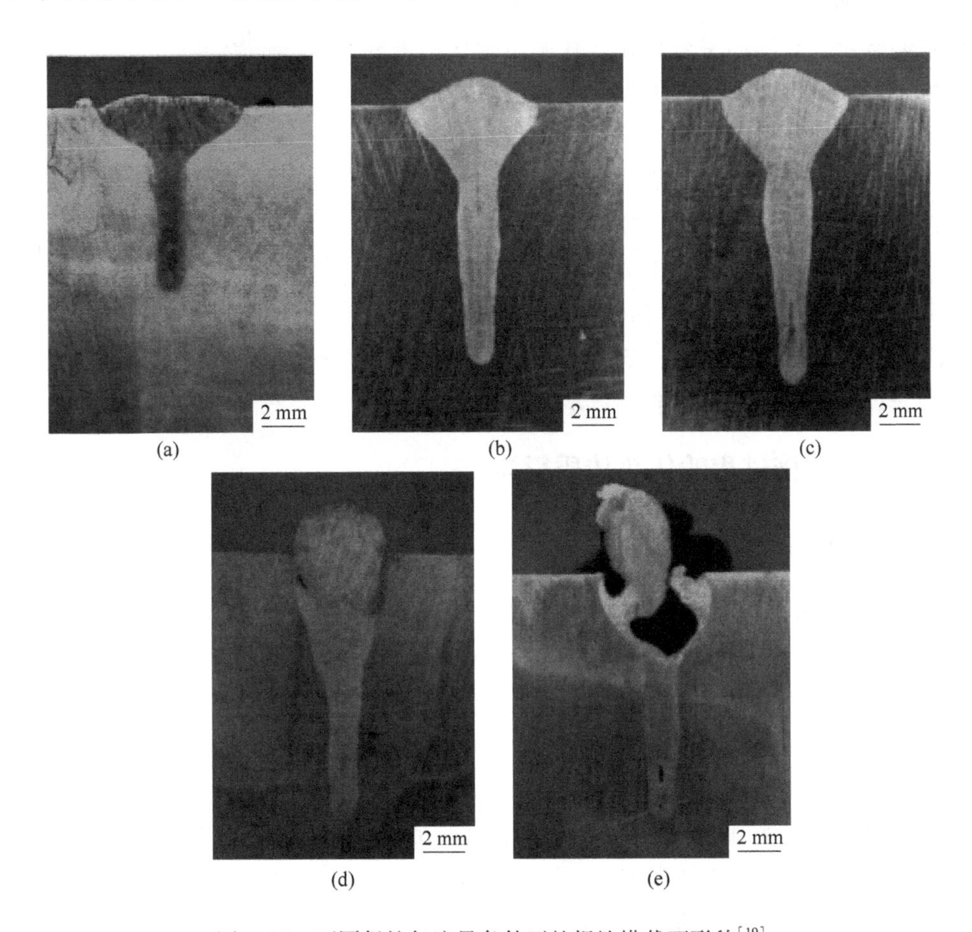

图 1.15 不同保护气流量条件下的焊缝横截面形貌[19]

(a) 0 L/min；(b) 5 L/min；(c) 10 L/min；(d) 15 L/min；(e) 18 L/min

1.1.4.2 工艺参数控制

在激光焊接过程中，焊接速度、离焦量等工艺参数可由焊接移动平台、机器人等装置进行控制。本节主要介绍焊接移动平台与机器人。

(1) 焊接移动平台。焊接移动平台通常由导轨、同步带轮、导轨滑块、直线模组安装块、电机等部件组成。在焊接过程中，移动平台搭载激光头，移动模组通过导轨进行多轴联动，使激光头准确移动到工作位置，完成基材的焊接过程[20]。另外，通过改变电机的转速可以实现对焊接速度的控制，改变激光头的位置可以实现对离焦量的控制。

(2) 机器人。机器人是一种常见的多自由度运动控制装置。与移动平台相比，在满足焊接精度要求的条件下，机器人具有更大的工作范围与更加灵活可控的姿态，被广泛应用于焊接领域。在激光焊接过程中，机器人可以对焊接速度、离焦量、焊接姿态等工艺参数进行精准控制。图 1.16 所示为一种常用的焊接机器人，KUKA KR 70 R2100。该机器人的最大工作范围为 2101 mm，额定负载为 70 kg，位姿重复精度为±0.05 mm，位置绝对精度为±0.5 mm，能够满足绝大多数激光焊接过程的工艺参数控制要求[21]。

图 1.16　KUKA KR 70 R2100 机器人[21]

1.2　激光焊接过程的传热传质行为

1.2.1　激光焊接过程能量的吸收

激光加工的本质是基于激光的热效应对材料进行加工[14]。在激光热传导焊接过程中，激光辐射到基材的表面，激光束的一部分能量被基材表面吸收并向内部传递，熔化基材，另一部分能量被基材表面反射出去。在激光深熔焊接过程中，激光束在小孔内部将经历多次反射与吸收。因此，激光焊接过程中，仅有部分能量能够对基材起到加热作用。激光吸收率是衡量材料对激光束能量吸收能力的重要指标[22]。影响激光吸收率的主要因素包括激光波长、基材温度、表面粗糙度、偏振等，具体介绍如下。

(1) 激光波长。研究[2,23]表明，激光吸收率随着激光波长的增大而减小。表 1.1 中列举了常见的金属材料的激光吸收率与激光波长的关系。在室温条件下，当激光波长为 0.70 μm 时，铝的激光吸收率为 0.11，铜的激光吸收率为 0.17。然而，当激光波长增大至 10.60 μm 时，铝和铜的激光吸收率分别减小至 0.019 和 0.015。

表 1.1 室温条件下不同材料的激光吸收率与激光波长的关系[2]

激光波长/μm	激光吸收率					
	铝	锌	铜	钛	镍	铁
0.70（红宝石）	0.11	—	0.17	0.45	0.32	0.64
1.06（YAG）	0.08	0.16	0.10	0.42	0.26	—
10.60（CO_2）	0.019	0.027	0.015	0.08	0.03	0.035

（2）基材温度。激光吸收率与基材温度之间存在紧密的联系，一般随着基材温度的增加而增加。在室温条件下，基材的激光吸收率较小。当基材的温度接近熔点时，其激光吸收率可达到 0.4~0.5；当基材的温度进一步增加至沸点时，其激光吸收率可达到 0.9[3]。

（3）表面粗糙度。当基材的表面粗糙度增加时，其激光吸收率随之增加。在激光焊接前，可通过适当提高基材的表面粗糙度来增加其激光吸收率，从而提升激光焊接的效率[23]。

（4）偏振。采用偏振光进行激光焊接时，加工方向的变化将会导致激光吸收率的变化。对于偏振方向与入射面平行的线偏振光来说，激光吸收率随着入射角度的增加而增加，在达到最大值之后，将随着入射角度的增加而急剧降低；对于偏振方向与入射面垂直的线偏振光来说，激光吸收率随着入射角度的增加而降低[3]。

随着激光能量密度的增加，熔池中将形成小孔，使得基材对激光束能量的吸收过程发生变化，主要包括金属蒸气/等离子体对激光束能量的逆韧致吸收和小孔壁面对激光束能量的菲涅耳吸收两种机制。

（1）金属蒸气/等离子体对激光束能量的逆韧致吸收。在激光焊接过程中，基材在激光的辐射下迅速熔化蒸发，所形成的金属蒸气通过吸收激光束能量发生电离，形成高温光致等离子体，并以热辐射与热对流的方式将能量向四周传递[24]。高温光致等离子体通过逆韧致吸收使激光的入射能量产生损失，影响激光吸收率。在高功率激光焊接实验中，观察到形成的等离子体高度可达 10 mm 以上[25]，且小孔周围所形成的高温光致等离子体将对小孔熔池区域产生强烈的辐射作用，影响焊缝的形成过程。

（2）小孔壁面对激光束能量的菲涅耳吸收。熔池在激光的辐射下形成小孔后，激光可直接入射到小孔内部，部分激光束能量被小孔壁面直接吸收。同时，激光束将在小孔壁面发生多次反射，激光束能量被小孔壁面多次吸收，该过程称为菲涅耳吸收[26]。在菲涅耳吸收的作用下，激光吸收率将大大增加，激光的大部分能量被小孔壁面吸收，导致小孔深度急剧增大，在焊接中形成激光深穿透效应。

1.2.2 激光焊接过程的热传递

在激光深熔焊接过程中，基材吸收激光束能量后形成熔池与小孔，涉及多种热传递行为，主要包括：基材内部的热传导，基材与外界的热对流与热辐射，小孔内部金属蒸气/等离子体与小孔壁面的热对流与热辐射，熔融材料在熔池内流动产生的热对流及熔池自由表面与外界的热对流与热辐射，基材熔化/凝固、蒸发/冷凝过程中发生的吸热与放热等。

（1）基材内部的热传导。激光焊接过程中，激光对基材的辐射范围较小，使得基材表面激光辐射区域吸收大量的能量，温度迅速升高，并以热传导的形式向内部传递能量，基材内部的温度逐渐升高[13]。

（2）基材与外界的热对流与热辐射。激光辐射下基材温度迅速升高后，与外界之间形成了较大的温差。在基材的各边界区域，部分能量以热对流和热辐射的形式向外界传递[26]。

（3）小孔内部金属蒸气/等离子体与小孔壁面的热对流与热辐射。在小孔形成后，内部充满着金属蒸气/等离子体，与小孔壁面发生强烈的热对流与热辐射现象。根据蒸发动力学理论 Knight 模型[27]，发现蒸发过程中靠近熔融材料的小孔壁面蒸发区域存在一层克努森（Knudsen）层，在克努森层的两侧，温度、流动速度、压力等物理量发生了突变，导致激光焊接过程中小孔壁面涉及繁杂的传热传质物理过程。

（4）熔融材料在熔池内流动产生的热对流及熔池自由表面与外界的热对流与热辐射。在高能量密度激光束的辐射下，焊接熔池中产生了强烈且复杂的流动行为，并导致了大深宽比熔池的形成。前人[28]的数值模拟结果表明，激光焊接中熔池内部熔融材料的流动速度最高可达数米每秒。在高流动速度条件下，熔池内发生强烈的对流作用，对传热行为产生了重要影响。另外，熔池的自由表面还存在着熔融材料与外界介质之间的热对流与热辐射。

（5）基材熔化/凝固、蒸发/冷凝过程中发生的吸热与放热。激光焊接过程中，熔池自由表面与小孔壁面同时发生着熔化/凝固、蒸发/冷凝行为，其中伴随着由相变所引起的吸热与放热行为。

在激光热传导焊接过程中，热传递行为主要包括：基材内部的热传导，基材与外界的热对流与热辐射，熔融材料在熔池内流动产生的热对流及熔池自由表面与外界的热对流与热辐射，基材熔化/凝固过程中发生的吸热与放热。

1.2.3 激光焊接熔池小孔中的动力学因素

在激光深熔焊接中，基材在高能量密度激光束的持续辐射下熔化蒸发，形成熔池小孔。熔池小孔相互耦合作用过程中，形成了复杂的动力学行为，对焊缝的形成过程产生了重要的影响。

激光焊接中形成的熔池小孔复杂动力学行为主要与以下因素有关[29]：由温度梯度所引起的热毛细力，熔融材料密度变化所引起的浮力，熔融材料流动对小孔壁面的冲击力，克努森层所发生的熔融材料瞬间蒸发产生的反冲压力及蒸气摩擦力，小孔壁面、熔池自由表面的表面张力，焊接过程中的保护气流吹力等。

（1）热毛细力、浮力和熔融材料流动形成的冲击力。在激光焊接中，热毛细力和浮力驱动着熔池中的熔融材料形成强烈的涡流，将热流从熔池中心区域带至边缘，增大了熔池区域的范围。同时，所形成的熔融材料涡流在小孔壁面处的方向发生改变，对小孔壁面产生强烈的冲击作用。

（2）反冲压力、蒸气摩擦力和表面张力。在激光深熔焊接过程中，克努森层的熔融材料瞬间蒸发，使得其两侧的温度、流动速度、压力等物理量发生突变，所产生的反冲压力冲击小孔壁面，导致熔池小孔的动力学行为发生剧烈变化。熔融材料蒸发形成的高速喷发蒸气流与小孔壁面发生摩擦，从而影响熔池小孔的动力学行为[29]。另外，小孔壁面存在的表面张力将对小孔形貌及稳定性产生影响。在熔池自由表面形成的表面张力，对熔池流动行为及焊缝表面的成形过程也具有重要的影响。

（3）焊接保护气流吹力。在激光焊接过程中，保护气覆盖区域内的熔池自由表面与保护气之间将产生相互作用，对焊缝表面的成形过程具有一定的影响。

1.3 激光焊接焊缝的形成过程

在激光焊接过程中，焊缝的形成主要经历两个过程：（1）基材在激光辐射下熔化蒸发，形成熔池小孔；（2）熔池的能量通过热传导、热对流、热辐射等方式向周围传递，温度不断降低，熔池熔融材料逐渐冷却凝固形成焊缝。

1.3.1 激光焊接过程获取

激光焊接过程获取是分析焊缝形成过程的重要前提。其中，常用的获取方法有实验观测方法与数值仿真方法。

1.3.1.1 实验观测方法

目前，激光焊接过程实验观测方法包括高速摄像、X射线成像和热成像等。

A 高速摄像

高速摄像机可以用来观测人眼难以分辨的高速瞬态变化现象，其工作原理为[30]：利用CMOS或CCD传感器接收外界的光信号，通过高速或超高速图像采集控制器将信号输入高速数字处理器中，完成复杂的图像处理过程。当图像捕捉及所有的处理过程完成后，通过以太网将图像传输至计算机。采用高速摄像机对焊接过程进行实时观测，可获得焊缝的形成过程。图 1.17 为采用高速摄像机观测激光焊接过程的示意图。从图 1.17 中可以看出，高速摄像机从基材斜上方对焊接区域进行观测。为了提高焊缝形成过程的观测效果，焊接系统中配有辅助光源。高速摄像机拍摄的图像被实时处理传输至计算机中，获得焊缝的形成过程。

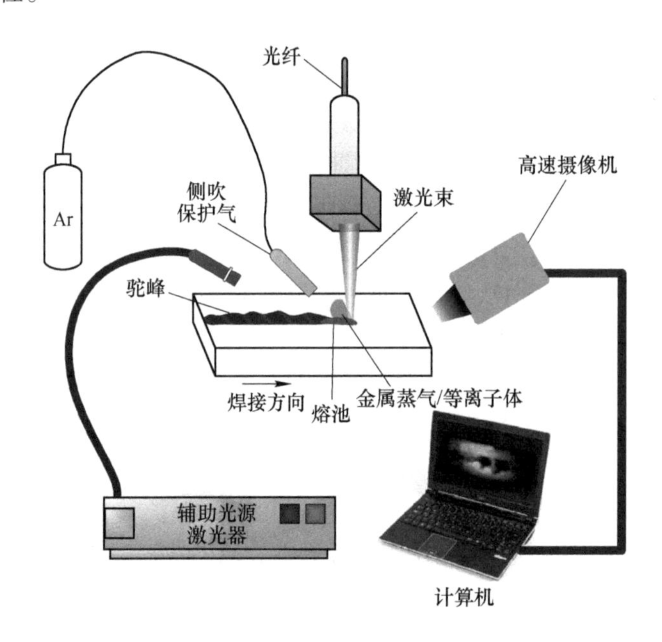

图 1.17　采用高速摄像机观测激光焊接过程的示意图

通过高速摄像机观测得到的 6056 铝合金激光焊接焊缝形成过程如图 1.18 所示[31]。从图 1.18 中可以看出，在激光焊接过程中，熔池自由表面不断地波动。随着焊接过程的进行，小孔开口处出现熔融金属喷发的现象，并产生了飞溅[31]。

B　X 射线成像

高速摄像机主要用于对焊缝表面的形成过程进行观测。为了深入理解激光焊接焊缝的形成过程，需要获得焊接过程中熔池小孔的动力学行为。因此，X 射线成像技术被应用于激光焊接过程的观测中。激光焊接系统中 X 射线成像装置示意图如图 1.19 所示[32]。在激光焊接过程中，X 射线穿过基材被高速摄像机所捕获，从而实现对激光焊接过程熔池小孔动力学行为的实时观测[32]。通过 X 射线成像装置观测获得的 304 不锈钢激光焊接过程熔池小孔动力学行为如图 1.20 所示[32]。从图 1.20 中可以看出，在焊接开始后的 80 ms 内，熔池中的小孔尺寸逐渐增大，形状处于不断变化中。

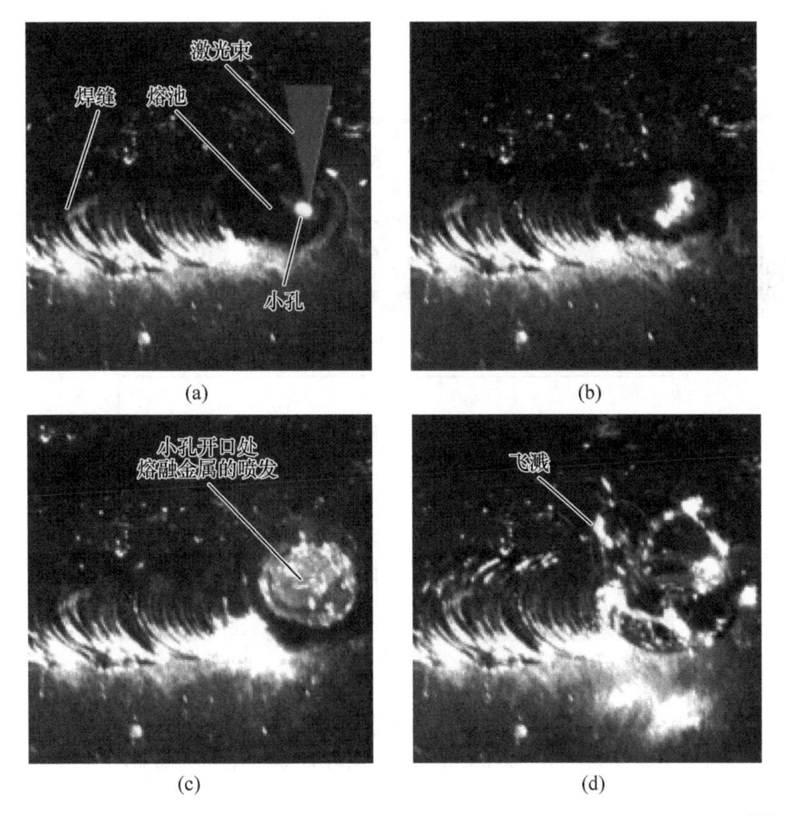

图 1.18 通过高速摄像机观测得到的 6056 铝合金激光焊接焊缝形成过程[31]

（a） t_0；（b） t_0+8 ms；（c） t_0+9 ms；（d） t_0+10 ms

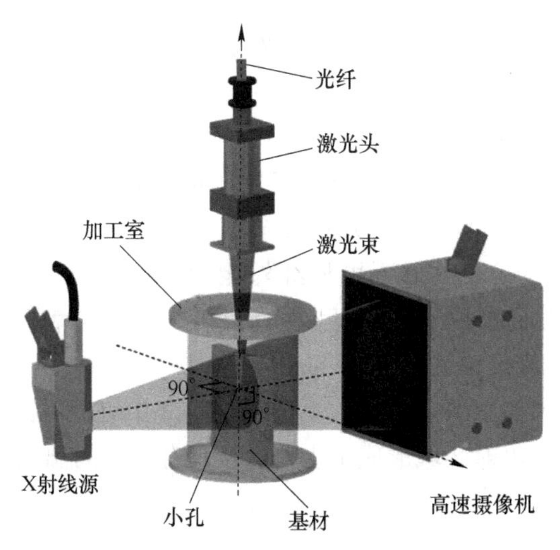

图 1.19 激光焊接系统中的 X 射线成像装置示意图[32]

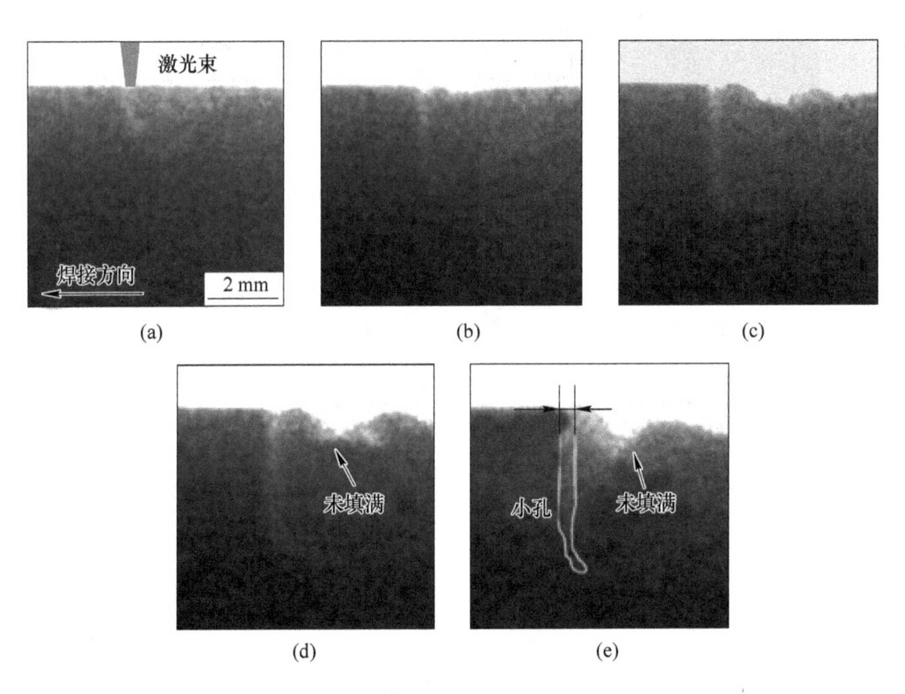

图 1.20 通过 X 射线成像装置观测获得的 304 不锈钢激光焊接过程熔池小孔动力学行为[32]
(a) 0 ms; (b) 20 ms; (c) 40 ms; (d) 60 ms; (e) 80 ms

C 热成像

温度场是激光焊接过程中的主要状态之一，对焊缝形成过程具有重要的影响。热成像技术是监测焊接过程温度场的有效手段。红外热像仪是一种常见的热成像仪器，可用于监测焊接过程温度场。采用红外热像仪监测激光焊接过程的示意图如图 1.21 所示[33]。从图 1.21 中可以看出，红外热像仪从基材斜上方对焊接区域进行监测，将焊接区域发出的不可见红外能量转换为热像图，从而获取焊接过程中的温度场[34]。通过红外热像仪监测获得的 304 不锈钢激光焊接过程温度场如图 1.22 所示[33]。从图 1.22 中可以看出，熔池前端具有较大的温度梯度，激光辐射区域形成了小孔，且具有极高的温度，熔池后端形成了一个较大的次高温区域[33]。

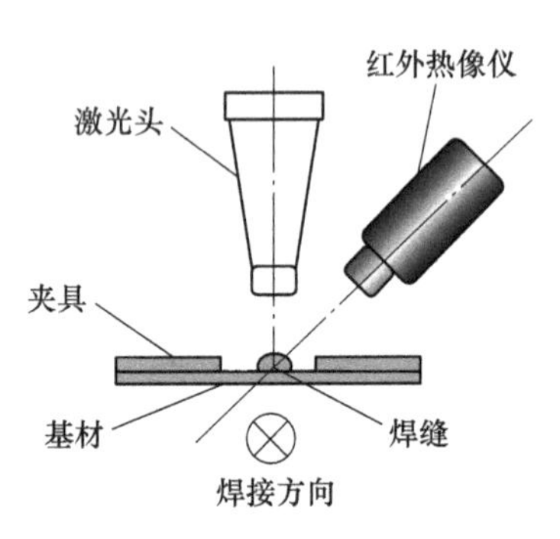

图 1.21 采用红外热像仪监测激光焊接过程的示意图[33]

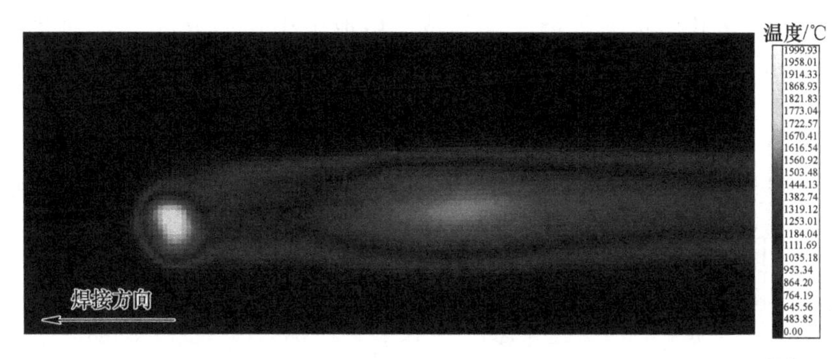

图 1.22 通过红外热像仪监测获得的 304 不锈钢激光焊接过程温度场[33]

1.3.1.2 数值仿真方法

通过 X 射线成像技术能够获取焊接过程中的熔池小孔动力学行为，可用于分析焊缝的形成过程。然而，该技术难以获取焊接过程中不同区域的温度场、流场等状态信息，特别是在深度方向。为了进一步获取以上状态信息，深入揭示所涉及的复杂物理现象的形成机理，采用数值仿真的方法对激光焊接过程中的熔池小孔动力学行为进行了分析。本节对焊接工艺参数为激光功率 3.0 kW、焊接速度 4.5 m/min、离焦量 0 mm 的 Q235 低碳钢与 316L 不锈钢异种材料激光焊接过程进行数值仿真，所获得的熔池纵截面流场与温度场如图 1.23 所示。在小孔后壁面上，熔池底部的熔融金属沿气液界面向上流动，如图 1.23（a）所示。强烈的熔融金属流冲击小孔后壁面，在后壁面形成凸起，如图 1.23（b）所示。凸起处的熔融金属继续向前流动，与小孔前壁面接触，导致小孔坍塌，在熔池底部形成了较大尺寸的气泡，如图 1.23（c）所示。

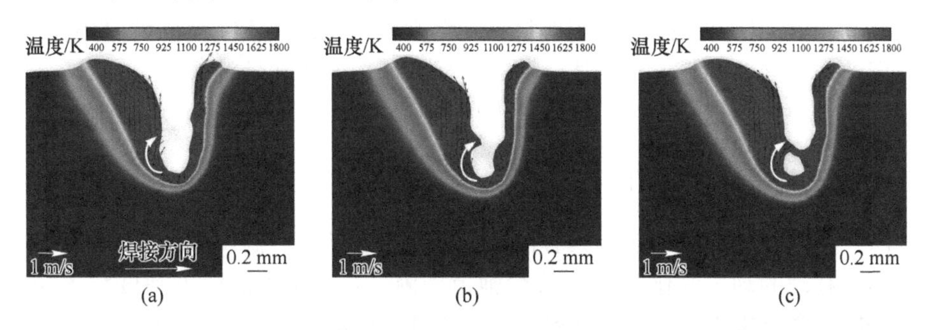

图 1.23 Q235 低碳钢与 316L 不锈钢异种材料激光焊接过程熔池纵截面流场与温度场

（a）t_0；（b）t_0+0.5 ms；（c）t_0+1.0 ms

1.3.2 激光焊接熔池小孔的形成

在激光焊接中，基材在不同激光功率密度和激光辐射时间条件下，会发生固态加热、表层熔化、稀薄等离子体形成、熔池中小孔形成等一系列变化，如图 1.24 所示[14,35]。

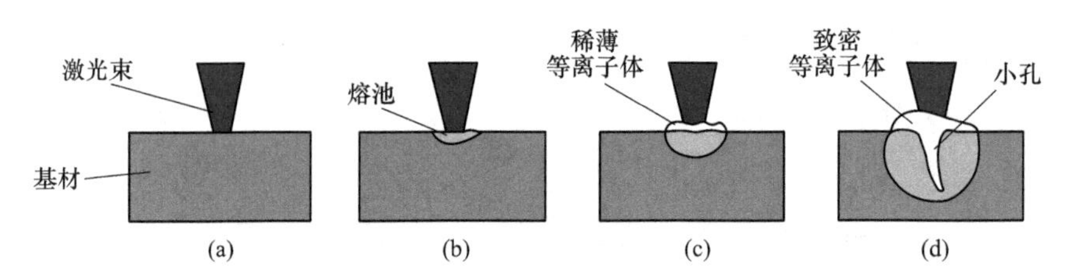

图 1.24　不同激光功率密度和激光辐射时间条件下基材发生的物态变化[14]
（a）固态加热；（b）表层熔化；（c）稀薄等离子体形成；（d）小孔形成

当激光功率密度较小、激光辐射时间较短时，基材表面吸收的能量较少，难以形成熔池。吸收的能量仅以热传导的形式传递至基材内部，使内部的温度升高，同时基材表面以热辐射、热对流的方式向周围传递能量，该过程称为“固态加热”，如图 1.24（a）所示。当激光功率密度和激光辐射时间增加时，基材表面吸收的能量增加，表层达到熔点开始熔化，形成了较浅的熔池，熔池主要通过热传导、热对流、热辐射的方式向周围传递能量，该过程称为“表层熔化”，如图 1.24（b）所示。随着激光功率密度和激光辐射时间的进一步增加，基材表面吸收更多的能量，所形成的熔池深度增加，熔池中熔融材料开始蒸发。所形成的蒸气产生强烈的反冲压力，在反冲压力的作用下熔池表面发生形变，熔融材料被推向四周，表面形成凹陷。蒸气聚集在熔池上方，吸收激光束能量后发生电离，形成稀薄的高温光致等离子体，如图 1.24（c）所示。随着激光功率密度和激光辐射时间的继续增加，熔池中熔融材料发生剧烈蒸发，蒸气在强烈的电离作用下形成了致密的高温光致等离子体。同时，反冲压力作用在熔池表面，在熔池中形成了较深的小孔[14]，如图 1.24（d）所示。

1.3.3　激光焊接熔池的凝固

激光焊接中所形成的熔池具有体积小、凝固速度快、温度梯度大等特点，且处于不断移动的动态变化中[36]。在熔池范围内，各处最大的温度梯度与固/液界面的凝固速度呈现出高度的非线性化，如图 1.25 所示。图 1.25 中，G 为温度梯度，R 为凝固速度。从图 1.25 中可以看出，熔池中焊缝中心线处凝固速度 R_{CL} 最大，约等于焊接速度 v，而该处的最大温度梯度 G_{CL} 最小。在熔池两侧的熔化边界处，凝固速度 R_{FL} 趋近于 0，最大温度梯度 G_{FL} 最大[37]。

图 1.26 所示为激光焊接熔池凝固过程的微观组织演变。从图 1.26 中可以看出，从熔化边界到焊接中心线，熔池的凝固过程经历了从平面晶生长到胞状晶生

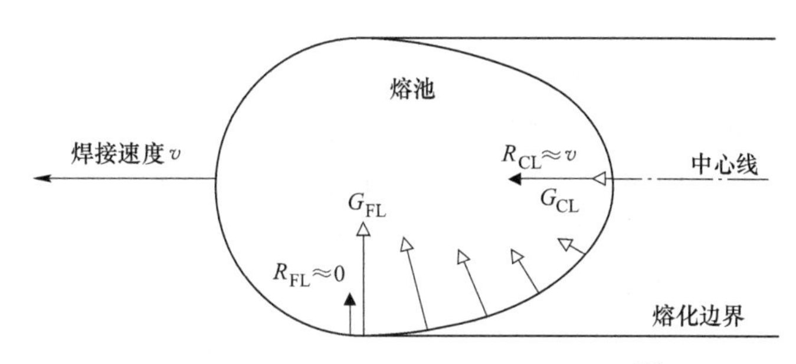

图 1.25 激光焊接熔池中 G 和 R 的分布[37]

长、柱状晶生长、等轴晶生长的演变。熔化边界处的晶粒以外延生长的方式从基材向熔池内部生长。从图 1.26 中可以看出，晶粒首先以平面晶的方式沿着基材晶粒<100>方向生长，随后转变为以胞状晶的方式生长。随着熔池凝固过程的进行，该晶粒又转变为以柱状晶的方式生长。最终，在焊接中心线附近，等轴晶开始形核并长大，阻碍了柱状晶的继续生长[38]。

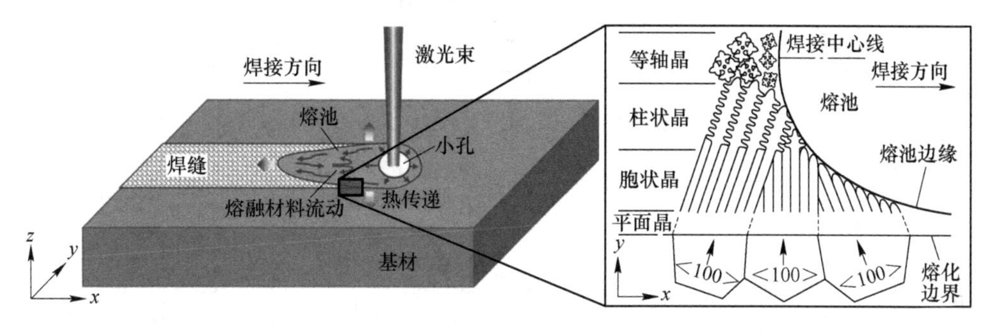

图 1.26 激光焊接熔池凝固过程微观组织演变示意图[38]

以上激光焊接熔池凝固过程中微观组织的演变可以通过成分过冷理论[39]进行解释。根据该理论，在固/液界面的前沿，枝晶生长的方式随成分过冷的程度变化而发生演变。成分过冷的判断依据为[40]：

$$\frac{G}{R} \geqslant \frac{|m|c(k-1)}{kD} = \frac{\Delta T_0}{D} \tag{1.3}$$

式中，m 为液相线斜率；c 为溶质浓度（质量分数）；k 为溶质平衡分配系数；ΔT_0 为凝固温度区间；D 为液相扩散系数。

式（1.3）为平面晶生长准则的稳态形式。当激光焊接熔池的凝固过程不满足式（1.3）时，则固/液界面存在成分过冷，将会发生失稳，微观组织以胞状晶的方式生长。随着熔池中 G/R 值的不断减小，成分过冷程度不断增大，微观组织依次出现从平面晶到胞状晶、柱状晶的转变。当 G/R 值减小到一定程度时，熔池中将出现较宽的成分过冷区，易形成等轴晶[38,40]，如图 1.27 所示。S、L 和

M 分别表示固相、液相和糊状区。

结合成分过冷理论与激光焊接熔池中 G 和 R 的分布，分析熔池凝固过程中微观组织形貌的演变，如图 1.28 所示。从图 1.28 中可以看出，从熔化边界到焊接中心线处，G/R 值不断减小，固/液界面的成分过冷程度不断增加，导致从熔化边界到焊接中心线之间的区域，微观组织由以平面晶的方式生长逐渐演变为以胞状晶、柱状晶和等轴晶的方式生长[38]。

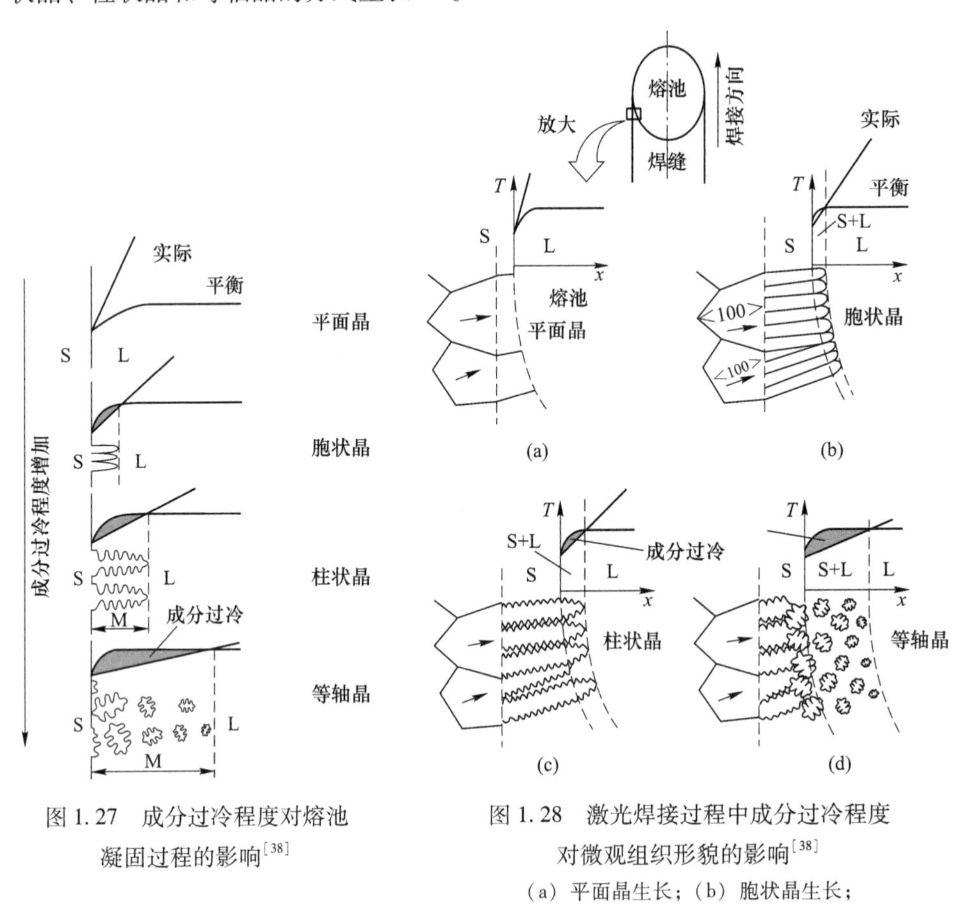

图 1.27　成分过冷程度对熔池凝固过程的影响[38]

图 1.28　激光焊接过程中成分过冷程度对微观组织形貌的影响[38]
（a）平面晶生长；（b）胞状晶生长；
（c）柱状晶生长；（d）等轴晶生长

1.3.4　激光焊接焊缝微观组织

1.3.4.1　激光焊接焊缝微观组织结构分析

随着熔池的凝固，焊缝微观组织逐渐形成。焊接工艺参数为激光功率 3.0 kW、焊接速度 2.0 m/min、离焦量+15 mm 的 6016 铝合金激光焊接的焊缝横截面形貌如图 1.29 所示[41]。从图 1.29 中可以看出，该焊接接头被焊透，焊缝横截面呈酒杯状，无明显的裂纹、气孔等缺陷，焊缝成形质量良好[41]。

通过对6016铝合金激光焊接焊缝的微观组织结构分析发现[41]，焊缝区域经历了熔化、凝固等过程，所形成的微观组织与基材区域的微观组织存在显著差异。基材区域的微观组织以等轴晶为主，如图1.30（a）所示；熔化边界附近区域的微观组织以柱状晶为主，如图1.30（b）所示；在焊缝区域，存在着尺寸较大的等轴晶，且伴随有二次枝晶，如图1.30（c）所示[41]。

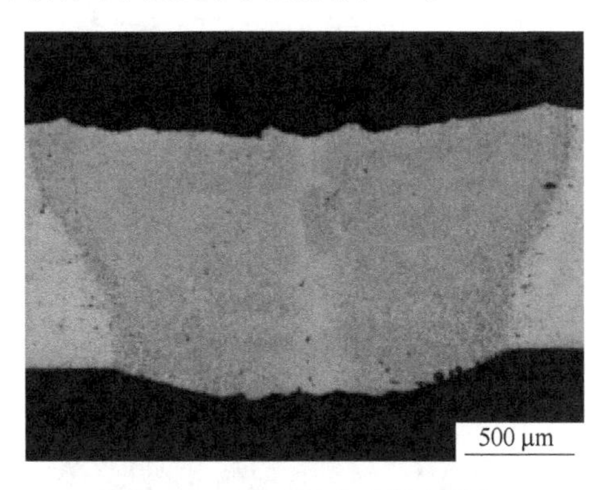

图1.29 6016铝合金激光焊接焊缝横截面形貌[41]

(a)

(b)

(c)

图1.30 6016铝合金激光焊接不同区域微观组织结构[41]

（a）基材区域；（b）熔化边界附近区域；（c）焊缝区域

1.3.4.2 激光焊接焊缝微观组织的析出相

在激光焊接焊缝微观组织的晶粒内部及晶界处，常有析出相存在，如图1.30所示。焊接工艺参数为激光功率3.0 kW、焊接速度2.0 m/min、离焦量+15 mm的6016铝合金激光焊接焊缝SEM分析结果如图1.31所示[41]。从图1.31（a）~（c）中可以看出，基材与焊缝区域均有黑色、白色等颗粒状析出相存在。通过采用EDS进一步分析发现，黑色析出相的主要元素为Fe、Mg、Si、Mn等，如图1.31（d）所示。另外，在6016铝合金激光焊接焊缝微观组织的析出相中，Mn元素有可能将Fe元素替代。随着含Fe的析出相α-$Al_{12}Fe_3Si$和Al_5FeSi中的一部分Fe元素被Mn元素替代，将形成新的析出相AlFeMnSi。通过进一步分析EDS结果中（Fe+Mn）、Si含量的比值，可确定黑色析出相为Mg_2Si和α-$Al_{15}(FeMn)_3Si_2$，白色析出相为过剩Si相和三元共晶相（Al+Mg_2Si+Si）。其中，Mg_2Si、α-$Al_{15}(FeMn)_3Si_2$为6016铝合金的强化相[41]。

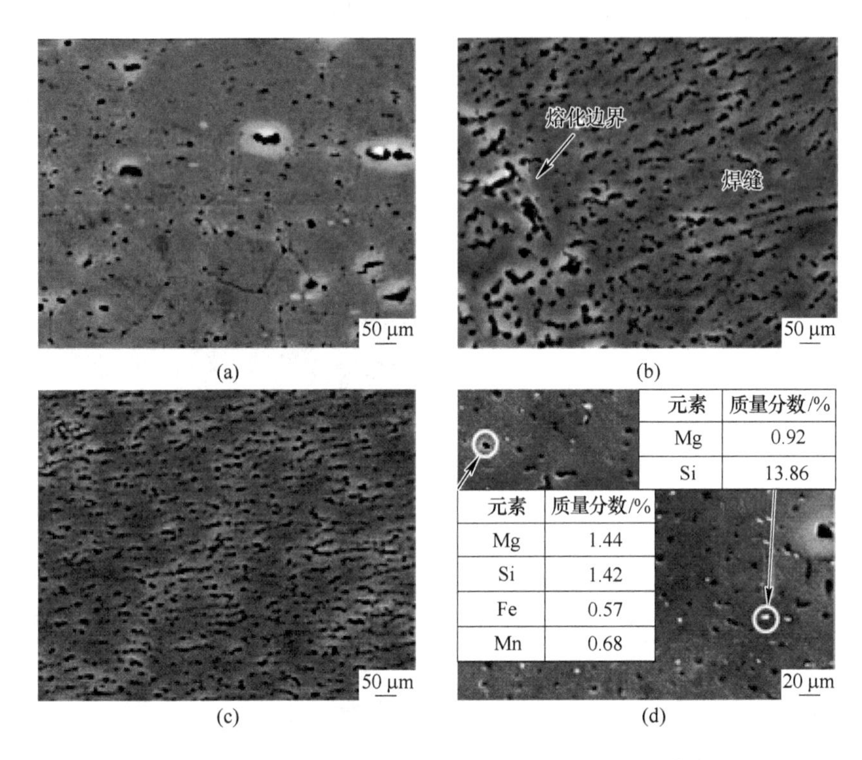

元素	质量分数/%
Mg	0.92
Si	13.86

元素	质量分数/%
Mg	1.44
Si	1.42
Fe	0.57
Mn	0.68

图 1.31 6016 铝合金激光焊接焊缝 SEM 分析结果[41]

(a) 基材区域;(b) 熔化边界附近区域;(c) 焊缝区域;(d) 焊缝中心区域的 EDS 分析结果

1.3.4.3 激光焊接焊缝微观组织晶粒形貌

焊接工艺参数为激光功率 3.0 kW、焊接速度 4.5 m/min、离焦量+5 mm 的 6016 铝合金激光焊接接头 EBSD 分析结果如图 1.32 所示[42]。从图 1.32 中可以看出，基材区域与焊缝区域的晶粒形貌有明显的区别。基材区域的晶粒类型为等轴晶，平均晶粒尺寸约为 31 μm。在焊缝区域，一部分为粗大的等轴晶，这部分等轴晶的平均晶粒尺寸达到了 102 μm；另一部分为柱状晶。在熔化边界附近区域，存在着少量更加细小的等轴晶[42]。

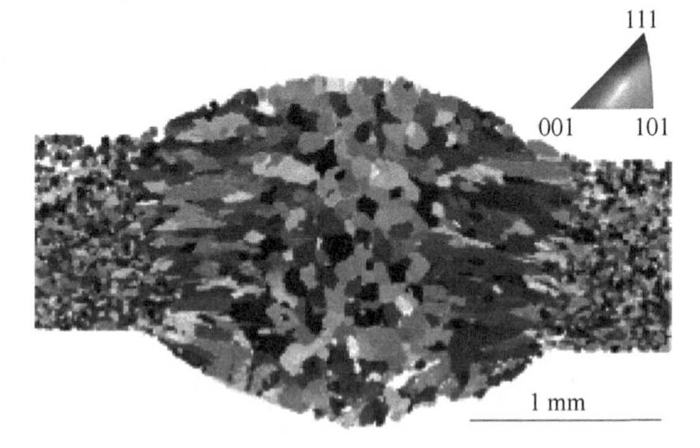

图 1.32 6016 铝合金激光焊接接头 EBSD 分析结果[42]

1.3.5 激光焊接接头的力学性能

1.3.5.1 显微硬度

焊缝显微硬度是焊接接头力学性能的重要评价指标。在测试过程中，需要设置加载载荷、加载时间等参数。在加载载荷 200 g、加载时间 15 s 的测试条件下，对焊接工艺参数为激光功率 9.0 kW、焊接速度 24.0 m/min、离焦量 0 mm 的 316L 不锈钢激光焊接接头进行了显微硬度测试，测试结果如图 1.33 所示。从图 1.33 中可以看出，焊缝横截面 A、B、C 位置的显微硬度分布基本一致。在焊缝横截面的同一深度，从焊缝中心往两侧基材方向，显微硬度值逐渐降低。在焊缝熔化边界附近区域，显微硬度值在 220 $HV_{0.2}$左右波动。在热影响区，显微硬度值呈现出降低的趋势。这是因为在高能量密度激光束的作用下，焊缝区域的微观组织中含有少量的铁素体，使得该区域的显微硬度值高于基材区域；而在热影响区，形成了相比于基材区域微观组织更小的晶粒，使得热影响区的显微硬度值有一定的提升。接头基材区域的显微硬度值在 170 $HV_{0.2}$左右波动。

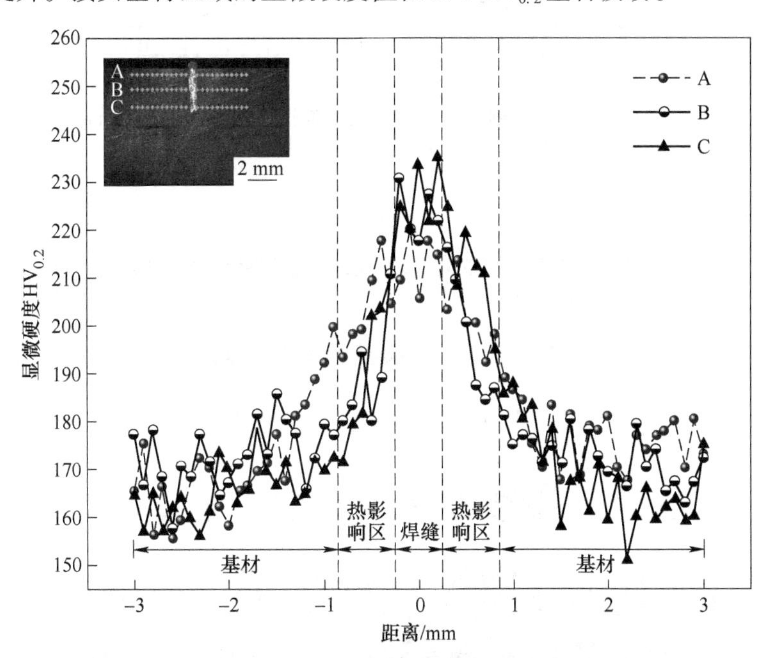

图 1.33 316L 不锈钢激光焊接接头显微硬度测试结果

1.3.5.2 抗拉强度

抗拉强度是焊接接头力学性能的另一个重要评价指标。在进行激光焊接接头的抗拉强度测试时，需要先制作合适的拉伸试样。本节选用的 316L 不锈钢激光焊接接头拉伸试样尺寸如图 1.34 所示，制作的拉伸试样如图 1.35 所示。从

图 1. 35 中可以看出，拉伸试样中间为焊缝，两侧为基材。将拉伸试样按照要求安装在万能拉伸试验机上，选用加载速度 1 mm/min 的测试条件，对焊接工艺参数为激光功率 9. 0 kW、焊接速度 24. 0 m/min、离焦量 0 mm 的 316L 不锈钢激光焊接接头进行了抗拉强度测试。经测试后，拉伸试样发生断裂，如图 1. 36 所示。从图 1. 36 中可以看出，1 号拉伸试样的伸长率较高，且在基材区域发生断裂，而其他拉伸试样均在焊缝区域发生断裂。这表明 1 号拉伸试样接头焊缝的抗拉强度高于基材的抗拉强度，其他拉伸试样接头焊缝的抗拉强度低于基材的抗拉强度。所获得的拉伸试样的应力-应变曲线如图 1. 37 所示。从图 1. 37 中可以看出，1 号拉伸试样的抗拉强度高于其他拉伸试样的抗拉强度，3 号拉伸试样的延展性低于其他拉伸试样的延展性。

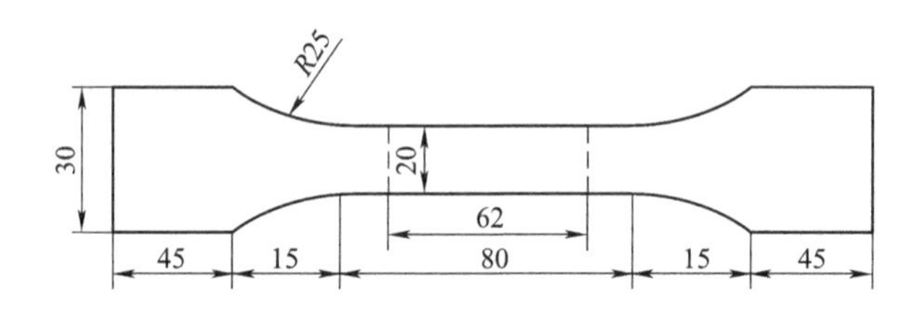

图 1. 34　316L 不锈钢激光焊接接头拉伸试样尺寸（单位：mm）

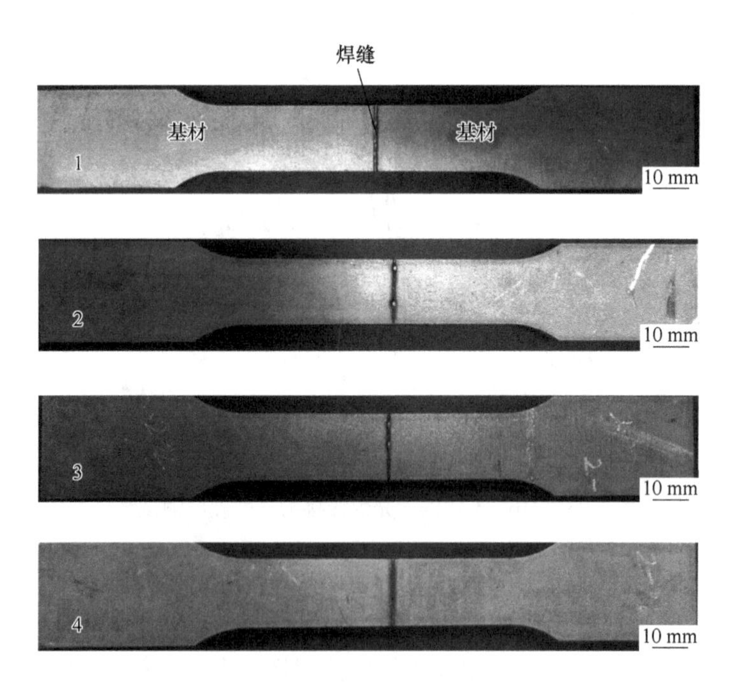

图 1. 35　316L 不锈钢激光焊接接头拉伸试样

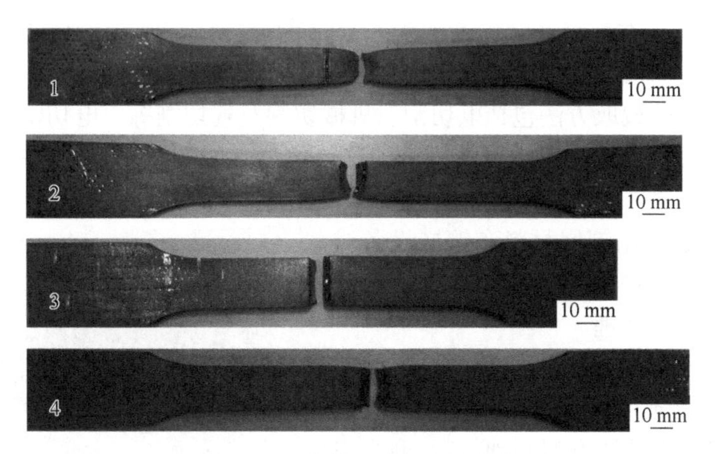

图 1.36 拉伸测试之后的试样

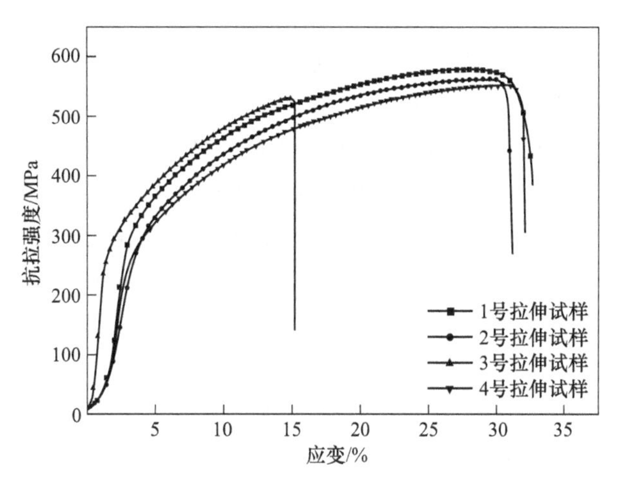

图 1.37 拉伸试样的应力-应变曲线

1.4 激光焊接焊缝形貌特征

激光焊接焊缝形貌特征对焊接接头的质量具有重要的影响。本节中对焊缝的形貌评估主要从表面和截面两个方面进行。在进行焊缝的形貌评估时，需要先对其进行一系列的处理，通过观测获取其表面与截面的形貌，从而分析焊缝形貌的特征。

1.4.1 激光焊接焊缝试样处理

完成激光焊接后，焊缝的表面形貌可通过体视镜、金相显微镜等设备进行观测。对于焊缝截面的观测，需要先进行金相试样制备。具体步骤如下：

（1）取样。在焊缝区域中截取大小合适的试样。如观测焊缝的横截面，需沿垂直焊接方向截取试样；如观测焊缝的纵截面，需沿焊接方向截取试样。在取样阶段，常用的截取方法包括电切割、机械切割及气切割等。电切割指线切割等方法，机械切割指切割机、锯、机械切削等方法，气切割一般指氧-乙炔火焰切割方法[43]。

（2）镶嵌。用镶嵌材料和镶嵌设备对截取的试样进行镶嵌，镶嵌好的试样如图 1.38 所示，用于后续处理。

图 1.38　镶嵌试样

（3）磨光。依次使用目数由小到大的砂纸在磨抛机上或手工对镶嵌试样进行打磨，使用的砂纸一般为碳化硅砂纸[43]。磨光完成后，确保试样待观测表面无明显划痕且可用于抛光。

（4）抛光。常见的抛光方法包括机械抛光、电解抛光、化学抛光和综合抛光，综合抛光又可细分为机械化学抛光和机械电解抛光。焊缝试样处理常用的方法为机械抛光。机械抛光时，将抛光布贴在磨抛机的抛光盘上，在抛光布上涂上抛光微粉，然后将打磨好的试样放置于抛光布上。抛光布随磨抛机上抛光盘的旋转而旋转，使得抛光布与试样之间发生滑动摩擦，从而对试样表面产生抛光作用。常用的抛光微粉为金刚石微粉，一般有抛光剂和抛光膏两种形式。抛光完成后，确保试样待观测表面保持平整光亮、无划痕[43]。

（5）腐蚀。为了提高焊缝和基材之间的对比度，需对抛光后的试样进行腐蚀处理。主要的腐蚀方法有化学浸蚀、电解浸蚀、热蚀、阴极真空浸蚀和恒电位选择浸蚀等[43]。其中，应用最广泛的为化学浸蚀。化学浸蚀是将抛光好的试样浸入化学试剂中或使用化学试剂擦拭试样表面。所采用的化学试剂和浸蚀时间应根据材料及制备工艺等进行选择。

待完成上述步骤后，可用体视镜、金相显微镜等对金相试样的表面进行观测，以获取焊缝截面形貌。

1.4.2　激光焊接焊缝表面特征

选取焊接工艺参数为激光功率 1.0 kW、1.1 kW、1.2 kW，焊接速度 4.0 m/min、3.0 m/min，离焦量 0 mm 进行 TC4 钛合金激光焊接实验，获得的焊缝上表面特征如图 1.39 所示。从图 1.39 中可以看出，不同焊接工艺参数条件下所获得的焊缝上表面成形质量均较好，并呈现出鱼鳞纹形貌。在相同的焊接速度条件下增加激光功率，焊缝宽度明显增大，如图 1.39（a）~（c）所示。在相同的激光功率条件下减小焊接速度也出现了同样的现象，如图 1.39（c）（d）所示。

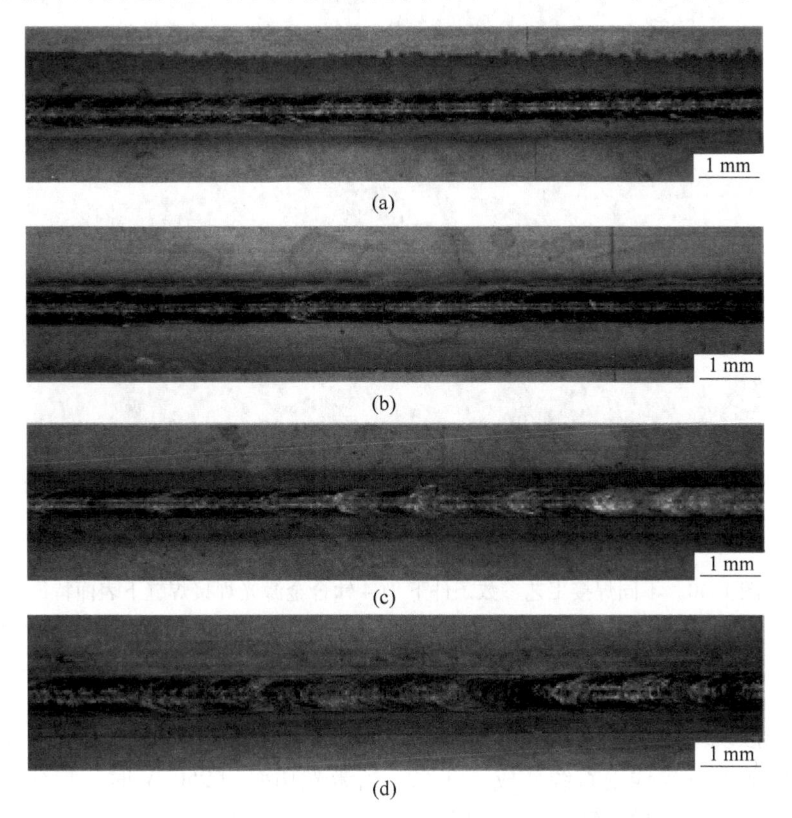

图 1.39 不同焊接工艺参数条件下 TC4 钛合金激光焊接焊缝上表面特征
（a）激光功率 1.0 kW，焊接速度 4.0 m/min；（b）激光功率 1.1 kW，焊接速度 4.0 m/min；
（c）激光功率 1.2 kW，焊接速度 4.0 m/min；（d）激光功率 1.2 kW，焊接速度 3.0 m/min

焊接工艺参数为激光功率 1.0 kW、1.2 kW，焊接速度 4.0 m/min、3.0 m/min，离焦量 0 mm 的 TC4 钛合金激光焊接焊缝下表面特征如图 1.40 所示。当激光功率为 1.1 kW 时，焊缝下表面开始出现熔化痕迹，但未焊透，如图 1.40（a）所示。当激光功率增加到 1.2 kW 时，焊缝下表面出现了连续的熔化痕迹，焊缝焊透，如图 1.40（b）所示。当焊接速度减小到 3.0 m/min 时，激光束线能量进一步增加，焊缝下表面宽度增加，如图 1.40（c）所示。

焊接工艺参数为激光功率 550 W、650 W、750 W、950 W，焊接速度 3.3 m/min，离焦量 0 mm 的 1050 铝合金和 6061 铝合金异种材料激光焊接焊缝上表面特征如图 1.41 所示[44]。当激光功率为 550 W 时，焊缝上表面具有清晰的鱼鳞纹形貌，且基材区域与焊缝区域的分界线较为整齐，如图 1.41（a）所示。随着激光功率的不断增加，焊缝上表面的鱼鳞纹清晰度减弱，如图 1.41（b）（c）所示。当激光功率增加到 950 W 时，焊缝上表面的鱼鳞纹变得不清晰，且表面开

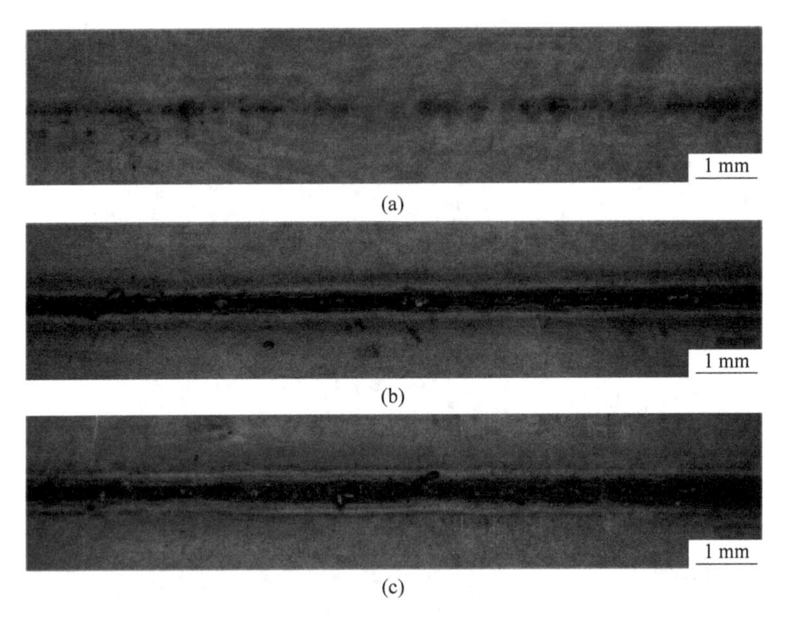

图 1.40 不同焊接工艺参数条件下 TC4 钛合金激光焊接焊缝下表面特征

(a) 激光功率 1.1 kW，焊接速度 4.0 m/min；(b) 激光功率 1.2 kW，焊接速度 4.0 m/min；(c) 激光功率 1.2 kW，焊接速度 3.0 m/min

始出现烧蚀现象，如图 1.41（d）所示。另外，随着激光功率的增加，焊缝区域与基材区域的分界线由直线变成了曲线。当激光功率为 950 W 时，焊缝区域与基材区域的分界线呈现出波浪状，如图 1.41（d）所示[44]。

从以上分析可以发现，激光焊接焊缝上表面呈现出鱼鳞纹形貌。这种现象与焊接熔池的周期性变化有关，是激光与材料相互作用时发生的普遍现象，称为自振荡效应[2]。随着激光输入能量的增加，焊缝上表面鱼鳞纹形貌的清晰度将逐渐减弱。

1.4.3 激光焊接焊缝横截面特征

1.4.3.1 激光焊接焊缝横截面特征分析

焊接工艺参数为激光功率 900 W、1000 W、1100 W、1200 W，焊接速度 4.0 m/min、5.0 m/min、6.0 m/min，离焦量 0 mm 的 TC4 钛合金激光焊接焊缝横截面特征如图 1.42 所示。从图 1.42 中可以看出，不同焊接工艺参数条件下所获得的焊缝横截面质量均较好，焊缝深宽比大，呈钉子形，未发现明显的气孔等缺陷。当激光功率为 900 W、焊接速度为 4.0 m/min 时，基材未焊透，如图 1.42（a）所示，说明该焊接工艺参数条件下的激光输入能量不足以熔透基材。随着激光功率的增加，焊缝熔深逐渐增大，如图 1.42（b）（c）所示。当激光功

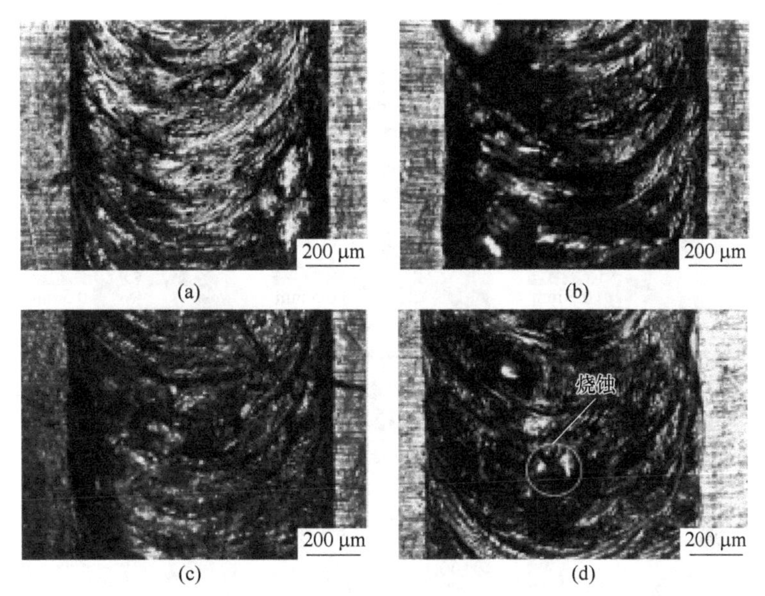

图 1.41 不同激光功率条件下 1050 铝合金和 6061 铝合金
异种材料激光焊接焊缝上表面特征[44]

（a）激光功率 550 W；（b）激光功率 650 W；（c）激光功率 750 W；（d）激光功率 950 W

率达到 1200 W 时，基材被焊透，如图 1.42（d）所示。保持激光功率 1200 W 不变，当焊接速度增加到 5.0 m/min 时，焊接过程由熔透焊转变为非熔透焊，如图 1.42（e）所示。当焊接速度进一步增加，焊缝熔深再次减小，如图 1.42（f）所示。

通过以上分析可以发现，激光焊接焊缝横截面呈现出了大深宽比的特征。这是由于在焊接过程中形成了小孔，激光能够直接入射到小孔底部，使得熔池小孔的深度进一步增加，形成了激光深穿透效应。随着激光功率的增加及焊接速度的减小，激光束线能量增加，激光束的穿透能力增强，使焊缝熔深进一步增大。

1.4.3.2 激光焊接焊缝横截面形貌质量评估

焊缝的横截面形貌可用于评估激光焊接焊缝的质量。本节介绍了一种焊缝横截面形貌质量评估方法。基于不同焊接工艺参数条件下所获得的激光焊接典型焊缝横截面形貌特征，可将焊缝横截面的几何特征近似为三角形或梯形，如图 1.43 所示。用于焊缝横截面形貌质量评估的主要特征参数有上熔宽 WF_1、下熔宽 WF_2，左熔宽 L_1、右熔宽 L_2，熔深 WP 和基材厚度 T。

焊缝的完整性与焊缝质量密切相关。当焊缝未熔透时，会降低焊缝的承载能力；当焊缝余高过大时，会增加焊缝的打磨量并引起应力集中，从而降低生产效率与焊缝质量。因此，可认为 WP 越接近 T，焊缝横截面形貌质量越好。通过以

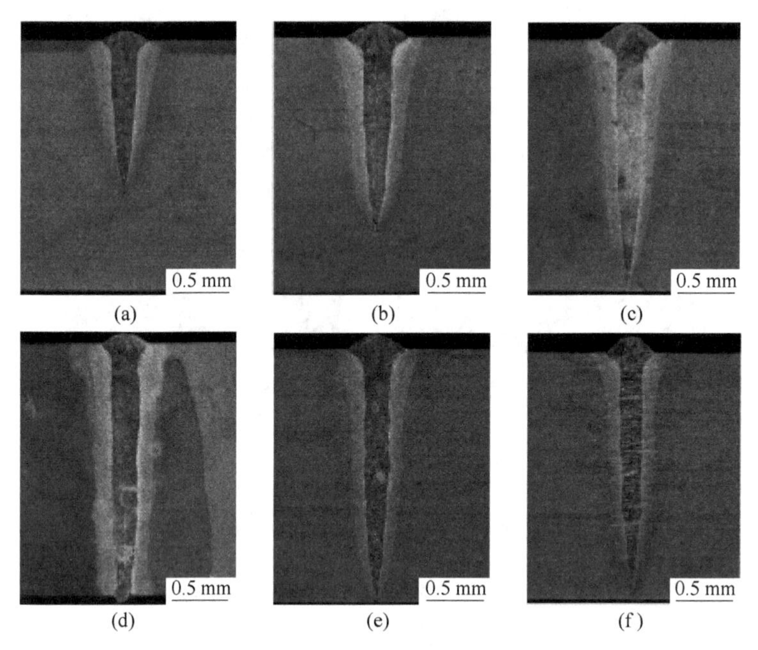

(a)　(b)　(c)　(d)　(e)　(f)

图 1.42　不同焊接工艺参数条件下 TC4 钛合金激光焊接的焊缝横截面特征

（a）激光功率 900 W，焊接速度 4.0 m/min；（b）激光功率 1000 W，焊接速度 4.0 m/min；（c）激光功率 1100 W，焊接速度 4.0 m/min；（d）激光功率 1200 W，焊接速度 4.0 m/min；（e）激光功率 1200 W，焊接速度 5.0 m/min；（f）激光功率 1200 W，焊接速度 6.0 m/min

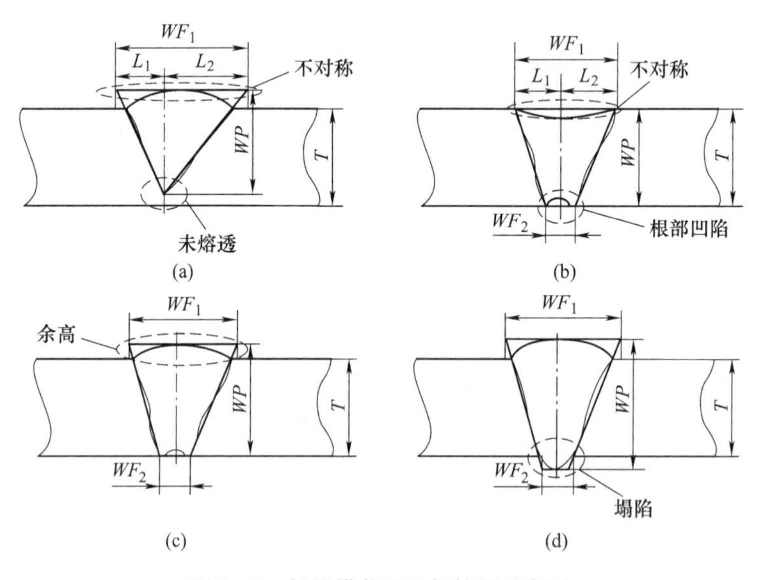

图 1.43　焊缝横截面几何特征示意图

（a）几何特征 1；（b）几何特征 2；（c）几何特征 3；（d）几何特征 4

T 和 WP 为参数，可建立表征焊缝完整性的评估指标 I：

$$I = \left(1 - \left|\frac{WP - T}{T}\right|\right) \tag{1.4}$$

过大的熔宽导致接头热影响区域较大，同时易引起焊接变形。因此，可认为 WF_1 越小，焊缝横截面形貌质量越好。通过以 WF_1 和 T 为参数，可建立表征焊缝熔宽大小的评估指标 W：

$$W = \left(1 - \frac{WF_1/2}{T}\right) \tag{1.5}$$

激光束能量在基材中从上向下传递的过程中，由于能量的损失，焊缝 WF_2 一般小于 WF_1。焊缝 WF_1 和 WF_2 的差异带来的不对称性也会影响焊缝的质量。可认为焊缝 WF_1 和 WF_2 越接近，焊缝横截面形貌质量越好。通过以 WF_1、WF_2 及 T 为参数，可建立表征焊缝上下对称性的评估指标 UD：

$$UD = \left[1 - \frac{(WF_1 - WF_2)/2}{T}\right] \tag{1.6}$$

激光焊接过程中，尤其是异种材料激光焊接中易出现成分偏析、熔融材料流动不对称等现象，从而导致焊缝两侧呈现出不对称性，影响焊缝的质量与接头的性能。可认为焊缝 L_1 和 L_2 越接近，焊缝横截面形貌质量越好。通过以 L_1 和 L_2 为参数，可建立表征焊缝左右对称性的评估指标 LR：

$$LR = \left(1 - \left|\frac{L_1 - L_2}{L_1 + L_2}\right|\right) \tag{1.7}$$

综上所述，通过焊缝横截面几何特征来表征激光焊接焊缝横截面形貌质量，需要对焊缝的 I、W、UD 及 LR 四个焊缝特征评估指标进行综合分析。可用焊缝特征评估指标与焊缝横截面形貌质量之间的关系模型来表征焊缝横截面形貌质量。焊缝横截面形貌质量评估结果用 QA 表示：

$$QA = I \cdot W \cdot UD \cdot LR = \left(1 - \left|\frac{WP - T}{T}\right|\right)\left(1 - \frac{WF_1/2}{T}\right)\left[1 - \frac{(WF_1 - WF_2)/2}{T}\right]\left(1 - \left|\frac{L_1 - L_2}{L_1 + L_2}\right|\right) \tag{1.8}$$

QA 取值限定在 0 到 1 之间，取值越接近 1，说明焊缝横截面形貌质量越好；反之，取值越接近 0，说明焊缝横截面形貌质量越差。

参 考 文 献

[1] 邓志刚. 关于激光注入产生大电荷量高性能电子束的初步研究 [D]. 杭州：浙江大

学，2014.
[2] 李亚江，李嘉宁. 激光焊接/切割/熔覆技术 [M]. 北京：化学工业出版社，2016.
[3] 陈彦宾. 现代激光焊接技术 [M]. 北京：科学出版社，2005.
[4] 马国栋. 激光焊接头调焦模块设计及焊缝跟踪技术研究 [D]. 哈尔滨：哈尔滨工业大学，2018.
[5] 孟娜，郭紫薇，王昕，等. 医用二氧化碳激光器——原理及应用 [J]. 中国激光医学杂志，2021，30 (4)：223-231.
[6] 王睿，王立伟，张军伟，等. 镀锌生产线中的 CO_2 激光焊机 [J]. 电焊机，2013，43 (1)：88-91.
[7] 陈继民，张成宇. 激光器在增材制造中的应用 [J]. 航空制造技术，2020，63 (22)：42-53.
[8] 倪志晨. 激光机器人焊接集成控制系统设计 [D]. 厦门：厦门大学，2021.
[9] 杜佳豪. 可调谐双波长单纵模掺镱光纤激光器设计及实验研究 [D]. 西安：西安理工大学，2023.
[10] 胡学安，朱晓. 激光焊接技术发展和趋势 [J]. 热加工工艺，2024，53 (13)：1-29.
[11] 杜迎生，袁帅，王勇，等. 706 MHz 高重复频率掺镱光纤飞秒激光器 [J]. 激光与光电子学进展，2021，58 (9)：281-286.
[12] 李凯. 铝合金激光深熔焊接气孔缺陷形成过程研究 [D]. 上海：上海交通大学，2016.
[13] 马志鹏. 不等厚异质先进高强钢 DP590/TRIP800 激光焊接接头组织与性能研究 [D]. 长春：吉林大学，2019.
[14] 于晓飞. 基于分层光谱观测的激光深熔焊接孔内等离子体特性研究 [D]. 长沙：湖南大学，2022.
[15] GUO L，WANG H，LIU H，et al. Understanding keyhole induced-porosities in laser powder bed fusion of aluminum and elimination strategy [J]. International Journal of Machine Tools and Manufacture，2023，184：103977.
[16] ZHONG Q，WEI K，LU Z，et al. High power laser powder bed fusion of Inconel 718 alloy：effect of laser focus shift on formability，microstructure and mechanical properties [J]. Journal of Materials Processing Technology，2023，311：117824.
[17] 夏海龙. 光纤激光焊接中厚板的底部驼峰形成机理的研究 [D]. 长沙：湖南大学，2015.
[18] 冯立晨. Q235 低碳钢厚板 30 kW 级超高功率激光深熔焊接特性研究 [D]. 哈尔滨：哈尔滨工业大学，2018.
[19] 孙军浩. 不锈钢高功率激光焊接熔深增加与缺陷控制研究 [D]. 上海：上海交通大学，2018.
[20] 文婷，蔡知旺，郑永飞. 激光焊接机的优化设计与运动仿真 [J]. 制造技术与机床，2020 (3)：58-61.
[21] 张岸涛. Hair-pin 绕组激光飞行焊接工艺及控制算法研究 [D]. 济南：山东大学，2023.
[22] 蔺秀川，邵天敏. 利用集总参数法测量材料对激光的吸收率 [J]. 物理学报，2001，50 (5)：856-859.

[23] 王坤．预处理法铜-钢层合板激光切割工艺基础研究［D］．大连：大连理工大学，2021.

[24] 肖荣诗，梅汉华，左铁钏．激光器的光束特性在材料加工中的作用［J］．北京工业大学学报，1996，22（3）：43-50.

[25] KAWAHITO Y，MATSUMOTO N，MIZUTANI M，et al. Characterisation of plasma induced during high power fibre laser welding of stainless steel［J］. Science and Technology of Welding and Joining，2008，13（8）：744-748.

[26] 汪任凭．激光深熔焊接过程传输现象的数值模拟［D］．北京：北京工业大学，2011.

[27] ZHOU J，TSAI H，LEHNHOFF T. Investigation of transport phenomena and defect formation in pulsed laser keyhole welding of zinc-coated steels［J］. Journal of Physics D：Applied Physics，2006，39（24）：5338-5355.

[28] HOZOORBAKHSH A，ISMAIL M，AZIZ N. A computational analysis of heat transfer and fluid flow in high-speed scanning of laser micro-welding［J］. International Communications in Heat and Mass Transfer，2015，68：178-187.

[29] 庞盛永．激光深熔焊接瞬态小孔和运动熔池行为及相关机理研究［D］．武汉：华中科技大学，2011.

[30] 高祥涛．切缝药包爆轰冲击动力学行为研究［D］．北京：中国矿业大学（北京），2013.

[31] 彭进，许红巧，王星星，等．激光焊接过程的熔池动态行为研究［J］．焊接学报，2023，44（11）：1-7.

[32] SATO Y，SHINOHARA N，ARITA T，et al. In situ x-ray observation of keyhole dynamics for laser beam welding of stainless steel with 16 kW disk laser［J］. Journal of Laser Applications，2021，33（4）：042043.

[33] 胡亚光．典型材料激光焊接温度场特征及接头力学行为的研究［D］．武汉：武汉理工大学，2017.

[34] 章露．铜基金刚石复合材料的增材制造及其 TPMS 结构研究［D］．武汉：中国地质大学，2023.

[35] 巩水利，庞盛永，王宏，等．激光焊接熔池动力学行为［M］．北京：航空工业出版社，2018.

[36] 李奕辰，王磊，李赫，等．镍基合金激光焊凝固组织流体体积法-相场法研究［J］．中国激光，2023，51（12）：20-29.

[37] 熊凌达．2Al2 铝合金激光焊接熔池凝固中组织动态演化过程微观尺度模拟［D］．武汉：华中科技大学，2021.

[38] 耿韶宁．铝合金薄板激光焊接熔池凝固组织演变的多尺度模拟研究［D］．武汉：华中科技大学，2020.

[39] 蒋振国．基于能量分布调控的中厚板激光焊接质量优化研究［D］．哈尔滨：哈尔滨工业大学，2020.

[40] 吴云鹏．激光增材制造镍基高温合金的工艺、组织以及性能研究［D］．南昌：南昌大学，2019.

[41] 黄毅．6016 铝合金激光焊接头组织与织构特征及其对拉伸性能影响［D］．上海：上海交通大学，2019.

[42] 黄毅，黄坚，聂璞林 . 6016 和 5182 铝合金激光焊接接头的组织与织构 [J]. 中国激光，2019，46（4）：42-48.

[43] 韩德伟，张建新 . 金相试样制备与显示技术 [M]. 长沙：中南大学出版社，2014.

[44] 吴雁，李朝阳，郭立新，等 . 焊接工艺参数对铝/铝激光焊焊缝形貌及力学性能的影响 [J]. 焊接，2021，（11）：27-63.

2 激光焊接熔池小孔动力学模型与仿真

激光焊接过程中，焊缝缺陷将对焊接接头质量产生严重的影响。采用实验方法难以对焊缝缺陷形成过程中的温度场、流场等状态信息进行监测，深入揭示缺陷的形成机理。数值仿真方法是一种能够用于详细分析焊缝缺陷形成过程的有效手段。本章基于焊接过程中涉及的传热传质等物理现象，建立了常规激光焊接熔池小孔动力学模型。通过考虑等离子体辐射效应和激光深穿透效应，提出了能够良好表征激光束能量吸收机制的参数化复合热源模型。在边界条件的设定过程中，考虑了表面张力、反冲压力等因素。为了更好地揭示熔池自由表面的形态和焊缝缺陷的形成机理，在计算域中考虑了熔池上方的气体层。同时，详细介绍了常规激光焊接熔池小孔动力学模型的数值求解过程，包括网格离散方法、离散方程的求解、计算过程的收敛性判断、数值求解流程等。将数值仿真结果与实验结果进行对比，验证了模型的有效性。另外，介绍了基于高斯锥体热源、光线追踪热源等其他热源的常规激光焊接和振荡激光焊接熔池小孔动力学模型，并通过对比实验结果与数值仿真结果验证了模型的有效性。

2.1 常规激光焊接熔池小孔动力学模型

2.1.1 基本假设

基于 1.2 节中所描述的传热传质行为，常规激光焊接过程可处理为气液固三相转换且具有自由界面的传热传质耦合问题。为了使得计算过程方便且具有可行性，对其做出以下假设：

（1）除表面张力与温度有关外，其他物性参数在温度变化中均保持不变；

（2）熔池中所形成的熔融金属为不可压缩的黏性液体，流动方式为层流，且各相之间互不渗透；

（3）由温度梯度所引起的密度变化而产生的浮力，对其进行布辛涅斯克（Boussinesq）假设；

（4）液固相之间的糊状区域视为多孔介质（porous medium）。

2.1.2 控制方程

基于上述假设，综合考虑能量传递、质量转化及流体流动的过程，用以下控制方程[1-2]对常规激光焊接过程进行描述。

连续性方程：

$$\frac{\partial \rho}{\partial t}+\frac{\partial(\rho u)}{\partial x}+\frac{\partial(\rho v)}{\partial y}+\frac{\partial(\rho w)}{\partial z}=0 \tag{2.1}$$

式中，ρ 为密度；t 为时间；u、v 和 w 分别为速度矢量在笛卡尔坐标系中 x、y 和 z 三个方向的分量。

动量方程：

$$\rho\left(\frac{\partial u}{\partial t}+u\frac{\partial u}{\partial x}+v\frac{\partial u}{\partial y}+w\frac{\partial u}{\partial z}\right)=-\frac{\partial P_{\mathrm{p}}}{\partial x}+\mu\left(\frac{\partial^2 u}{\partial x^2}+\frac{\partial^2 u}{\partial y^2}+\frac{\partial^2 u}{\partial z^2}\right)+F_x \tag{2.2}$$

$$\rho\left(\frac{\partial v}{\partial t}+u\frac{\partial v}{\partial x}+v\frac{\partial v}{\partial y}+w\frac{\partial v}{\partial z}\right)=-\frac{\partial P_{\mathrm{p}}}{\partial y}+\mu\left(\frac{\partial^2 v}{\partial x^2}+\frac{\partial^2 v}{\partial y^2}+\frac{\partial^2 v}{\partial z^2}\right)+F_y \tag{2.3}$$

$$\rho\left(\frac{\partial w}{\partial t}+u\frac{\partial w}{\partial x}+v\frac{\partial w}{\partial y}+w\frac{\partial w}{\partial z}\right)=-\frac{\partial P_{\mathrm{p}}}{\partial z}+\mu\left(\frac{\partial^2 w}{\partial x^2}+\frac{\partial^2 w}{\partial y^2}+\frac{\partial^2 w}{\partial z^2}\right)+F_z \tag{2.4}$$

式中，P_{p} 为压力；μ 为黏度；F_x、F_y 和 F_z 分别为动量源项在笛卡尔坐标系中 x、y 和 z 三个方向的分量。

能量方程：

$$\frac{\partial(\rho H)}{\partial t}+\frac{\partial(\rho uH)}{\partial x}+\frac{\partial(\rho vH)}{\partial y}+\frac{\partial(\rho wH)}{\partial z}=\frac{\partial}{\partial x}\left(k\frac{\partial T}{\partial x}\right)+\frac{\partial}{\partial y}\left(k\frac{\partial T}{\partial y}\right)+\frac{\partial}{\partial z}\left(k\frac{\partial T}{\partial z}\right)+S_{\mathrm{E}} \tag{2.5}$$

式中，H 为热焓；k 为导热系数；T 为温度；S_{E} 为能量源项。其中，热焓 H 可表示为[3]：

$$H=h+\Delta H \tag{2.6}$$

$$h=h_{\mathrm{ref}}+\int_{T_{\mathrm{ref}}}^{T} c_p \mathrm{d}T \tag{2.7}$$

$$\Delta H=f_{\mathrm{l}}L \tag{2.8}$$

$$f_{\mathrm{l}}=\begin{cases} 0 & T \leqslant T_{\mathrm{s}} \\ \dfrac{T-T_{\mathrm{s}}}{T_{\mathrm{l}}-T_{\mathrm{s}}} & T_{\mathrm{s}}<T<T_{\mathrm{l}} \\ 1 & T \geqslant T_{\mathrm{l}} \end{cases} \tag{2.9}$$

式中，h 为敏感焓值；ΔH 为相变潜热；h_{ref} 为参考焓；T_{ref} 为参考温度；c_p 为比热容；f_{l} 为液相分数；L 为熔化潜热；T_{s} 和 T_{l} 分别为固相线温度和液相线温度。对于气液相之间相互转换过程中所引起的相变潜热，可采用类似的方法对其进行处理。

采用焓孔隙方法[4]将固液糊状区处理为多孔介质。将每个网格中的孔隙率定义为该网格的液相分数值。动量方程式（2.2）~式（2.4）中的动量源项包括达西（Darcy）项、浮力项等[4]。对于固相区域，孔隙率为零，达西项的作用可描述为使流过糊状区域的熔融金属流动速度快速衰减为趋于零。达西项[4]可表示为：

$$S = -\frac{\mu}{K}\boldsymbol{v} \tag{2.10}$$

式中，$\boldsymbol{v}$为熔融金属流动速度；K为各向同性渗透率，通过 Karman-Kozeny 方程计算可得：

$$K = K_0 \frac{f_1^3 + \tau}{(1 - f_1)^2}$$

K_0 为糊状区常数；τ 为避免式（2.10）分母为零的极小常数。

由熔池温度梯度导致密度变化所产生的浮力，采用布辛涅斯克假设进行计算[5]：

$$S_b = \rho g \beta (T - T_1) \tag{2.11}$$

式中，g 为重力加速度；β 为热膨胀系数。

2.1.3 蒸发/冷凝模型

在常规激光焊接过程中，具有高能量密度的激光束辐射在基材上，基材快速熔化形成熔池。熔池中的熔融金属继续吸收激光束能量发生蒸发，并在熔池中形成小孔。在小孔的形成过程中，涉及复杂的气液相之间的相互转化行为。由于蒸发/冷凝过程同时存在，导致小孔在焊接过程处于不断变化中。

气液相变模型[6-7]是一种被广泛应用的方法，能够有效地模拟蒸发/冷凝现象。因此，采用气液相变模型对常规激光焊接过程中的蒸发/冷凝现象进行描述，其中气液质量转化过程可以通过以下蒸气传输公式进行计算：

$$\frac{\partial}{\partial t}(f_v \rho_v) + \nabla \cdot (f_v \rho_v \boldsymbol{v}_v) = \dot{m}_v - \dot{m}_1 \tag{2.12}$$

式中，f_v 为蒸气相体积分数；ρ_v 为蒸气相密度；$\boldsymbol{v}_v$ 为蒸气相速度；$\dot{m}_v$ 和 $\dot{m}_1$ 分别为蒸发/冷凝过程中的质量转化率。

蒸气相与液相之间的质量转化率可以用以下公式表示[7]。

蒸发过程：

$$\dot{m}_v = -\dot{m}_1 = f_c f_1 \rho_1 \frac{T - T_{sat}}{T_{sat}},\ T > T_{sat} \tag{2.13}$$

冷凝过程：

$$\dot{m}_1 = -\dot{m}_v = f_c f_v \rho_v \frac{T_{sat} - T}{T_{sat}},\ T < T_{sat} \tag{2.14}$$

式中，f_c 为蒸发/冷凝系数；ρ_1 为液相密度；T_{sat}为蒸发温度。

2.1.4 自由界面追踪方法

在常规激光焊接过程中，随着激光束的向前移动，小孔壁面和熔池自由表面处于不断变化中，对熔池流动及焊缝的形成过程有着重要的影响。因此，需对气液自由界面进行精确追踪。

在计算流体动力学（computational fluid dynamics，CFD）中，常用的自由界面追踪方法有 level set 方法和流体体积（volume of fluid，VOF）方法。由于 level set 方法[8]在自由界面追踪过程中难以保证质量守恒，而 VOF 方法[7]常用于追踪具有拓扑变形的复杂多相流界面。因此，常规激光焊接熔池小孔动力学模型选用了 VOF 方法对焊接过程中的多相流自由界面进行追踪。

在 VOF 模型中，主要通过 VOF 函数 $F(x, y, z, t)$ 确定多相流自由界面。$F(x, y, z, t)$ 定义为网格单元熔融金属的体积函数。如果 $F(x, y, z, t) = 0$，表示对应的网格单元充满气相；如果 $0<F(x, y, z, t)<1$，表示对应的网格单元位于气液自由界面上；如果 $F(x, y, z, t) = 1$，表示对应的网格单元充满液相。VOF 函数 $F(x, y, z, t)$ 可以表示为：

$$\frac{\partial F}{\partial t} + (\boldsymbol{v} \cdot \nabla) F = 0 \tag{2.15}$$

通过 VOF 模型获取气液自由界面的网格单元及其空间向量，从而追踪小孔壁面和熔池自由表面。

2.2　常规激光焊接中激光束能量吸收机制的参数化表征

常规激光焊接过程中，激光与基材的相互作用涉及复杂的物理过程。通过考虑等离子体辐射效应和激光深穿透效应，基于对焊缝横截面形貌特征的分析，提出了参数化复合热源模型。利用实验过程提取常规激光焊接焊缝横截面形貌特征，确定焊接工艺参数与焊缝横截面形貌特征之间的关系模型，将关系模型代入参数化复合热源模型中，即可实现常规激光焊接过程中激光束能量吸收机制的参数化表征。

2.2.1　常规激光焊接焊缝横截面形貌特征提取

在常规激光焊接过程中，熔融金属在熔池内形成强烈且复杂的流动，对熔池小孔中的传热传质现象产生了重要的影响。同时，由于激光束能量在基材中从上向下的传递过程存在能量损失，所形成的焊缝横截面呈现出上宽下窄的形貌特征，如图 2.1 所示。另外，熔池中熔融金属的流动受焊接工艺参数的影响较大，在前期的研究中常采用工艺参数优化的方法获取理想的焊缝形貌，并取得了良好的效果[9]。因此，通过实验与统计学方法相结合的方式，对常规激光焊接中焊缝横截面形貌特征与焊接工艺参数之间的关系进行分析，基于所获取的关系模型对参数化复合热源模型中的参数进行设定[10]，实现激光束能量吸收机制的良好表征。

在常规激光焊接实验过程中，选用316L不锈钢作为实验材料。为了同时考虑常规激光焊接过程中深熔焊和非深熔焊两种焊接类型，316L不锈钢板的厚度选为8 mm，基材的具体尺寸为200 mm×100 mm×8 mm。实验中所采用的激光器为德国IPG公司生产的YLS-10000系列光纤激光器。激光器的最大输出功率为10 kW，输出模式选用连续激光，激光波长为1.07 μm。焊接过程中，激光焊接头与KUKA六自由度机器人相接，通过机器人手臂的运动实现对焊接速度、离焦量等焊接工艺参数的控制。

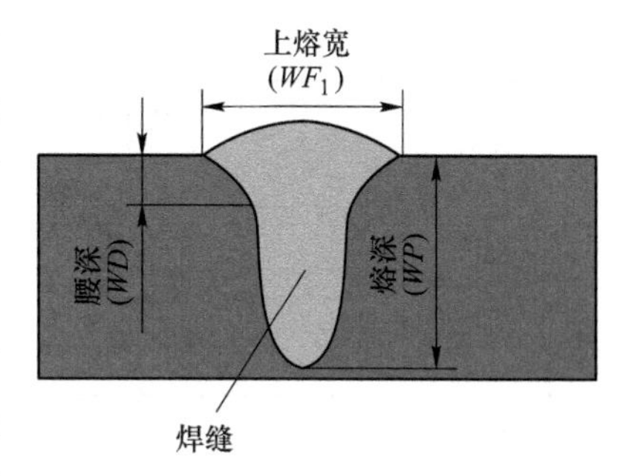

图2.1 常规激光焊接焊缝横截面形貌特征示意图

根据前期的研究，发现常规激光焊接过程中对焊缝形貌特征影响较大的焊接工艺参数主要包括激光功率*LP*、焊接速度*WS*及离焦量*FP*[11]。将图2.1中所示的上熔宽WF_1、腰深*WD*及熔深*WP*三个参数定义为焊缝横截面形貌特征参数。为了获得焊接工艺参数与焊缝横截面形貌特征之间的关系，将*LP*、*WS*、*FP*设为输入，WF_1、*WD*、*WP*设为输出，可将此问题转化为一个三输入、三输出的统计学问题进行研究。选用三因子三水平（-1，0，1）的中心复合设计实验，分析焊接工艺参数与焊缝横截面形貌特征之间的关系，所设计的实验矩阵如表2.1所示。

三因子三水平中心复合设计实验中选用的常规激光焊接工艺参数水平范围分别设为：激光功率5.0～9.0 kW，焊接速度6.0～24.0 m/min，离焦量-15～+15 mm。根据三因子三水平中心复合设计实验开展实验后，提取不同焊接工艺参数条件下的焊缝横截面形貌特征，如表2.2所示。

表2.1 常规激光焊接热源参数确定设计实验矩阵

序号	激光功率 *LP*	焊接速度 *WS*	离焦量 *FP*
1	-1	-1	0
2	1	0	1
3	0	0	0
4	0	0	0
5	0	1	1
6	1	1	0
7	0	-1	-1
8	-1	0	-1

续表 2.1

序号	激光功率 *LP*	焊接速度 *WS*	离焦量 *FP*
9	0	1	-1
10	1	0	-1
11	-1	0	1
12	0	0	0
13	0	0	0
14	-1	1	0
15	0	0	0
16	1	-1	0
17	0	-1	1

表 2.2　实验获得的不同焊接工艺参数条件下焊缝横截面形貌特征

序号	激光功率 (*LP*) /kW	焊接速度 (*WS*) /(m · min^{-1})	离焦量 (*FP*) /mm	上熔宽 (WF_1) /mm	腰深 (*WD*) /mm	熔深 (*WP*) /mm
1	5.0	6.0	0	1.103	0.498	4.357
2	9.0	15.0	+15	1.582	0.737	1.488
3	7.0	15.0	0	0.855	0.371	1.914
4	7.0	15.0	0	0.950	0.298	2.232
5	7.0	24.0	+15	1.337	0.393	0.393
6	9.0	24.0	0	0.752	0.632	1.899
7	7.0	6.0	-15	2.120	0.764	2.965
8	5.0	15.0	-15	1.566	0.235	0.348
9	7.0	24.0	-15	1.565	0.265	0.565
10	9.0	15.0	-15	1.809	0.592	1.587
11	5.0	15.0	+15	1.429	0.295	0.295
12	7.0	15.0	0	1.025	0.352	2.011
13	7.0	15.0	0	0.889	0.271	2.113
14	5.0	24.0	0	0.621	0.363	0.976
15	7.0	15.0	0	0.988	0.303	2.036
16	9.0	6.0	0	1.327	1.012	8.000
17	7.0	6.0	+15	2.181	0.968	2.715

2.2.2 常规激光焊接参数化复合热源模型表征激光束能量吸收机制

基于所提取的焊缝横截面形貌特征数据，建立焊接工艺参数与焊缝横截面形貌特征之间的关系模型，将该关系模型代入参数化复合热源模型中获得表征激光束能量吸收机制的参数化复合热源模型。

2.2.2.1 焊接工艺参数与焊缝横截面形貌特征之间的关系模型

为了获取焊接工艺参数与焊缝横截面形貌特征之间的关系模型，采用响应曲面法（RSM）对实验数据进行分析。在建立的响应曲面模型[12]中，假设 Y 为响应变量，x_1、x_2、x_3、…、x_k 为影响因子，响应函数可以表示为：

$$Y = f(x_1, x_2, \cdots, x_k) + \varepsilon \tag{2.16}$$

式中，ε 为响应的误差项。

为了评估响应函数中各因子的影响，建立线性响应曲面模型，可表示为：

$$Y = b_0 + \sum_{i=1}^{n} b_i x_i + \varepsilon \tag{2.17}$$

二次响应曲面模型可表示为：

$$Y = b_0 + \sum_{i=1}^{n} b_i x_i + \sum_{i=1}^{n} b_{ii} {x_{ii}}^2 + \sum_{i=1}^{n} \sum_{j=1}^{n} b_{ij} x_i x_j + \varepsilon \tag{2.18}$$

利用上述响应曲面法建立焊接工艺参数与焊缝横截面形貌特征之间的二次响应曲面关系模型，可表示为：

$$\begin{aligned} WF_1 = {} & A_0 \times LP + A_1 \times WS + A_2 \times FP + A_3 \times LP^2 + A_4 \times WS^2 + A_5 \times FP^2 + \\ & A_6 \times LP \times WS + A_7 \times LP \times FP + A_8 \times WS \times FP + A_9 \end{aligned} \tag{2.19}$$

$$\begin{aligned} WD = {} & B_0 \times LP + B_1 \times WS + B_2 \times FP + B_3 \times LP^2 + B_4 \times WS^2 + B_5 \times FP^2 + \\ & B_6 \times LP \times WS + B_7 \times LP \times FP + B_8 \times WS \times FP + B_9 \end{aligned} \tag{2.20}$$

$$\begin{aligned} WP = {} & C_0 \times LP + C_1 \times WS + C_2 \times FP + C_3 \times LP^2 + C_4 \times WS^2 + C_5 \times FP^2 + \\ & C_6 \times LP \times WS + C_7 \times LP \times FP + C_8 \times WS \times FP + C_9 \end{aligned} \tag{2.21}$$

对表 2.2 中的实验数据进行方差分析，确定焊接工艺参数与焊缝横截面形貌特征之间的关系模型。由于在所选取的焊接工艺参数范围内得到的焊缝 WP 差异较大，在进行分析之前对 WP 进行了取平方根（square root）转换。焊缝横截面形貌特征参数 WF_1、WD 及 WP 平方根的方差分析结果如表 2.3~表 2.5 所示。

表 2.3 上熔宽（WF_1）方差分析结果

项	平方和	自由度	均方值	F 值	P 值	显著性
模型	3.34526	6	0.557543	86.85228	<0.0001	显著
LP	0.0705	1	0.0705	10.98228	0.0078	
WS	0.753992	1	0.753992	117.4544	<0.0001	

续表 2.3

项	平方和	自由度	均方值	*F* 值	*P* 值	显著性
FP	0. 035245	1	0. 035245	5. 490369	0. 0411	
LP^2	0. 039985	1	0. 039985	6. 228774	0. 0317	
WS^2	0. 048026	1	0. 048026	7. 481375	0. 0210	
FP^2	2. 384554	1	2. 384554	371. 4579	<0. 0001	
残差	0. 064194	10	0. 006419			
误差	0. 019445	4	0. 004861			
总计	3. 409455	16				

注：信噪比=31. 592。

表 2. 4 腰深（*WD*）方差分析结果

项	平方和	自由度	均方值	*F* 值	*P* 值	显著性
模型	0. 919308	5	0. 183862	25. 10266	<0. 0001	显著
LP	0. 312841	1	0. 312841	42. 71219	<0. 0001	
WS	0. 315615	1	0. 315615	43. 09101	<0. 0001	
FP	0. 036046	1	0. 036046	4. 921387	0. 0485	
LP^2	0. 03445	1	0. 03445	4. 70353	0. 0529	
WS^2	0. 210116	1	0. 210116	28. 68713	0. 0002	
残差	0. 080568	11	0. 007324			
误差	0. 006794	4	0. 001699			
总计	0. 999876	16				

注：信噪比=17. 393。

表 2. 5 熔深（*WP*）平方根的方差分析结果

项	平方和	自由度	均方值	*F* 值	*P* 值	显著性
模型	5. 200427	6	0. 866738	133. 9925	<0. 0001	显著
LP	0. 767401	1	0. 767401	118. 6356	<0. 0001	
WS	2. 577451	1	2. 577451	398. 4585	<0. 0001	
FP	0. 0102	1	0. 0102	1. 576908	0. 2378	
LP * *WS*	0. 030795	1	0. 030795	4. 760702	0. 0541	
WS^2	0. 480146	1	0. 480146	74. 22771	<0. 0001	
FP^2	1. 420598	1	1. 420598	219. 616	<0. 0001	
残差	0. 064686	10	0. 006469			
误差	0. 006832	4	0. 001708			
总计	5. 265112	16				

注：信噪比=33. 166。

从表 2.3~表 2.5 中可以看出，各响应变量设计点的预测值范围与平均预测误差的信噪比远远大于 4，表明所选用的模型是合理的。另外，对方差分析的假设合理性通过残差分布图及残差与预测值之间的分布图进行了检验。图 2.2 所示为残差的正态分布概率情况，发现残差点围绕正态分布理论直线随机分布，可知模型的误差遵循正态分布假设条件[10]。残差与预测值的分布图如图 2.3 所示。从图 2.3 中可以看出，误差彼此之间独立分布，未发现明显的不合理分布情况。因此，通过对各焊缝横截面形貌特征参数进行方差分析可知，所选用的二次响应曲面关系模型是合理的。

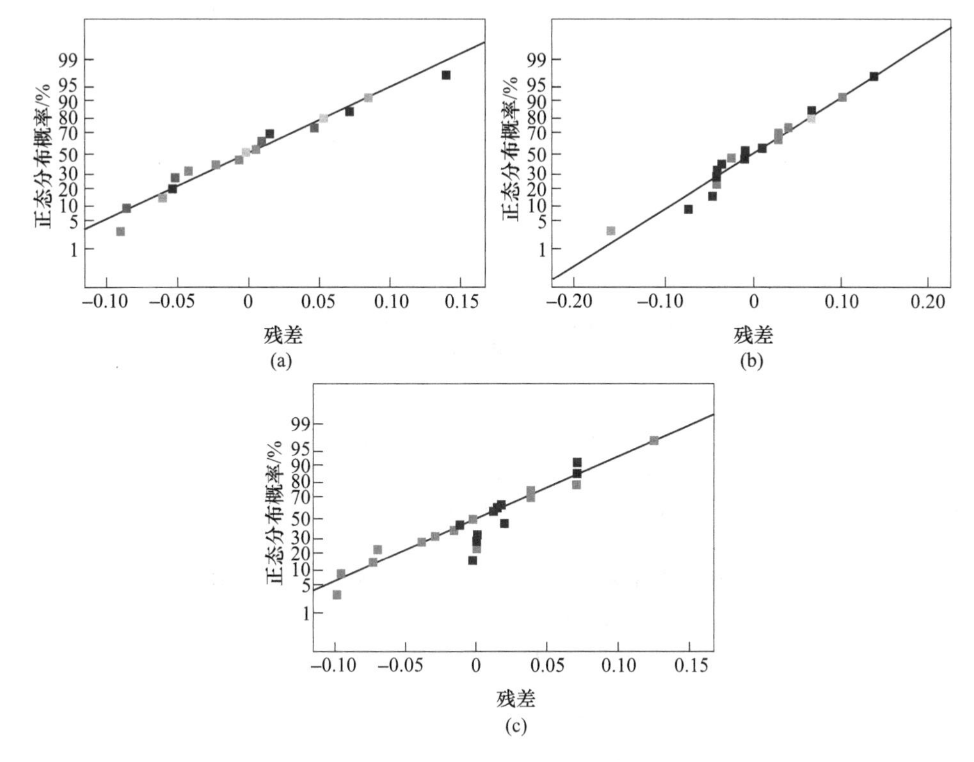

图 2.2　残差的正态分布概率图

（a）上熔宽（WF_1）的残差分布图；（b）腰深（WD）的残差分布图；

（c）熔深（WP）平方根的残差分布图

下面对各焊缝横截面形貌特征参数的显著性因子进行分析。焊缝 WF_1 的方差分析结果如表 2.3 所示。当 P 值小于 0.05 时，表明该因子对响应值的影响是显著的，且 P 值越小，影响越显著。当两个因子所对应的 P 值均较小时，F 值也可作为显著性影响的检测指标，F 值越大，表明影响越显著。通过对 WF_1 方差的分析发现，WS 和离焦量的平方 FP^2 对应的 P 值小于 0.0001，表明其为显著性影响项。FP^2 对应的 F 值最高，为 371.4579，表明该项为主要显著性影响项。对于

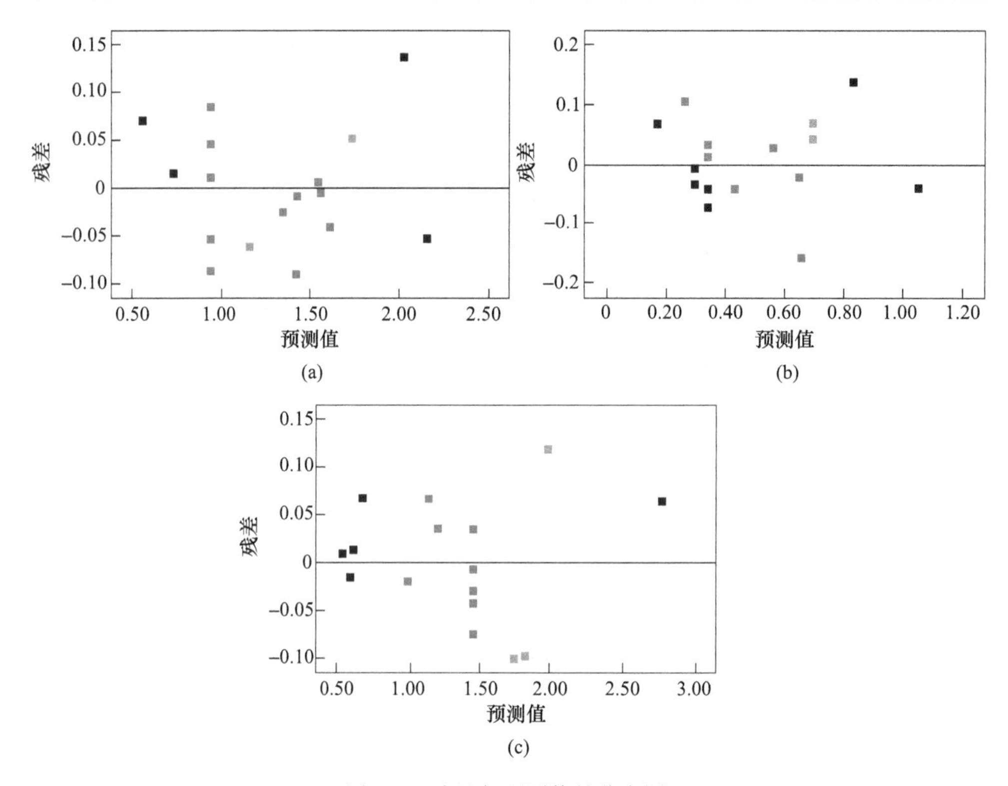

图 2.3　残差与预测值的分布图

（a）上熔宽（WF_1）的残差与预测值；（b）腰深（WD）的残差与预测值；（c）熔深（WP）平方根的残差与预测值

表 2.4 所示的焊缝 WD 方差分析结果，根据 P 值检验，除激光功率的平方 LP^2 项之外，其余各项均为显著性影响项。WS 所对应的 F 值最大，为 43.09101，表明该项为主要显著性影响项。FP 为焊缝 WD 的最小显著性影响项。在焊缝 WP 平方根的分析中，从表 2.5 中可以看出，LP、WS、WS^2 及 FP^2 为显著性影响项，其中 WS 为主要显著性影响项。

通过以上方差分析所获得的焊接工艺参数与焊缝横截面形貌特征之间的二次响应曲面关系模型可以表示为：

$$WF_1 = 0.22741 + 0.38801 \times LP - 0.073667 \times WS - 0.004425 \times FP - 0.024363 \times LP^2 + 0.00131852 \times WS^2 + 0.00334467 \times FP^2 \tag{2.22}$$

$$WD = 1.70874 - 0.21728 \times LP - 0.10469 \times WS + 0.004475 \times FP - 0.022582 \times LP^2 + 0.00275406 \times WS^2 \tag{2.23}$$

$$\mathrm{Sqrt}(WP) = 1.74345 + 0.22798 \times LP - 0.15384 \times WS - 0.00238051 \times FP - 0.00487457 \times LP \times WS + 0.00416324 \times WS^2 - 0.002578 \times FP^2 \tag{2.24}$$

为了对所建立的关系模型进行验证，将关系模型得到的预测值与实验值进行对比，如图 2.4 所示。从图 2.4 中可以看出，焊缝横截面各形貌特征参数的预测值与实验值之间的误差均较小，表明所建立的关系模型是有效的。因此，该关系模型可用于确定参数化复合热源模型中的各项参数。

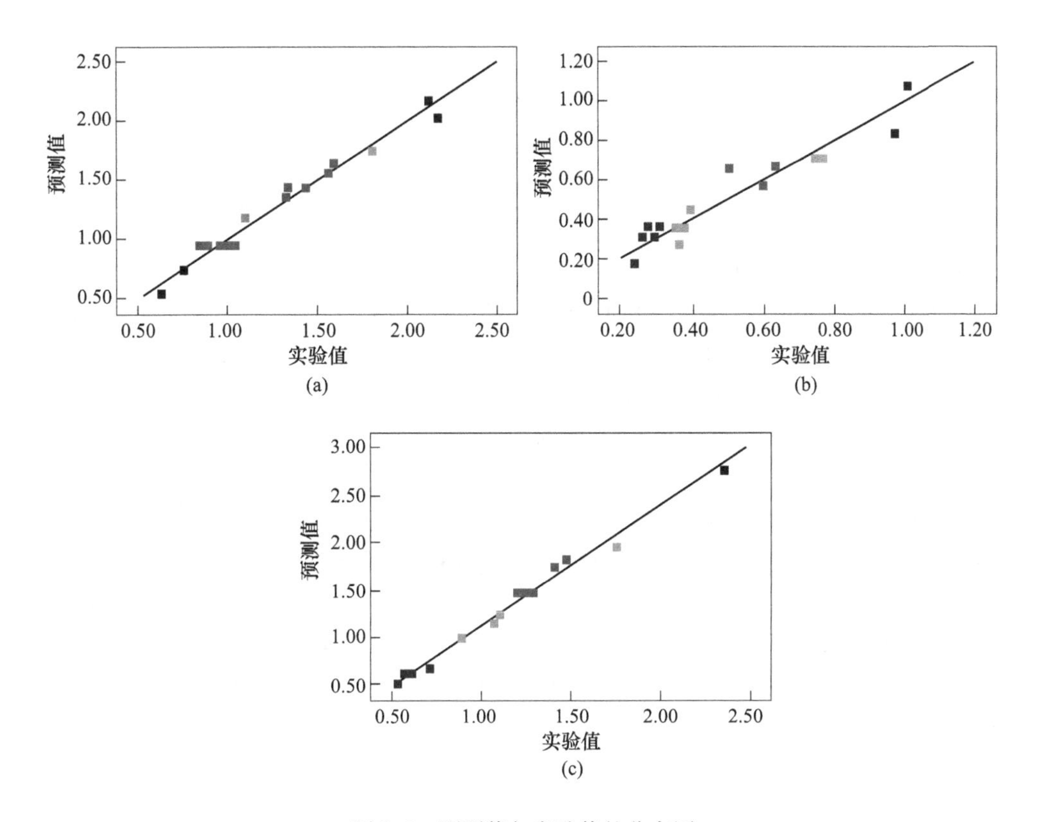

图 2.4　预测值与实验值的分布图

（a）上熔宽（WF_1）的预测值与实验值；（b）腰深（WD）的预测值与实验值；（c）熔深（WP）平方根的预测值与实验值

2.2.2.2　参数化复合热源模型

常规激光焊接过程中基材对激光束能量的吸收主要包括金属蒸气/等离子体对熔池自由表面和小孔壁面的辐射与对流作用及小孔壁面的菲涅耳吸收。选用参数化复合热源模型对焊接过程中激光束能量的吸收机制进行表征，如图 2.5 所示。其中，高斯线性递减热源用于表示小孔壁面的菲涅耳吸收，双椭球热源用于描述金属蒸气/等离子体对熔池自由表面和小孔壁面的辐射与对流作用[13]。同时，考虑了焊接速度的影响，整个热源模型随激光束一起移动，各部分功率密度分布可以表示为：

$$q_{\mathrm{f}}(x,y,z)=\frac{6\sqrt{3}f_1 f_{\mathrm{f}}Q}{a_{\mathrm{f}}bc\pi\sqrt{\pi}}\exp\left\{-3\left[\frac{(x-l-u_{\mathrm{ws}}t)^2}{a_{\mathrm{f}}^2}+\frac{y^2}{b^2}+\frac{z^2}{c^2}\right]\right\} \tag{2.25}$$

$$q_{\mathrm{r}}(x,y,z)=\frac{6\sqrt{3}f_1 f_{\mathrm{r}}Q}{a_{\mathrm{r}}bc\pi\sqrt{\pi}}\exp\left\{-3\left[\frac{(x-l-u_{\mathrm{ws}}t)^2}{a_{\mathrm{r}}^2}+\frac{y^2}{b^2}+\frac{z^2}{c^2}\right]\right\} \tag{2.26}$$

$$q_{\mathrm{g}}(x,y,z)=\frac{6f_2Q}{\pi r_0^2H'(1-\mathrm{e}^{-3})}\frac{mz+r_0}{mH'+2r_0}\exp\left\{\frac{-3[(x-l-u_{\mathrm{ws}}t)^2+y^2]}{r_0^2}\right\} \tag{2.27}$$

$$Q=\eta P_{\mathrm{laser}} \tag{2.28}$$

$$q(x,y,z)=q_{\mathrm{f}}(x,y,z)+q_{\mathrm{r}}(x,y,z)+q_{\mathrm{g}}(x,y,z) \tag{2.29}$$

式中，$q_{\mathrm{f}}(x, y, z)$ 和 $q_{\mathrm{r}}(x, y, z)$ 分别为双椭球热源的前后半椭球所对应的功率密度分布；$q_{\mathrm{g}}(x, y, z)$ 为高斯线性递减热源的功率密度分布；Q 为有效吸收激光功率；f_{f} 和 f_{r} 为前后半椭球的能量分配系数，$f_{\mathrm{f}}+f_{\mathrm{r}}=2$；$f_1$ 和 f_2 为双椭球热源和高斯线性递减热源的能量分配系数，$f_1+f_2=1$；常数 a_{f}、a_{r}、b 和 c 为双椭球热源的形状参数；l 为焊接起点与基材边缘的距离；u_{ws} 为焊接速度；r_0 为高斯线性递减热源的半径；m 为衰减系数；H' 为热源深度；η 为激光吸收率；P_{laser} 为激光功率。

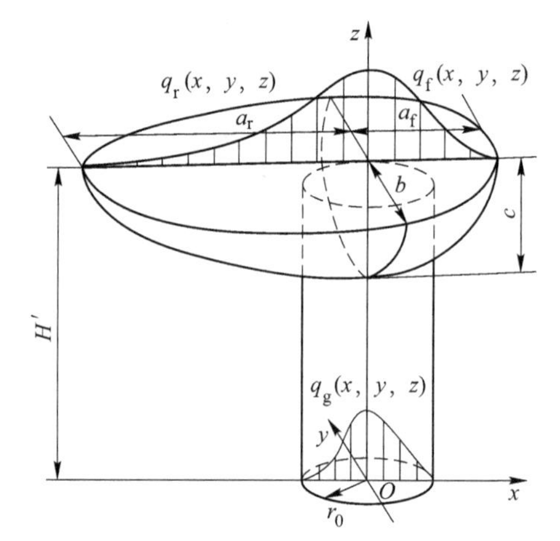

图 2.5　参数化复合热源模型

根据焊接工艺参数与焊缝横截面形貌特征之间的关系模型，参数化复合热源模型的参数设定如下：

（1）高斯线性递减热源的半径 r_0。高斯线性递减热源半径 r_0 设定为聚焦后激光光斑的半径。

（2）双椭球热源的形状参数。参数 b 与 WF_1 具有较高的关联性，且受焊接工艺参数的影响。本模型将参数 b 设定为 WF_1 的一半，根据关系模型中式（2.22）可表示为：

$$b=0.5WF_1=0.113705+0.194005\times LP-0.0368335\times WS-0.0022125\times FP-0.0121815\times LP^2+0.00065926\times WS^2+0.001672335\times FP^2 \tag{2.30}$$

焊缝的腰深可以通过参数 c 进行控制，本模型将参数 c 设定为 WD，可表示为：

$$c=WD=1.70874-0.21728\times LP-0.10469\times WS+0.004475\times FP-0.022582\times LP^2+0.00275406\times WS^2 \tag{2.31}$$

参数 a_f 和 a_r 与熔池的长度相关，可通过后续的调试以及参考经验值进行确定，使仿真结果与实验结果能够良好地吻合。

（3）高斯线性递减热源的深度 H'。WP 可以通过高斯线性递减热源的深度进行控制。本模型将 H' 设定为 WP，根据关系模型中式（2.24）可表示为：

$$H' = WP = (1.74345 + 0.22798 \times LP - 0.15384 \times WS - 0.00238051 \times FP - 0.00487457 \times LP \times WS + 0.00416324 \times WS^2 - 0.002578 \times FP^2)^2 \quad (2.32)$$

（4）各系数的确定。前后椭球的能量分布按照参数 f_f 和 f_r 比例进行分配，保证 $f_f + f_r = 2$。双椭球热源和高斯线性递减热源的能量分配系数 f_1、f_2 及衰减系数 m，根据经验值进行设定，保证 $f_1 + f_2 = 1$。

2.3 常规激光焊接边界条件

在利用控制方程求解常规激光焊接过程熔池小孔动力学行为之前，需要对各边界条件进行相关设定。同时，需要考虑小孔壁面和熔池自由表面的演变过程，因此在基材上方考虑了气体层。在整个焊接过程中，基材上表面设定为激光束的焦平面。常规激光焊接过程边界条件如图 2.6 所示，其中主要的边界条件包含了上表面、下表面、侧面、对称面、熔池自由表面及小孔壁面的边界条件。

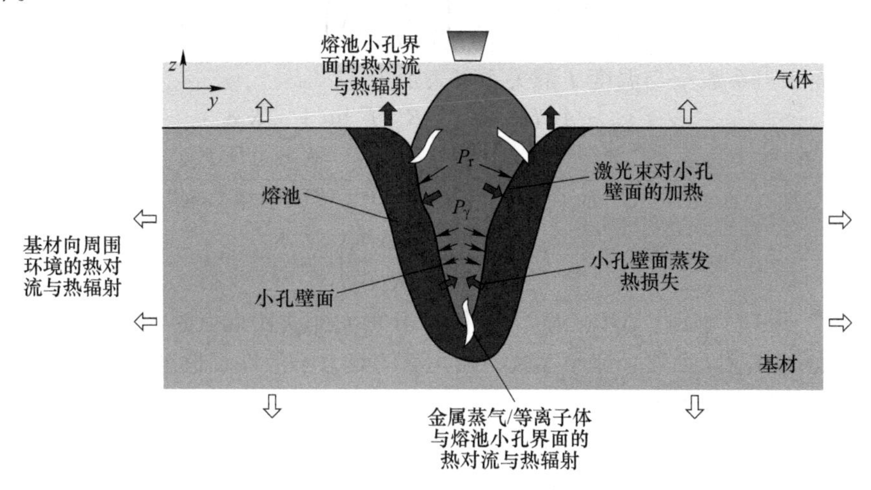

图 2.6 常规激光焊接过程边界条件示意图

2.3.1 上表面、下表面、侧面及对称面边界条件

在常规激光焊接数值仿真过程中，将气体层上表面设定为压力出口边界，基材侧面、下表面均设为壁面边界。各壁面边界的能量转换主要包括热辐射、热对流引起的热损失，可表示为：

$$-k\frac{\partial T}{\partial \boldsymbol{n}}=q_{\mathrm{rad}}+q_{\mathrm{conv}} \tag{2.33}$$

式中，q_{rad} 为热辐射；q_{conv} 为热对流；$\boldsymbol{n}$ 为局部表面的单位法向量。热辐射与热对流分别表示为[14]：

$$q_{\mathrm{rad}}=\varepsilon_{\mathrm{e}}\sigma(T^4-T_0^4) \tag{2.34}$$

$$q_{\mathrm{conv}}=h_{\mathrm{conv}}(T-T_0) \tag{2.35}$$

式中，ε_{e} 为辐射系数；σ 为斯特藩-玻耳兹曼常数；h_{conv} 为对流系数；T_0 为环境温度。

对称面的边界条件可表示为：

$$\frac{\partial u}{\partial y}=0, v=0, \frac{\partial w}{\partial y}=0, \frac{\partial T}{\partial y}=0 \tag{2.36}$$

2.3.2　熔池自由表面边界条件

在常规激光焊接过程中，熔池自由表面受表面张力的作用，表面张力 P_{γ} 与表面曲率相关[15]：

$$P_{\gamma}=\kappa\gamma \tag{2.37}$$

其中，κ 为表面曲率，可以由下式得到：

$$\kappa=-\left[\nabla\cdot\left(\frac{\boldsymbol{n}}{|\boldsymbol{n}|}\right)\right]=\frac{1}{|\boldsymbol{n}|}\left[\left(\frac{\boldsymbol{n}}{|\boldsymbol{n}|}\cdot\nabla\right)|\boldsymbol{n}|-(\nabla\cdot\boldsymbol{n})\right] \tag{2.38}$$

表面张力系数 γ 与温度 T 的关系可表示为[16-17]：

$$\gamma=\gamma_0-A(T-T_1)-R_{\mathrm{g}}T\Gamma_{\mathrm{s}}\ln(1+K_{\mathrm{s}}\alpha_{\mathrm{s}}) \tag{2.39}$$

$$\frac{\partial\gamma}{\partial T}=-A-R_{\mathrm{g}}\Gamma_{\mathrm{s}}\ln(1+K_{\mathrm{s}}\alpha_{\mathrm{s}})-\frac{K_{\mathrm{s}}\alpha_{\mathrm{s}}\Delta H_0\Gamma_{\mathrm{s}}}{T(1+K_{\mathrm{s}}\alpha_{\mathrm{s}})} \tag{2.40}$$

$$K_{\mathrm{s}}=k_1\exp\left(\frac{-\Delta H_0}{R_{\mathrm{g}}T}\right) \tag{2.41}$$

式中，γ_0、A、Γ_{s}、α_{s}、ΔH_0、R_{g}、K_{s} 和 k_1 分别为纯铁在熔点时的表面张力系数、纯铁表面张力温度系数、饱和参数、硫元素的热力学活性、标准吸收热、气体常数、平衡常数和熵因子。

熔池自由表面的切向应力为[18]：

$$-\mu\frac{\partial u}{\partial z}=\frac{\partial\gamma}{\partial T}\frac{\partial T}{\partial x} \tag{2.42}$$

$$-\mu\frac{\partial \nu}{\partial z}=\frac{\partial\gamma}{\partial T}\frac{\partial T}{\partial y} \tag{2.43}$$

熔池自由表面能量损失主要通过热辐射、热对流进行考虑。

2.3.3　小孔壁面边界条件

在常规激光焊接过程中，小孔壁面上的压力主要由表面张力、反冲压力、熔池静压力及动压力所引起。在小孔壁面的法向方向，需满足以下压力边界条件[10,19]：

$$P_k = P_\gamma + P_r + P_g + P_h \tag{2.44}$$

式中，P_k 为小孔壁面法向压力；P_r 为反冲压力；P_g 为静压力；P_h 为动压力。

表面张力参照熔池自由表面边界条件进行处理。在小孔壁面的克努森层附近，熔融金属瞬间蒸发，对小孔壁面产生反冲压力，选用基于 Knight 理论的反冲压力模型进行计算[20]：

$$P_r = A_r B_0 / \sqrt{T_w} \exp(-U/T_w) \tag{2.45}$$

式中，A_r 为数值系数；B_0 为蒸发常数；T_w 为小孔壁面温度。

参数 U 可表示为：

$$U = m_a H_v / (N_A k_b) \tag{2.46}$$

式中，m_a 为原子质量；H_v 为蒸发潜热；N_A 为阿伏伽德罗常数；k_b 为玻耳兹曼常数。

熔池作用在小孔壁面上的静压力 P_g 和动压力 P_h 可以表示为[10,21]：

$$P_g = g h_g \tag{2.47}$$

$$P_h = \frac{v_m^2}{2g} \tag{2.48}$$

式中，h_g 为熔融金属所处的深度；v_m 为熔融金属流动速度。

小孔壁面上的能量边界条件由激光吸收能量 q_{input}、热对流 q_{conv}、热辐射 q_{rad} 及蒸发作用引起的热损失 q_{evap} 组成，可以表示为：

$$k \frac{\partial T}{\partial \boldsymbol{n}} = q_{input} - q_{rad} - q_{conv} - q_{evap} \tag{2.49}$$

式中，激光吸收能量 q_{input} 可由参数化复合热源表征激光束能量吸收机制公式（2.29）计算获得；蒸发作用所引起的热损失 q_{evap}，可以由以下公式计算获得[22]：

$$q_{evap} = W_e H_v$$

W_e 为蒸发速率，主要受小孔壁面温度影响：

$$\log W = 2.52 + \left(6.121 - \frac{18836}{T}\right) - 0.5\log T$$

小孔壁面吸收的能量主要取决于激光束输入的能量、热对流、热辐射及蒸发引起的热损失等。激光束输入的能量为小孔壁面能量的主要来源，对熔池小孔的动力学行为具有重要影响。改变激光焊接过程的能量分布，将会对小孔壁面的能量及其分布产生影响，进而影响熔池小孔的动力学行为及焊接质量。

根据以上对各边界条件的分析，可对常规激光焊接控制方程中各源项进行设定，将反冲压力、表面张力等加入对应的控制方程中进行求解。

2.4　常规激光焊接熔池小孔动力学模型数值求解与验证

2.4.1　控制方程的通用形式

为了方便对各控制方程的求解过程进行分析，现将控制方程中式（2.1）~式（2.5）转换为通用形式。其中各通用变量用 ϕ 进行表示，控制方程可转化为以下形式[23]：

$$\frac{\partial(\rho\phi)}{\partial t}+\frac{\partial(\rho u\phi)}{\partial x}+\frac{\partial(\rho v\phi)}{\partial y}+\frac{\partial(\rho w\phi)}{\partial z}=\frac{\partial}{\partial x}\left(\Gamma\frac{\partial\phi}{\partial x}\right)+\frac{\partial}{\partial y}\left(\Gamma\frac{\partial\phi}{\partial y}\right)+\frac{\partial}{\partial z}\left(\Gamma\frac{\partial\phi}{\partial z}\right)+S \tag{2.50}$$

其简化形式为[23]：

$$\underset{\text{瞬态项}}{\frac{\partial(\rho\phi)}{\partial t}}+\underset{\text{对流项}}{\mathrm{div}(\rho\boldsymbol{v}\phi)}=\underset{\text{扩散项}}{\mathrm{div}(\Gamma\mathrm{grad}\phi)}+\underset{\text{源项}}{S} \tag{2.51}$$

式中，ϕ 可以表示控制方程中 u、v、w 和 T 等变量；Γ 为广义扩散系数；S 为广义源项。ϕ、Γ 和 S 在各方程中均具有特定对应的形式。

2.4.2　离散方法

常规激光焊接过程的数值仿真涉及传热传质的计算。采用 CFD 技术进行求解之前，需要将所建立的计算域按照网格进行离散化处理，通过求解各网格节点上的离散方程组，获得各节点上计算变量的值。然后，通过数值插值等方式确定计算域内各节点之间的解，最终获得整个计算域内各变量的近似解。

常见的离散方法包括有限差分法、有限元法和有限体积法等[24]。有限体积法[23]具有积分守恒及计算效率高的优势，作为一种发展迅速的离散方法，被多数商用 CFD 软件所采用，在 CFD 领域得到了广泛应用。从以上分析可得，有限体积法是一种非常适合解决传热传质相关 CFD 问题的离散方法。因此，本模型采用了有限体积法对常规激光焊接过程中的熔池小孔动力学行为进行计算。

先以二维问题为例，对有限体积法进行简单介绍[23]。图 2.7 为计算域的网格划分，各子区域互不重叠，控制体积的中间包围着节点。图 2.7 中的节点用 P 进行标识，其周围的东西两侧节点记为 E 和 W，南北两侧的节点记为 S 和

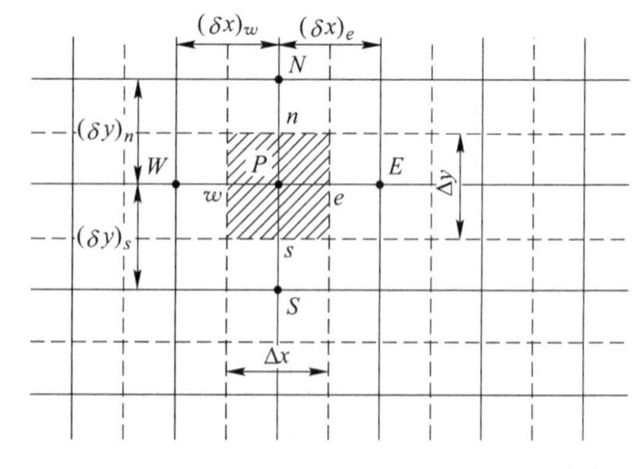

图 2.7　二维问题的有限体积法网格划分[23]

N。节点 P 周围的阴影区域为控制体积 P。控制体积周围的四个界面分别记为 e、s、w 和 n，其在 x 和 y 方向的宽度分别表示为 Δx 和 Δy。计算节点 P 到周围节点 E、W、S 和 N 的距离为 $(\delta x)_e$、$(\delta x)_w$、$(\delta y)_s$ 和 $(\delta y)_n$。下面针对划分的计算域网格建立离散方程。

2.4.3 离散方程的建立

本节以上述的二维问题为例对离散方程的建立[23]进行介绍，再将二维问题推广到三维问题。针对图 2.7 中的计算域和网格划分，对控制方程的通用形式（2.51）在控制体积 P 和时间 Δt 内进行积分可得：

$$\int_t^{t+\Delta t}\int_{\Delta V}\frac{\partial(\rho\phi)}{\partial t}\mathrm{d}V\mathrm{d}t+\int_t^{t+\Delta t}\int_{\Delta V}\mathrm{div}(\rho\boldsymbol{v}\phi)\mathrm{d}V\mathrm{d}t=$$
$$\int_t^{t+\Delta t}\int_{\Delta V}\mathrm{div}(\Gamma\mathrm{grad}\phi)\mathrm{d}V\mathrm{d}t+\int_t^{t+\Delta t}\int_{\Delta V}S\mathrm{d}V\mathrm{d}t \tag{2.52}$$

根据 Gauss 散度定理[25]，体积积分与面积分之间可以按以下公式进行转化：

$$\int_{\Delta V}\mathrm{div}(\boldsymbol{a})\mathrm{d}V=\int_{\Delta S}\boldsymbol{v}\cdot\boldsymbol{a}\mathrm{d}S=\int_{\Delta S}v_i a_i\mathrm{d}S \tag{2.53}$$

式（2.52）中各项的积分可以写为[23]：

$$\int_t^{t+\Delta t}\int_{\Delta V}\frac{\partial(\rho\phi)}{\partial t}\mathrm{d}V\mathrm{d}t=\int_{\Delta V}\left[\int_t^{t+\Delta t}\rho\frac{\partial\phi}{\partial t}\mathrm{d}t\right]\mathrm{d}V=\rho_P^0(\phi_P^{\Delta t}-\phi_P^0)\Delta V \tag{2.54}$$

$$\begin{aligned}&\int_t^{t+\Delta t}\int_{\Delta V}\mathrm{div}(\rho\boldsymbol{v}\phi)\mathrm{d}V\mathrm{d}t\\&=\int_t^{t+\Delta t}[(\rho u\phi A)_e-(\rho u\phi A)_w+(\rho v\phi A)_n-(\rho v\phi A)_s]\mathrm{d}t\\&=\int_t^{t+\Delta t}[(\rho u)_e\phi_e A_e-(\rho u)_w\phi_w A_w+(\rho v)_n\phi_n A_n-(\rho v)_s\phi_s A_s]\mathrm{d}t\end{aligned} \tag{2.55}$$

$$\begin{aligned}&\int_t^{t+\Delta t}\int_{\Delta V}\mathrm{div}(\Gamma\mathrm{grad}\phi)\mathrm{d}V\mathrm{d}t\\&=\int_t^{t+\Delta t}\left[\left(\Gamma\frac{\partial\phi}{\partial x}A\right)_e-\left(\Gamma\frac{\partial\phi}{\partial x}A\right)_w+\left(\Gamma\frac{\partial\phi}{\partial y}A\right)_n-\left(\Gamma\frac{\partial\phi}{\partial y}A\right)_s\right]\mathrm{d}t\\&=\int_t^{t+\Delta t}\left[\Gamma_e A_e\frac{\phi_E-\phi_P}{(\delta x)_e}-\Gamma_w A_w\frac{\phi_P-\phi_W}{(\delta x)_w}+\Gamma_n A_n\frac{\phi_N-\phi_P}{(\delta y)_n}-\Gamma_s A_s\frac{\phi_P-\phi_S}{(\delta y)_s}\right]\mathrm{d}t\end{aligned} \tag{2.56}$$

$$S=f(\phi)=S_0+S_P\phi_P \tag{2.57}$$

$$\int_t^{t+\Delta t}\int_{\Delta V}S\mathrm{d}V\mathrm{d}t=\int_t^{t+\Delta t}S\Delta V\mathrm{d}t=\int_t^{t+\Delta t}(S_0+S_P\phi_P)\Delta V\mathrm{d}t=\int_t^{t+\Delta t}(S_0\Delta V+S_P\phi_P\Delta V)\mathrm{d}t \tag{2.58}$$

获得控制方程中各项的积分表达式后，需要根据控制体积中节点的变量值，通过所选用的离散格式将各界面的变量值 ϕ_e、ϕ_w、ϕ_n 和 ϕ_s 表示出来，代入对流项中进行求解。然后，采用全隐式的时间积分方案对对流项、扩散项和源项进行积分。例如假定[23]：

$$\int_t^{t+\Delta t} \phi_P \mathrm{d}t = \phi_P \Delta t \tag{2.59}$$

则：

$$\alpha_P \phi_P = \alpha_W \phi_W + \alpha_E \phi_E + \alpha_S \phi_S + \alpha_N \phi_N + d \tag{2.60}$$

式（2.60）为通过全隐式时间积分得到的二维瞬态对流扩散离散方程，其中各系数由所采用的离散格式决定。

通过在二维的基础上增加 z 坐标，可将二维问题推广到三维问题中，建立三维瞬态对流扩散离散方程。图 2.7 所示的矩形区域将变为六面体网格，所增加的顶面用 t 表示，底面用 d 表示，与节点 P 相邻的上下两个节点分别标识为 T 和 D。上述式（2.60）所表示的二维离散方程可以转化为三维离散方程[23]：

$$\alpha_P \phi_P = \alpha_W \phi_W + \alpha_E \phi_E + \alpha_S \phi_S + \alpha_N \phi_N + \alpha_I \phi_I + \alpha_T \phi_T + d \tag{2.61}$$

2.4.4 离散方程的求解

通过有限体积法得到离散方程组后，需要对离散方程组进行求解。然而，在常规激光焊接熔池小孔动力学仿真中，流场和温度场的计算是同时进行的。因此，需要预先设定包含速度、压力等未知量的方程求解方法与顺序。根据所采用的处理方式，可以将离散方程的求解方法分为耦合式解法和分离式解法[23]。在流场的求解中，由 Patankar 和 Spalding[26] 在 1972 年提出的分离式解法中的 SIMPLE 算法是目前所广泛应用的方法之一。因此，本模型采用 SIMPLE 算法求解常规激光焊接过程中所涉及的传热传质问题。

2.4.5 收敛性判断与数值求解流程

在模型的数值求解过程中，需要对变量的收敛性进行判断。常规激光焊接熔池小孔动力学模型的求解过程涉及小孔壁面和熔池自由表面两个随时间不断变化的自由界面。为了获取更高精度的自由界面，在选用 VOF 模型进行自由界面追踪的过程中采用了显式算法对自由界面进行实时获取并更新。因此，需要根据库朗数（Courant number）C[27] 对计算时间步长进行设定。库朗数 C 与时间步长的关系式可以表示为[27]：

$$C = \frac{\Delta t}{\Delta x_{\mathrm{c}} / v_{\mathrm{f}}} \tag{2.62}$$

式中，Δt 为时间步长；Δx_{c} 为网格尺寸，v_{f} 为流体速度。库朗数值的选取对整个仿真过程的稳定性与收敛性具有较大的影响。数值越大，收敛速度越快，但稳定性越差且易导致计算过程发散。在仿真过程中需要根据所建立的模型选择足够小的时间步长，确保库郎数足够小，以保证计算过程的稳定性。

另外，在某个特定时间步上 CFD 瞬态问题的求解过程中，一般需要经过多次迭代才能达到收敛要求。同时，在迭代求解过程中会因网格质量、离散格式等问题导致求解过程发散，进而使得仿真结果失真。因此，在迭代求解过程中，还需要设定收敛性规则对求解的解集进行监视与判断，满足收敛性要求之后结束迭代过程。本模型采用变量迭代过程中各网格计算的残差值总和 R^{ϕ} 对收敛性进行判断。残差值总和定义为[7,25]：

$$R^{\phi} = \frac{\sum_{\mathrm{cells}P} \left| \sum_{\mathrm{nb}} a_{\mathrm{nb}} \phi_{\mathrm{nb}} + d_{\mathrm{c}} - a_P \phi_P \right|}{\sum_{\mathrm{cells}P} \left| a_P \phi_P \right|} \tag{2.63}$$

式中，a_{nb} 为计算节点 P 相邻网格单元的影响系数；ϕ_{nb} 为变量在相邻网格界面的取值；d_{c} 为源项部分和边界条件常数部分的影响系数；a_P 为中心系数；ϕ_P 为变量值在计算节点 P 的取值。当各变量的残差值总和均小于收敛标准时，认为迭代求解过程已收敛，可终止迭代过程。

选用被广泛应用的大型 CFD 商用软件 Fluent 对常规激光焊接熔池小孔动力学模型进行求解。在求解过程中，充分利用了该软件的开放接口，以 C 语言为基础编写了用户自定义函数（user-defined-function，UDF）程序，将热物性参数、边界条件、控制方程源项等与相应的各模块衔接起来，对整个焊接过程中熔池小孔动力学行为进行数值计算。常规激光焊接熔池小孔动力学模型的数值求解流程如图 2.8 所示。

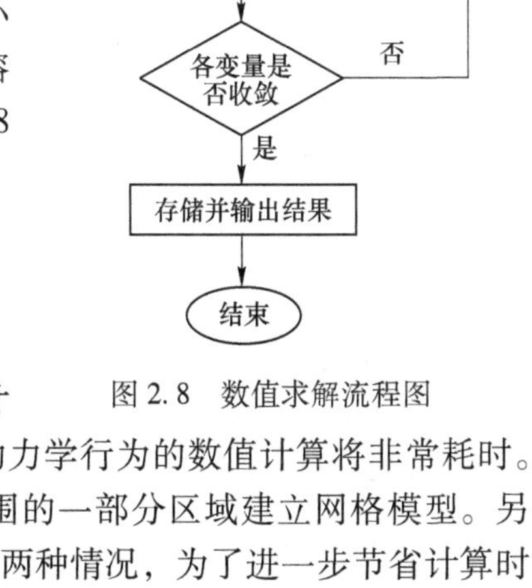

图 2.8　数值求解流程图

2.4.6　模型验证

2.4.6.1　网格模型与热物性参数

由于常规激光焊接实验所采用的基材尺寸较大，若对整个基材建立模型进行熔池小孔动力学行为的数值计算将非常耗时。考虑到实际情况中的计算能力，选取焊缝周围的一部分区域建立网格模型。另外，所选取的焊接工艺包括深熔焊和非深熔焊两种情况，为了进一步节省计算时间，分别建立了两种不同尺寸的网格模型对常规激光焊接过程中熔池小孔动力学行为进行数值计算，如图 2.9 所示。所建立的网格模型尺寸分别为 10 mm×3 mm×12 mm 和 12 mm×1.5 mm×5 mm。网格类型选用六面体网格，网格单元边长最大为0.1 mm。由于本书涉及熔池自由表面的追踪，所以网格模型被划分为两层：上层为气体层，下层为基材（316L 不锈钢）。

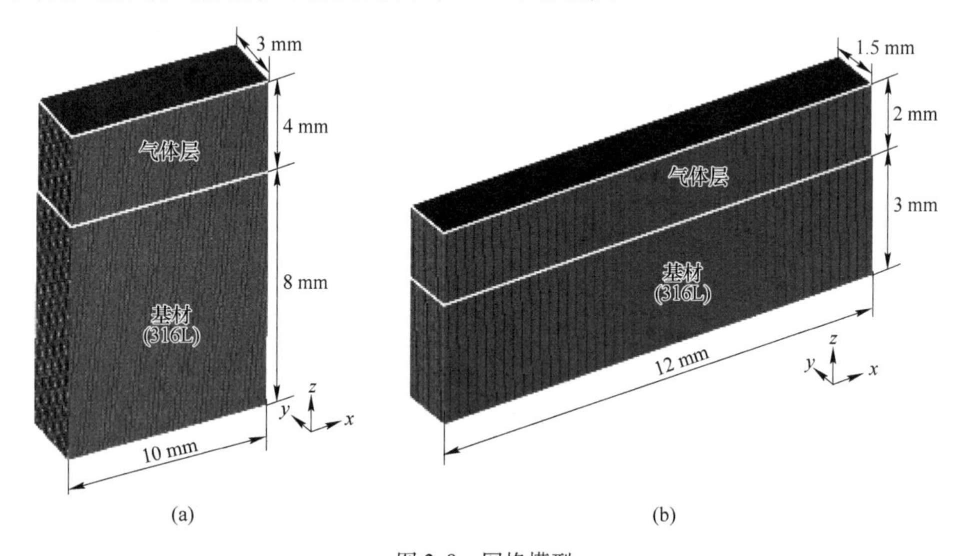

图 2.9　网格模型

（a）深熔焊网格模型；（b）非深熔焊网格模型

数值计算过程中采用的材料热物性参数主要通过参考已发表文献中所采用的参数值，如表 2.6 所示。对于其中部分热物性参数，基于 JMatPro 软件获得计算值，并根据前人的研究对其进行修正，以提高仿真结果的精度。

表 2.6　数值计算中采用的材料热物性参数[10,14,28]

参数	符号	值	单位
液相密度	ρ_l	7200	kg/m^3
黏度	μ	0.006	(N·s)/m^2
导热系数	k	35	W/(m·K)
液相线温度	T_l	1727	K
固相线温度	T_s	1697	K
对流系数	h_{conv}	80	W/(m^2·K)
辐射系数	ε_e	0.4	
斯特藩-玻耳兹曼常数	σ	5.67×10^{-8}	W/(m^2·K^4)
熔化潜热	L	2.74×10^5	J/kg
蒸发潜热	H_v	6.46×10^6	J/kg

续表 2.6

参数	符号	值	单位
气体常数	R_g	8.3×10^{3}	J/(kg · mol)
阿伏伽德罗常数	N_A	6.02×10^{23}	
高斯线性递减热源半径	r_0	0.2	mm
热膨胀系数	β	4.95×10^{-5}	K^{-1}
蒸发温度	T_{sat}	3270	K

2.4.6.2 数值仿真结果验证

选取焊接工艺参数为激光功率 9.0 kW、焊接速度 3.0 m/min、离焦量 0 mm 的 316L 不锈钢常规激光焊接过程进行数值计算，所获得的小孔壁面和熔池纵截面流场如图 2.10 所示。在常规激光焊接过程中，激光辐射区域的熔融金属迅速蒸发，小孔壁面受到反冲压力的作用，并在其他各力的相互作用下出现波动现象，导致前壁面形成凸台，如图 2.10（a）所示。凸台附近的熔融金属受激光束直接辐射，使得温度迅速升高至蒸发温度以上，出现剧烈的局部蒸发现象，形成的金属蒸气对小孔后壁面产生巨大的冲击，使得小孔后沿局部向熔池后方膨胀变形，形成皱褶。当小孔后沿皱褶上移至熔池表面时，小孔开口直径突然变小，内部压力剧增，从而使得孔内金属蒸气向外喷射的速度大幅度增大。受熔池熔融金属与金属蒸气之间切向摩擦力的影响，在小孔后沿熔池表面形成了较高的金属液柱，如图 2.10（c）（f）所示。这与前人通过实验对瞬态熔池小孔动力学行为的研究中所得到的小孔形貌结果保持一致[29-30]。

另外，从图 2.10 中所显示的熔池流场可以看出，常规激光焊接过程中熔池内部的流动行为非常复杂。由于在小孔壁面存在较大的温度梯度，靠近小孔的熔融金属在热毛细力的作用下沿小孔壁面流动，同时受反冲压力的冲击作用，存在较大的向上和向下的流动速度，且小孔曲率越大的区域受反冲压力的影响越大，如图 2.10（d）所示。小孔底部附近熔融金属流动至熔池底部时，受熔池下表面热毛细力的作用从熔池中心区域向周围流动，在熔池尾部形成强烈的涡流，如图 2.10（a）所示。在熔池与上层气体层之间的自由表面同样存在由温度梯度所引起的热毛细力，驱动熔池自由表面的熔融金属由小孔后沿向熔池后方流动，在尾部沿熔池边缘改变方向，从中间区域流向小孔后沿，并与小孔上部附近受反冲压力冲击的熔融金属一起沿小孔壁面向上流动，形成循环的涡流。因此，在反冲压力及热毛细力的作用下，形成了熔池自由表面的熔融金属由小孔后沿向熔池尾部波动式流动的现象，如图 2.10（a）和（b）所示。从图 2.10（a）（b）和（d）中可以看出，越靠近小孔上部或下部，熔池中形成的涡流现象越剧烈。数值仿真所获得的常规激光焊接过程中熔池内循环涡流及熔池自由表面波动式流动等现象

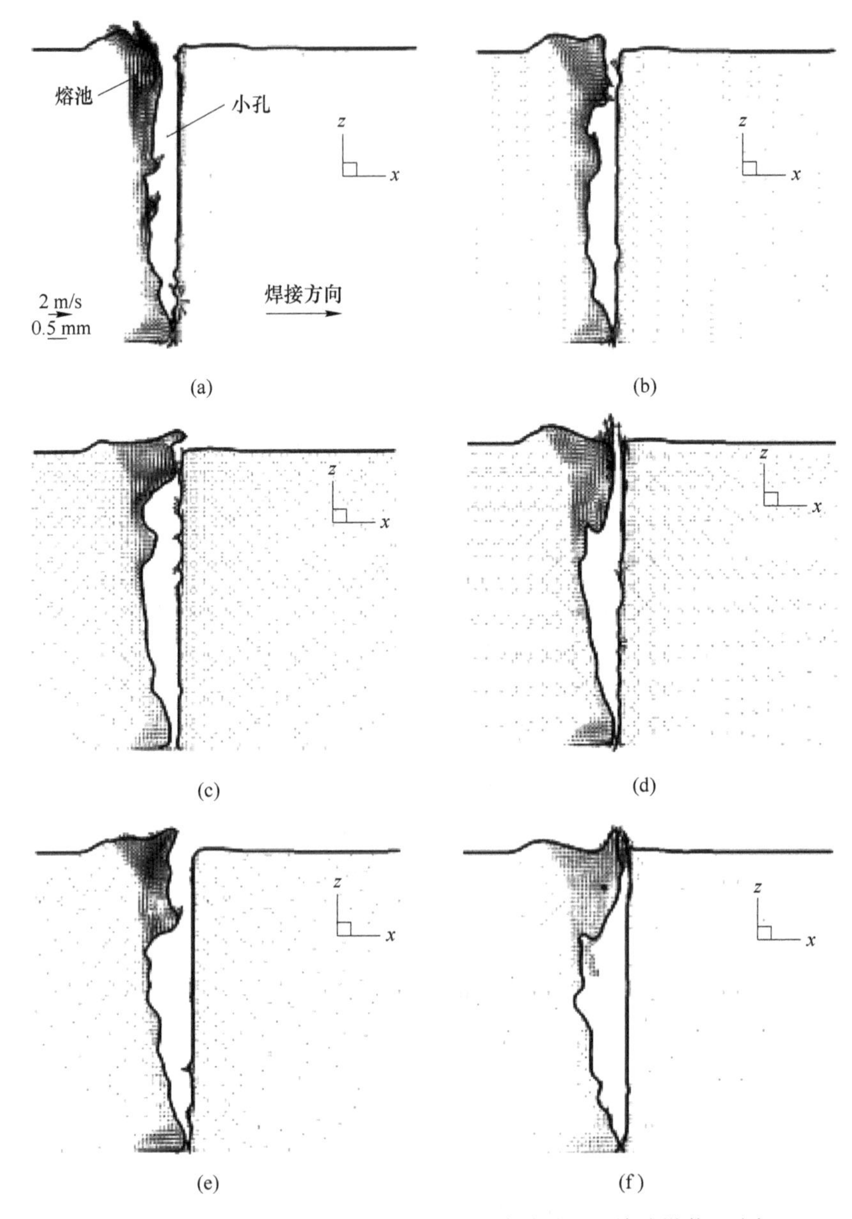

图 2.10　316L 不锈钢常规激光焊接过程小孔壁面和熔池纵截面流场

（a）t_0；（b）t_0+2.5 ms；（c）t_0+5.0 ms；（d）t_0+7.5 ms；

（e）t_0+10.0 ms；（f）t_0+12.5 ms

与前人通过 X 射线成像获得的实验研究结果保持一致[31]。

为了对熔池流动情况进行更加深入的研究，取仿真结果中 35 ms 时刻熔池的纵截面及上表面的流场与温度场进行分析，如图 2.11 所示。由于反冲压力对小孔壁面的冲击，小孔壁面附近的熔融金属被向外排挤，小孔壁面较大温度梯度的存在使得熔融金属在热毛细力的驱动下沿小孔壁面向上流动。小孔前沿温度较高，蒸发作用剧烈，如图 2.11（a）所示。随着激光束的向前移动，小孔随之向前运动，沿小孔前沿向上流动的熔融金属流动至熔池表面时绕过小孔流向熔池后方，与小孔后沿向上流动的熔融金属汇合，形成具有波动特征的熔池自由表面，如图 2.11（b）所示。

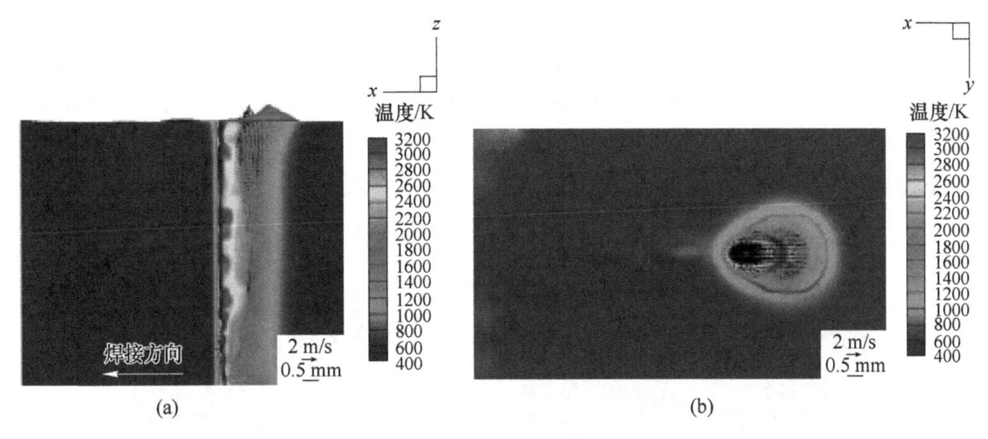

图 2.11　316L 不锈钢常规激光焊接 35 ms 时刻熔池流场与温度场

（a）纵截面；（b）上表面

选取焊接工艺参数为激光功率 9 kW、焊接速度 3 m/min、离焦量 0 mm 对 316L 不锈钢进行常规激光焊接实验，并通过高速摄像机采用倾斜 45°俯拍的方式对焊接过程中的熔池小孔动力学行为进行了观测，结果如图 2.12 所示。从图

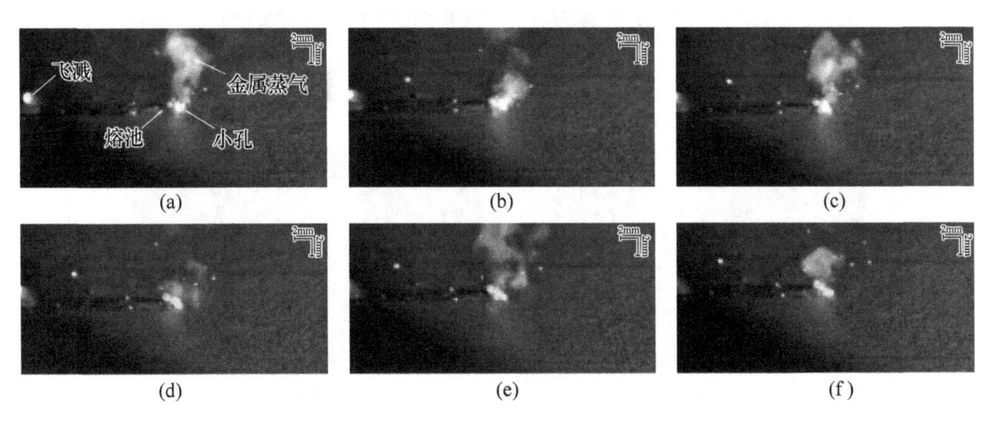

图 2.12　高速摄像机观测到的 316L 不锈钢常规激光焊接过程熔池小孔动力学行为

（a）t_0；（b）t_0+0.4 ms；（c）t_0+0.8 ms；（d）t_0+1.2 ms；

（e）t_0+1.6 ms；（f）t_0+2.0 ms

2.12 中可以看出，小孔开口处于不断波动的动态变化中，小孔前沿熔融金属绕过小孔向熔池后方流动。小孔后沿表面熔融金属受热毛细力的驱动作用，在熔池自由表面呈现波动式流动，小孔开口处伴随着高速向外喷发的金属蒸气及飞溅。实验观测结果与仿真结果保持一致。

通过仿真获得的常规激光焊接过程中熔池小孔动力学行为与实验观测结果吻合良好，验证了所提出模型的有效性，表明该模型可用于常规激光焊接过程中的熔池小孔动力学行为的研究。

为了进一步验证所提出模型的有效性，选取焊接工艺参数为激光功率 5.0 kW、7.0 kW、9.0 kW，焊接速度 3.0 m/min、6.0 m/min、15.0 m/min 的 316L 不锈钢常规激光焊接过程进行数值计算，将所获得的焊缝横截面形貌及其特征参数与实验结果进行了对比分析，如图 2.13 和图 2.14 所示。当焊接速度一定时，随着激光功率的增大，焊缝熔宽和熔深均随之增大，如图 2.13（a）（d）

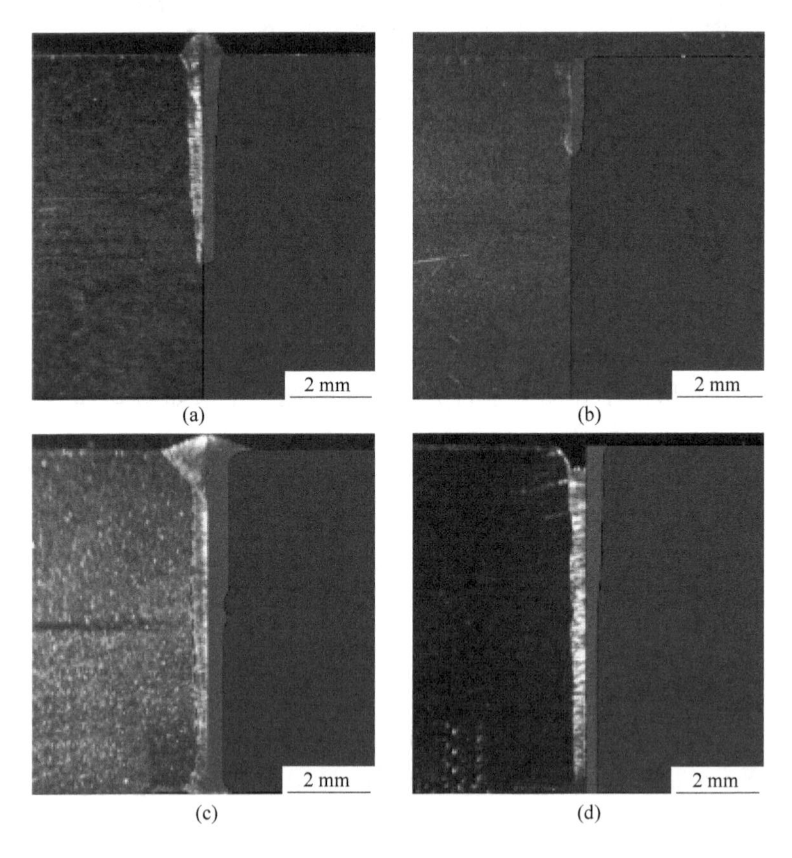

(a) (b) (c) (d)

图 2.13 不同焊接工艺参数条件下实验与仿真获得的焊缝横截面形貌对比

（a）激光功率 5.0 kW，焊接速度 6.0 m/min；（b）激光功率 7.0 kW，焊接速度 15.0 m/min；
（c）激光功率 9.0 kW，焊接速度 3.0 m/min；（d）激光功率 9.0 kW，焊接速度 6.0 m/min

所示。当激光功率一定时，焊缝熔宽随焊接速度的增大而减小，如图 2.13（c）（d）所示。这是由于在一定的激光功率条件下，基材单位时间内所吸收的能量一定，当焊接速度增大时，激光束线能量减小，使得熔融金属体积减小，进而导致焊缝熔宽减小。可以发现，通过该数值模型计算得到的焊缝横截面形貌与实验结果吻合良好。

从图 2.14 中可以看出，焊缝横截面形貌特征参数值的仿真结果与实验结果之间所存在的误差均较小。因此，所提出模型的有效性进一步得到了验证，表明该模型可用于常规激光焊接过程中焊缝横截面形貌特征研究。

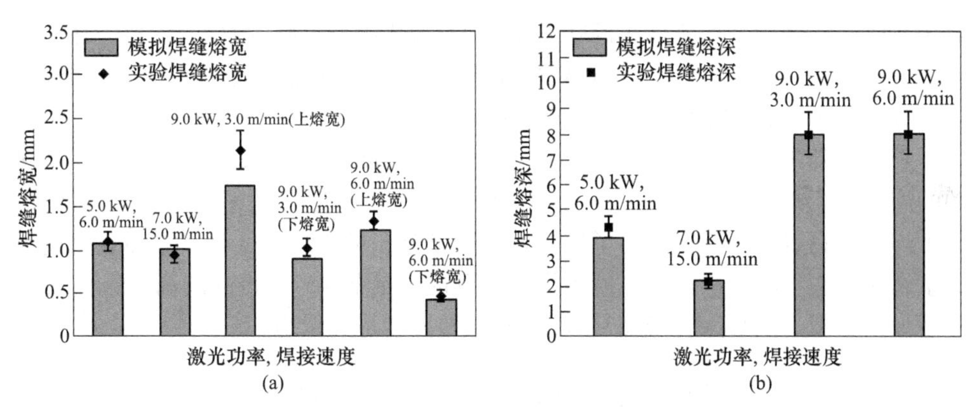

图 2.14 与图 2.13 对应的焊缝横截面形貌特征参数比较
（a）焊缝熔宽比较；（b）焊缝熔深比较

通过以上分析可知，所建立的常规激光焊接熔池小孔动力学模型在计算熔池小孔动力学行为及焊缝横截面形貌特征方面均与实验结果吻合良好，可用于常规激光焊接过程的仿真研究。

2.5 基于其他热源的常规激光焊接熔池小孔动力学模型与仿真

为了后续能够更加精确地计算焊接过程中的能量输入，本节基于不同的热源模型对常规激光焊接熔池小孔动力学行为进行了数值仿真。在常规激光焊接熔池小孔动力学模型中，主要涉及的其他热源模型包括高斯锥体热源模型、光线追踪热源模型、高斯旋转体热源模型、高斯面热源与高斯锥体热源组合热源模型和双锥体组合热源模型。

2.5.1 基于高斯锥体热源的熔池小孔动力学模型与仿真

2.5.1.1 高斯锥体热源模型

高斯锥体热源模型垂直于 z 轴方向的截面为圆形，在任意横截面上的功率密度分布呈高斯分布，可表示为[32]：

$$I_c(x,y,z) = \frac{9Q}{\pi(1 - e^{-3})} \frac{1}{H'(r_a^2 + r_a r_b + r_b^2)} \exp\left(-\frac{3r_l^2}{r_h^2}\right) \tag{2.64}$$

$$r_l = \sqrt{\Delta x^2 + \Delta y^2} \tag{2.65}$$

$$r_h = r_a + \frac{\Delta z}{H'}(r_a - r_b) \tag{2.66}$$

$$\begin{cases} \Delta x = x - x(t) \\ \Delta y = y - y(t) \\ \Delta z = z - z_0 \end{cases} \tag{2.67}$$

式中，$I_c(x,y,z)$ 为高斯锥体热源功率密度；r_a 为热源上表面有效半径；r_b 为热源下表面有效半径；r_l 为模型中任一点到热源中心线的距离；r_h 为表征功率密度线性衰减的分布参数；z_0 为热源上表面的 z 坐标。

焊片辅助 T 型接头常规激光焊接过程如图 2.15 所示。选用基于高斯锥体热源的熔池小孔动力学模型对焊片辅助 T 型接头常规激光焊接过程进行数值计算，由于焊片倾斜表面的存在，为了精确表达激光束能量的吸收过程，需要先通过坐标系转换方法将高斯锥体热源模型绕 y 轴顺时针旋转 45°，得到的高斯锥体热源模型如图 2.16 所示，式（2.67）经过坐标转换后可表示为：

$$\begin{cases} \Delta x = \frac{\sqrt{2}}{2}[x - x(t)] - \frac{\sqrt{2}}{2}[z - z(t)] \\ \Delta y = y - y(t) \\ \Delta z = \frac{\sqrt{2}}{2}[x - x(t)] + \frac{\sqrt{2}}{2}[z - z(t)] \end{cases} \tag{2.68}$$

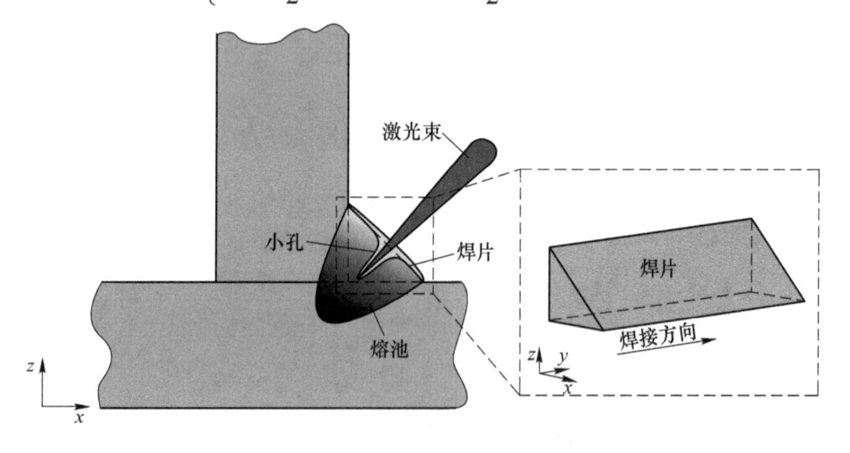

图 2.15　焊片辅助 T 型接头常规激光焊接过程

2.5.1.2　基于高斯锥体热源的熔池小孔动力学模型验证

参照 2.1.2 节中的连续性方程、动量方程和能量方程等作为控制方程，基于

2.1.4 节中的 VOF 方法对多相流自由界面进行追踪，参考 2.3 节设置对应的边界条件，根据 2.4 节中的模型数值求解过程，对基于高斯锥体热源的熔池小孔动力学模型进行求解。选取焊接工艺参数为激光功率 2.0 kW、焊接速度 3.0 m/min、离焦量 0 mm 的 6061 铝合金常规激光焊接过程进行数值计算，并与实验结果进行对比。所获得的实验结果与数值仿真结果如图 2.17 所示。从图 2.17 中可以看出，数值仿真与实验所获得的焊缝横截面深度与宽度的相对误差分别为 9.92%和 6.67%，验证了基于高斯锥体热源的熔池小孔动力学模型的有效性。

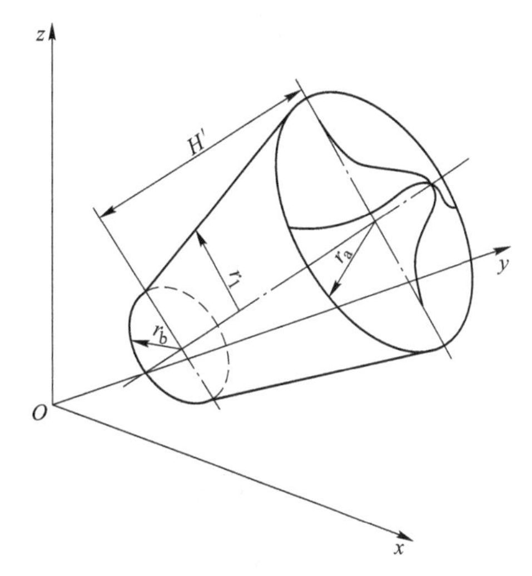

图 2.16　坐标转换后的高斯锥体热源模型示意图

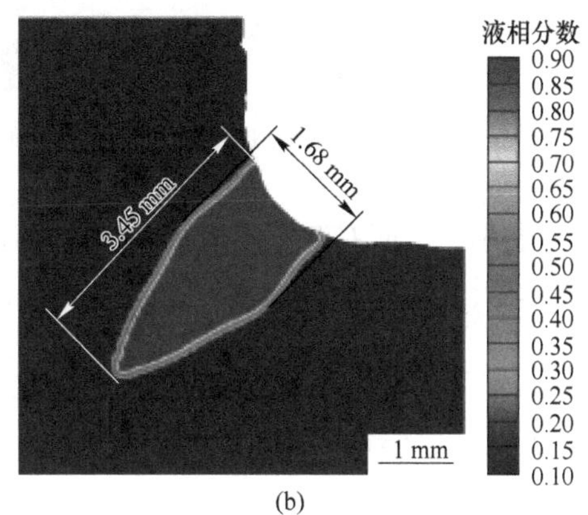

(a)　(b)

图 2.17　基于高斯锥体热源的熔池小孔动力学模型验证

(a) 实验结果；(b) 数值仿真结果

2.5.2　基于光线追踪热源的熔池小孔动力学模型与仿真

2.5.2.1　光线追踪热源模型

激光热源对基材进行局部加热，使得基材的温度分布随时间和空间发生变化。在考虑小孔壁面多重反射的数值计算中，激光功率密度分布遵循高斯分布，可表示为[33-34]：

$$I_{\rm p}(r_1,z)=\frac{3P_{\rm laser}}{\pi r_{\rm p}}\exp\left(-\frac{3r_1^2}{r_{\rm p}^2}\right) \tag{2.69}$$

式中，$I_p(r_1,z)$ 为准垂直入射激光的功率密度；r_p 为热源半径。

在激光焊接过程中，由于小孔的存在，激光束能量的吸收过程主要有两种机制：其一，小孔形成后，激光束可以直接辐射到基材内部的小孔壁面，并在小孔壁面上进行多次反射，使得基材对激光束能量进行菲涅耳吸收[14]，激光束多重反射菲涅耳吸收原理如图 2.18 所示；其二，在激光束辐射作用下，小孔内的金属蒸气被电离成为等离子体，金属蒸气/等离子体对激光束能量进行逆韧致吸收。

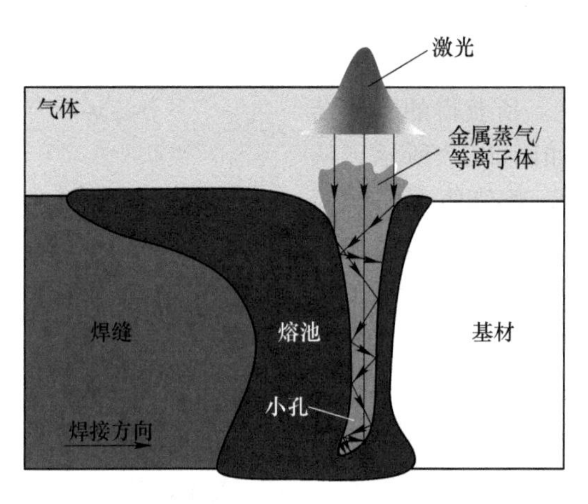

图 2.18　激光束多重反射菲涅耳吸收原理[14]

考虑小孔壁面对激光束能量的吸收机制，激光束被小孔壁面吸收的功率密度 I 可表示为[15]：

$$I = I_0(r_1,z)(\boldsymbol{I}_0 \cdot \boldsymbol{n}_0)\alpha_{\mathrm{Fr}}(\theta_0) + \sum_{m=1}^{N} I_m(r_1,z) \cdot (\boldsymbol{I}_m \cdot \boldsymbol{n}_m)\alpha_{\mathrm{Fr}}(\theta_m) \tag{2.70}$$

式中，$I_0(r_1,z)$ 为初次入射激光束的功率密度；$I_m(r_1,z)$ 为第 m 次反射后的入射激光束的功率密度；$\alpha_{\mathrm{Fr}}(\theta)$ 为菲涅耳吸收系数；θ 为入射激光束与小孔壁面法向量的夹角；N 为小孔壁面上考虑多重反射后激光束的入射次数；$\boldsymbol{I}$ 为入射激光束的单位方向向量。在模型中，通过对小孔壁面某点周围的局部小孔形状进行曲面拟合来求得小孔壁面法向量。假设小孔壁面的反射均为镜面反射，则激光束反射方向可按照以下公式进行计算[35]：

$$\boldsymbol{I}_{\mathrm{R}} = \boldsymbol{I} + 2(-\boldsymbol{I} \cdot \boldsymbol{n})\boldsymbol{n} \tag{2.71}$$

式中，$\boldsymbol{I}_{\mathrm{R}}$ 为反射激光束的方向向量。根据激光束的反射方向，可计算出反射激光束与小孔壁面的交点位置。

菲涅耳吸收系数 $\alpha_{\mathrm{Fr}}(\theta)$ 可表示为[36-37]：

$$\alpha_{\mathrm{Fr}}(\theta) = 1 - \frac{1}{2}\left[\frac{1 + (1 - \varepsilon_0\cos\theta)^2}{1 + (1 + \varepsilon_0\cos\theta)^2} + \frac{\varepsilon_0^2 - 2\varepsilon_0\cos\theta + 2\cos^2\theta}{\varepsilon_0^2 + 2\varepsilon_0\cos\theta + 2\cos^2\theta}\right] \tag{2.72}$$

$$\varepsilon_0^2 = \frac{2\varepsilon_3}{\varepsilon_2 + [\varepsilon_2^2 + (\sigma_{st}/\omega\varepsilon_1)^2]^{1/2}} \tag{2.73}$$

式中，ε_0 为与激光器及材料类型相关的常数；ε_1 为真空介电常数；ε_2 为材料介电常数的实部；ε_3 为等离子体介电常数的实部；ω 为激光频率；σ_{st} 为单位深度金属的电导率。

激光束穿过金属蒸气/等离子体时，金属蒸气/等离子体对激光束能量进行逆韧致吸收，从而造成能量损失，可表示为[38-39]：

$$I_0(r_1,z) = I_p(r_1,z)\exp(-\int_0^{l_0} k_{pl}\mathrm{d}l) \tag{2.74}$$

$$I_m(r_1,z) = I_f(r_1,z)\exp(-\int_0^{l_m} k_{pl}\mathrm{d}l) \tag{2.75}$$

式中，$I_f(r_1,z)$ 为第 $m-1$ 次反射后剩余的激光功率密度；$\int_0^{l_0} k_{pl}\mathrm{d}l$ 和 $\int_0^{l_m} k_{pl}\mathrm{d}l$ 为第 1 次入射和第 m 次反射时光束传输路径的光学浓度；l_0 和 l_m 为第 1 次入射和第 m 次反射时的光束传输路径长度；k_{pl} 为逆韧致吸收系数。

2.5.2.2 基于光线追踪热源的熔池小孔动力学模型验证

参照 2.1.2 节中的连续性方程、动量方程和能量方程等作为控制方程，基于 2.1.4 节中的 VOF 方法对自由界面进行追踪，参考 2.3 节设置对应的边界条件，根据 2.4 节中的模型数值求解过程，对基于光线追踪热源的熔池小孔动力学模型进行求解。选取焊接工艺参数为激光功率 3.0 kW、焊接速度 4.5 m/min、离焦量 0 mm 的 Q235 低碳钢和 316L 不锈钢异种材料常规激光焊接过程进行数值计算，并与实验结果进行对比。所获得的实验结果与数值仿真结果如图 2.19 所示。从图 2.19 中可以看出，数值仿真与实验所获得的焊缝左熔宽与右熔宽的相对误差分别为 14.06% 和 12.68%，验证了基于光线追踪热源的熔池小孔动力学模型的有效性。

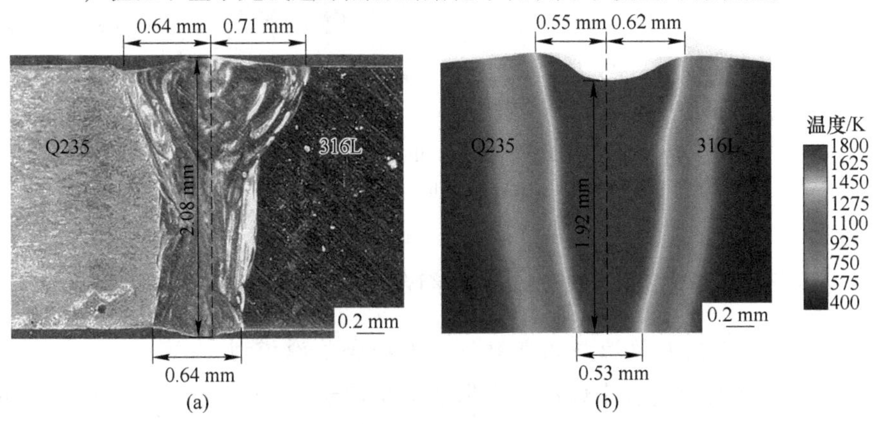

图 2.19 基于光线追踪热源的熔池小孔动力学模型验证
（a）实验结果；（b）数值仿真结果

2.5.3　基于高斯旋转体热源的熔池小孔动力学模型与仿真

2.5.3.1　高斯旋转体热源模型

高斯旋转体热源的功率密度 $I_r(x,y,z)$ 可表示为[40]：

$$I_r(x,y,z)=\frac{9Q}{\pi r_a^2 H'(1-e^{-3})}\exp\left[-\frac{9r_1^2}{r_a^2\ln(-H'/\Delta z)}\right] \tag{2.76}$$

2.5.3.2　基于高斯旋转体热源的熔池小孔动力学模型验证

参照2.1.2节中的连续性方程、动量方程和能量方程等作为控制方程，基于2.1.4节中的VOF方法对自由界面进行追踪，参考2.3节设置对应的边界条件，根据2.4节中的模型数值求解过程，对基于高斯旋转体热源的熔池小孔动力学模型进行求解。选取焊接工艺参数为激光功率1.5 kW、焊接速度15.0 m/min、离焦量0 mm的6061铝合金常规激光焊接过程进行数值计算，并与实验结果进行对比。所获得的实验结果与数值仿真结果如图2.20所示。从图2.20中可以看出，数值仿真与实验所获得的焊缝横截面深度与宽度的相对误差分别为4.96%和2.56%，验证了基于高斯旋转体热源的熔池小孔动力学模型的有效性。

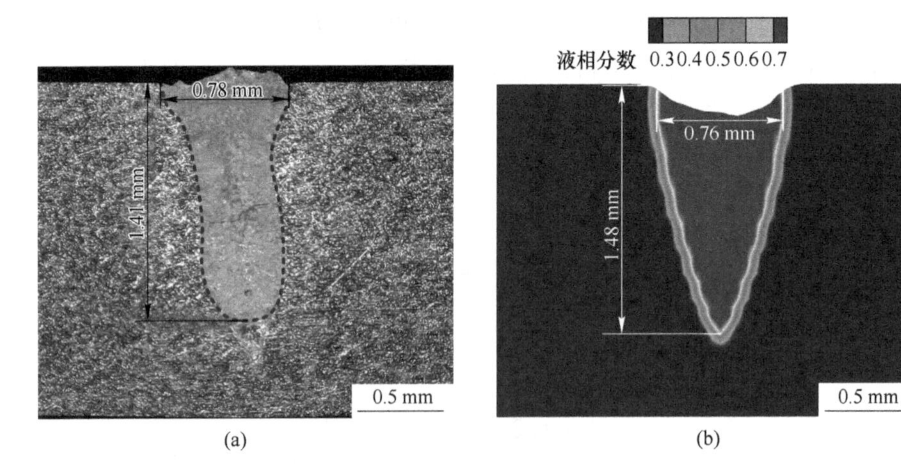

图2.20　基于高斯旋转体热源的熔池小孔动力学模型验证
（a）实验结果；（b）数值仿真结果

2.5.4　基于高斯面热源与高斯锥体热源组合热源的熔池动力学模型与仿真

2.5.4.1　高斯面热源与高斯锥体热源组合热源模型

考虑到激光焊接过程中熔池上方形成的金属蒸气/等离子体对基材表面的热对流与热辐射，可将熔池上方金属蒸气/等离子体设为稳定的高斯面热源，激光束对基材的辐射作用通过高斯锥体热源进行表征。由高斯面热源和高斯锥体热源构成的组合热源模型如图 2. 21 所示。

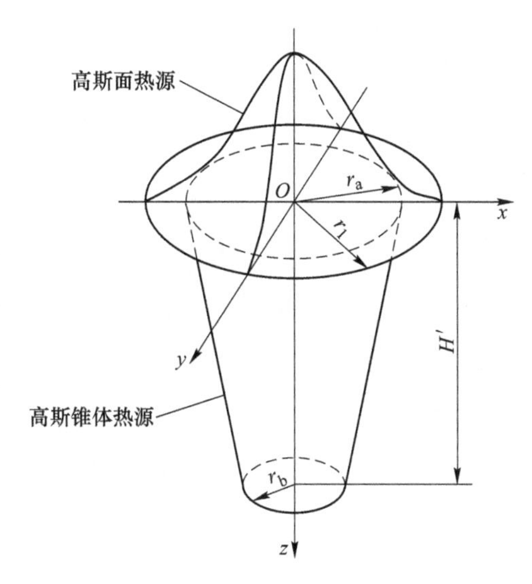

图 2. 21 高斯面热源与高斯锥体热源组合热源模型示意图

在组合热源中，高斯面热源和高斯锥体热源的总功率等于有效吸收激光功率，可表示为[41]：

$$Q = Q_p + Q_c \tag{2.77}$$

式中，Q_p 为高斯面热源功率；Q_c 为高斯锥体热源功率。

Q_p 和 Q_c 分别表示如下：

$$Q_p = f_p Q \tag{2.78}$$

$$Q_c = f_c Q \tag{2.79}$$

式中，f_p 和 f_c 分别为高斯面热源和高斯锥体热源的功率分配系数，满足以下公式：

$$f_p + f_c = 1$$

组合热源的功率密度 $I_a(x,y,z)$ 由高斯面热源的功率密度 $I_p(r_1,z)$（式(2. 69)）和高斯锥体热源的功率密度 $I_c(x,y,z)$（式（2. 64）~式（2. 67））共同组成。

2. 5. 4. 2 基于高斯面热源与高斯锥体热源组合热源的熔池动力学模型验证

参照 2. 1. 2 节中的连续性方程、动量方程和能量方程等作为控制方程，基于 2. 1. 4 节中的 VOF 方法对自由界面进行追踪，参考 2. 3 节设置对应的边界条件，根据 2. 4 节中的模型数值求解过程，对基于高斯面热源与高斯锥体热源组合热源的熔池动力学模型进行求解。选取焊接工艺参数为激光功率 6. 0 kW、焊接速度 1. 0 m/min、离焦量 0 mm 的 5A06 铝合金 T 型接头常规激光焊接过程进行数值计算，并与实验结果[42]进行对比。所获得的实验结果与数值仿真结果如图 2. 22 所示。从图 2.22 中可以看出，数值仿真与实验所获得的焊缝横截面深度与宽度的相对误差分别为 4.35%和 7.88%，验证了基于高斯面热源与高斯锥体热源组合热源的熔池动力学模型的有效性。

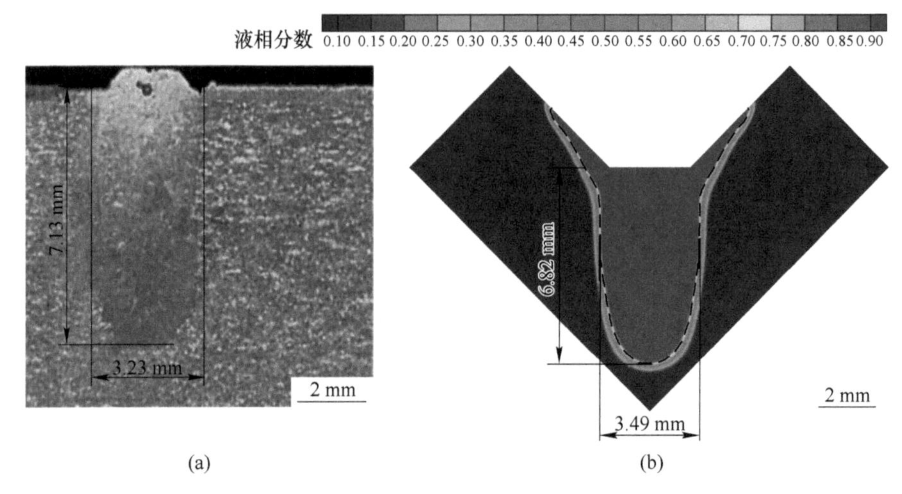

图 2.22　基于高斯面热源与高斯锥体热源组合热源的熔池动力学模型验证
（a）实验结果[42]；（b）数值仿真结果

2.5.5　基于双锥体组合热源的熔池动力学模型与仿真

2.5.5.1　双锥体组合热源模型

双锥体组合热源模型如图 2.23 所示，其表达式如下[43]：

$$q_t(x,y,z)=\frac{9f_tQ\exp\left\{\dfrac{-3[(x-x(t))^2+(y-y(t))^2]}{r_v^2}\right\}}{\pi(1-e^{-3})z_1(r_4^2+r_4r_2+r_2^2)} \tag{2.80}$$

$$q_b(x,y,z)=\frac{9f_bQ\exp\left\{\dfrac{-3[(x-x(t))^2+(y-y(t))^2]}{r_v^2}\right\}}{\pi(1-e^{-3})(z_2-z_1)(r_2^2+r_2r_3+r_3^2)} \tag{2.81}$$

$$r_v=\begin{cases} r_2+(r_4-r_2)\dfrac{z_1-z}{z_1} & 0\leqslant z<z_1 \\ r_3+(r_2-r_3)\dfrac{z_2-z}{z_2-z_1} & z_1\leqslant z\leqslant z_2 \end{cases} \tag{2.82}$$

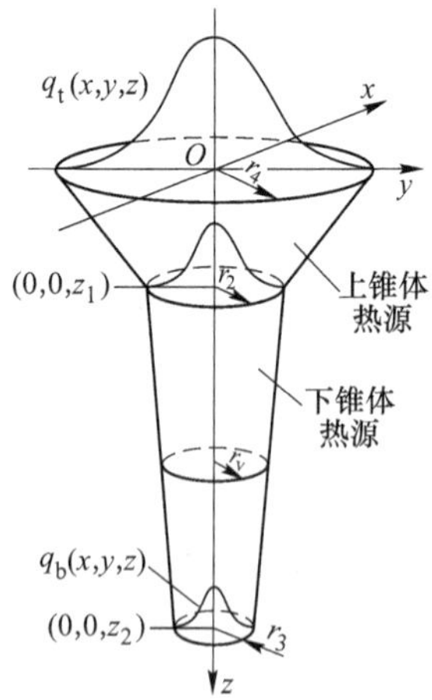

图 2.23　双锥体组合热源模型示意图

$$f_t + f_b = 1 \tag{2.83}$$

式中，$q_t(x,y,z)$ 为上锥体热源功率密度；$q_b(x,y,z)$ 为下锥体热源功率密度；f_t 和 f_b 分别为上、下锥体热源的功率分配系数；r_v 为上下锥体热源任意横截面半径；z_1 和 z_2 分别为上、下锥体热源下表面的 z 坐标；r_4 为上锥体热源上表面半径；r_2 为上锥体热源下表面半径或下锥体热源上表面半径；r_3 为下锥体热源下表面半径。

2.5.5.2 基于双锥体组合热源的熔池动力学模型验证

参照 2.1.2 节中的连续性方程、动量方程和能量方程等作为控制方程，基于 2.1.4 节中的 VOF 方法对自由界面进行追踪，参考 2.3 节设置对应的边界条件，根据 2.4 节中的模型数值求解过程，对基于双锥体组合热源的熔池动力学模型进行求解。选取焊接工艺参数为激光功率 1.2 kW、焊接速度 4.0 m/min、离焦量 0 mm 的TC4 钛合金常规激光焊接过程进行数值计算，并与实验结果进行对比。所获得的实验结果与数值仿真结果如图 2.24 所示。从图 2.24 中可以看出，数值仿真与实验所获得的焊缝横截面宽度相对误差为 1.96%，验证了基于双锥体组合热源的熔池动力学模型的有效性。

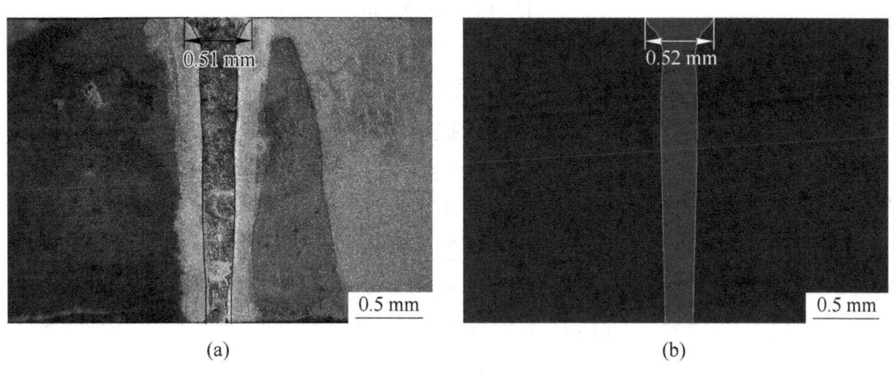

图 2.24 基于双锥体组合热源的熔池动力学模型验证
（a）实验结果；（b）数值仿真结果

2.6 振荡激光焊接动力学模型与仿真

2.6.1 振荡激光焊接控制方程

控制方程参考 2.1.2 节中的连续性方程、动量方程和能量方程。参考 2.1.4 节中的 VOF 方法对自由界面进行追踪。

2.6.2 振荡激光焊接热源模型

在振荡激光焊接过程中，激光束辐射在基材上，使基材升温熔化。当熔融金属温度达到基材的蒸发温度时，熔融金属发生剧烈的蒸发，产生大量的金属蒸气，熔池在金属蒸气反冲压力作用下形成小孔。在激光束的辐射下，金属蒸气发生电离，形成等离子体。金属蒸气/等离子体对熔池自由表面和小孔壁面产生辐射与对流作用。在建立振荡激光焊接动力学模型中，热源模型的选择对仿真结果具有重要的影响。常见的热源模型有面热源模型、体热源模型，以及由它们构成的组合热源模型。本节假设振荡激光束功率密度遵循高斯分布，选用高斯热源模型进行仿真计算。下面对高斯锥体热源模型、高斯旋转体热源模型，以及由高斯面热源与高斯锥体热源构成的组合热源模型进行介绍。

高斯锥体热源模型的功率密度 $I_c(x,y,z)$ 参考式（2.64）~式（2.67）。

高斯旋转体热源模型的功率密度 $I_r(x,y,z)$ 参考式（2.76）。

高斯面热源与高斯锥体热源组合热源模型的功率密度 $I_a(x,y,z)$ 参考式（2.77）~式（2.79）。

常规激光焊接路径由激光头沿焊接方向的移动路径决定。假设焊接方向为 y 轴正方向，焊接路径如图 2.25 所示，可表示为：

$$\begin{cases} x(t) = x_0 \\ y(t) = vt + y_0 \end{cases} \tag{2.84}$$

式中，$x(t)$ 和 $y(t)$ 分别为 t 时刻激光束光斑中心在笛卡尔坐标系中的 x 和 y 坐标；x_0 和 y_0 分别为焊接起点在笛卡尔坐标系中的 x 和 y 坐标。

在振荡激光焊接过程中，通过旋转振荡激光头中的振镜可以实现激光束的路径变化[44-45]。振镜系统通过改变原有激光束的传输轨迹形成各种振荡路径。常见的振荡路径有“∞”形、圆形、“8”形等。另外，对于圆形振荡路径，可以根据振荡激光束旋转方向分为顺时针圆形振荡路径和逆时针圆形振荡路径。振荡激光焊接过程中实际的焊接路径由激光束的振荡路径和激光头沿焊接方向的移动路径共同决定。实际焊接速度 $\boldsymbol{v}_a$ 为振荡速度 $\boldsymbol{v}_0$ 与焊接速度 $\boldsymbol{v}$ 的矢量和，可以表示为[46]：

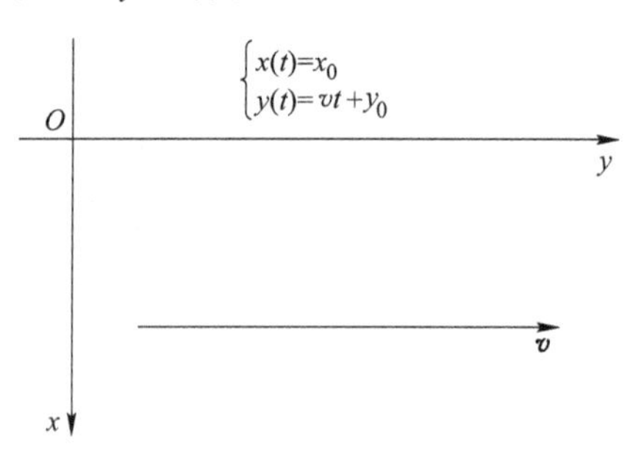

图 2.25　常规激光焊接过程中实际焊接路径

$$\boldsymbol{v}_a = \boldsymbol{v}_0 + \boldsymbol{v} \tag{2.85}$$

对于“∞”形振荡激光焊接，假设焊接方向为 y 轴正方向，实际焊接路径如图 2.26 所示，可表示为[47-48]：

$$\begin{cases} x(t) = \dfrac{1}{2}A\sin(4\pi ft) + x_0 \\ y(t) = \dfrac{1}{2}A\sin(2\pi ft) + vt + y_0 \end{cases} \tag{2.86}$$

式中，A 和 f 分别为激光束的振荡幅度和振荡频率。

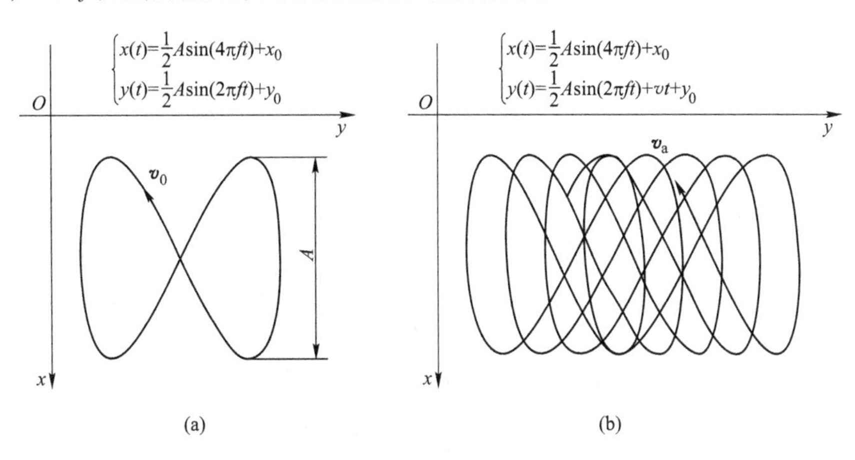

图 2.26　“∞”形振荡激光束实际焊接路径
（a）焊接速度 0 m/min；（b）焊接速度大于 0 m/min

对于顺时针圆形振荡激光焊接，假设焊接方向为 y 轴正方向，实际焊接路径如图 2.27 所示，可表示为[49]：

$$\begin{cases} x(t) = \dfrac{1}{2}A\sin(2\pi ft) + x_0 \\ y(t) = \dfrac{1}{2}A\cos(2\pi ft) + vt + y_0 \end{cases} \tag{2.87}$$

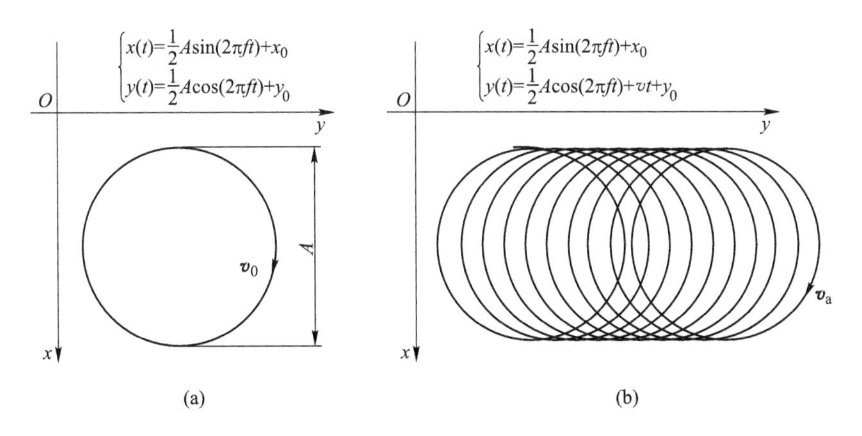

图 2.27　顺时针圆形振荡激光束实际焊接路径
（a）焊接速度 0 m/min；（b）焊接速度大于 0 m/min

对于逆时针圆形振荡激光焊接，假设焊接方向为 y 轴正方向，实际焊接路径如图 2.28 所示，可表示为[49]：

$$
\begin{cases}
x(t) = \dfrac{1}{2}A\cos(2\pi ft) + x_0 \\
y(t) = \dfrac{1}{2}A\sin(2\pi ft) + vt + y_0
\end{cases}
\tag{2.88}
$$

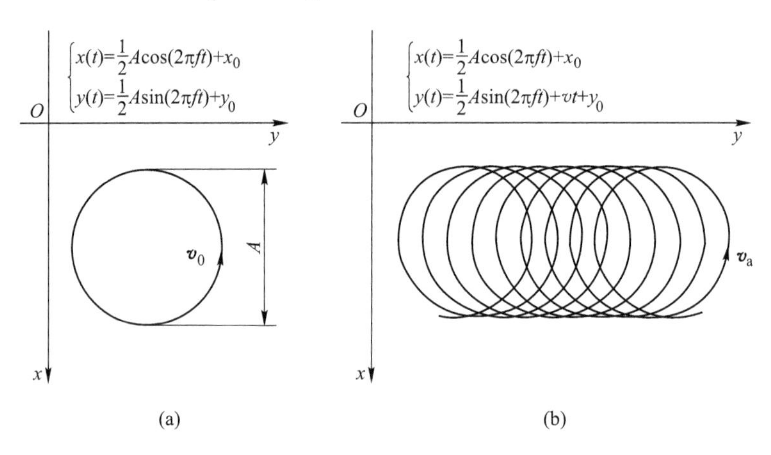

图 2.28　逆时针圆形振荡激光束实际焊接路径

（a）焊接速度 0 m/min；（b）焊接速度大于 0 m/min

对于“8”形振荡激光焊接，假设焊接方向为 y 轴正方向，实际焊接路径如图 2.29 所示，可表示为[50]：

$$
\begin{cases}
x(t) = \dfrac{1}{2}A\cos(2\pi ft) + x_0 \\
y(t) = \dfrac{1}{2}A\sin(4\pi ft) + vt + y_0
\end{cases}
\tag{2.89}
$$

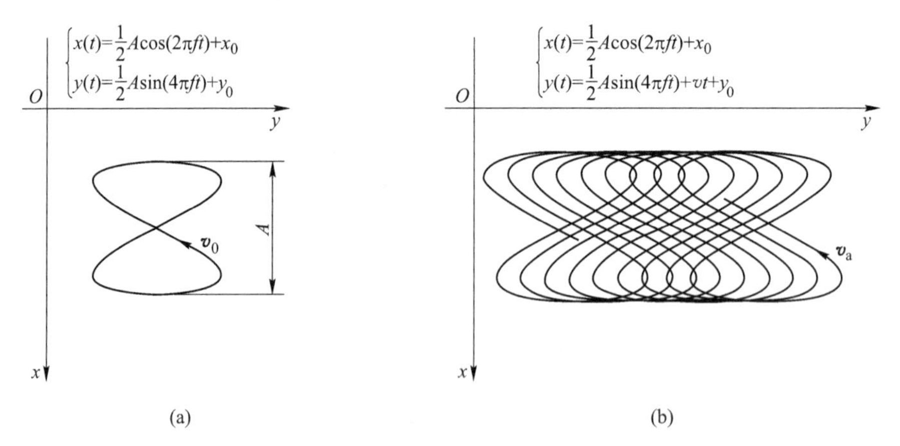

图 2.29　“8”形振荡激光束实际焊接路径

（a）焊接速度 0 m/min；（b）焊接速度大于 0 m/min

在T型接头圆形振荡激光焊接数值仿真过程中，由于焊片倾斜表面的存在，需要通过坐标系转换方法将焊接路径和热源模型绕 y 轴顺时针旋转45°。其中，坐标转换后的高斯锥体热源模型参考图2.16，式（2.87）和式（2.88）表示的焊接路径经过坐标系转换后可表示为[51]：

$$\begin{cases} x_s(t) = \dfrac{\sqrt{2}}{4}A\sin(2\pi ft) + x_1 \\ y_s(t) = \dfrac{1}{2}A\cos(2\pi ft) + vt + y_1 \\ z_s(t) = -\dfrac{\sqrt{2}}{4}A\sin(2\pi ft) + z_1 \end{cases} \tag{2.90}$$

$$\begin{cases} x_n(t) = \dfrac{\sqrt{2}}{4}A\cos(2\pi ft) + x_1 \\ y_n(t) = \dfrac{1}{2}A\sin(2\pi ft) + vt + y_1 \\ z_n(t) = -\dfrac{\sqrt{2}}{4}A\sin(2\pi ft) + z_1 \end{cases} \tag{2.91}$$

式中，x_1、y_1 和 z_1 分别为旋转后的焊接起点在笛卡尔坐标系中的 x 、y 和 z 坐标。

2.6.3 振荡激光焊接边界条件

振荡激光焊接仿真计算中，考虑了基材表面上的能量损失，以及熔池自由表面和小孔壁面上的能量损失。将表面张力、反冲压力等加入对应的控制方程中，具体边界条件参考2.3节进行设置。

2.6.4 振荡激光焊接动力学模型验证

基于所构建的振荡激光焊接动力学模型，在圆形振荡路径、“8”形振荡路径和“∞”形振荡路径条件下对铝合金激光焊接过程进行了数值计算，将通过实验获得的焊缝横截面形貌特征参数与通过数值仿真获得的焊缝横截面形貌特征参数进行对比分析，验证振荡激光焊接动力学模型的有效性。

针对基于高斯锥体热源的顺时针圆形振荡激光焊接动力学模型，选取焊接工艺参数为激光功率1.5 kW、焊接速度1.8 m/min、离焦量0 mm，激光束振荡参数为振荡幅度0.8 mm、振荡频率100 Hz的7N01铝合金T型接头顺时针圆形振荡激光焊接过程进行数值计算，并与实验结果进行对比。所获得的实验结果与数值仿真结果如图2.30所示。从图2.30中可以看出，数值仿真与实验所获得的焊缝横截面深度与宽度的相对误差分别为10.39%和1.52%。

针对基于高斯锥体热源的逆时针圆形振荡激光焊接动力学模型，选取焊接工

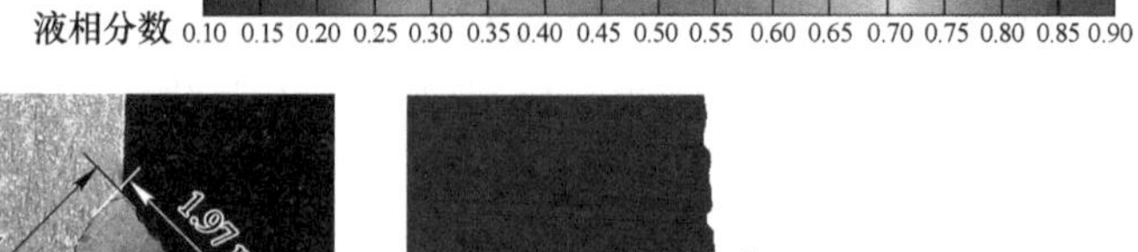

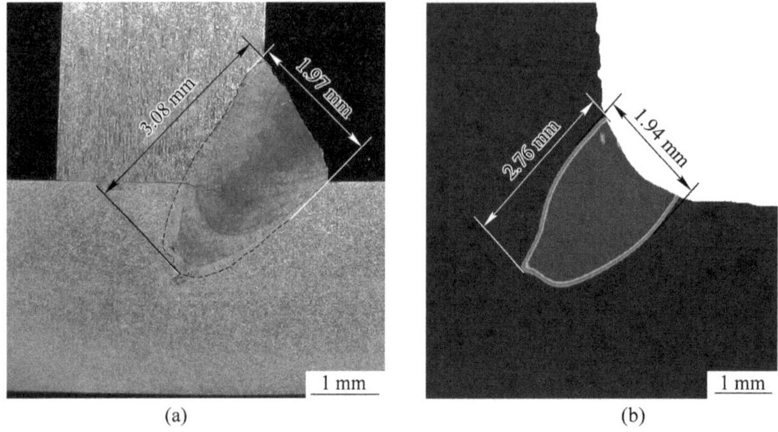

图 2.30　基于高斯锥体热源的顺时针圆形振荡激光焊接动力学模型验证

（a）实验结果；（b）数值仿真结果

艺参数为激光功率 1.5 kW、焊接速度 1.8 m/min、离焦量 0 mm，激光束振荡参数为振荡幅度 0.8 mm、振荡频率 100 Hz 的 7N01 铝合金 T 型接头逆时针圆形振荡激光焊接过程进行数值计算，并与实验结果进行对比。所获得的实验结果与数值仿真结果如图 2.31 所示。从图 2.31 中可以看出，数值仿真与实验所获得的焊缝横截面深度与宽度的相对误差分别为 13.04%和 3.80%。

液相分数 0.10 0.15 0.20 0.25 0.30 0.35 0.40 0.45 0.50 0.55 0.60 0.65 0.70 0.75 0.80 0.85 0.90

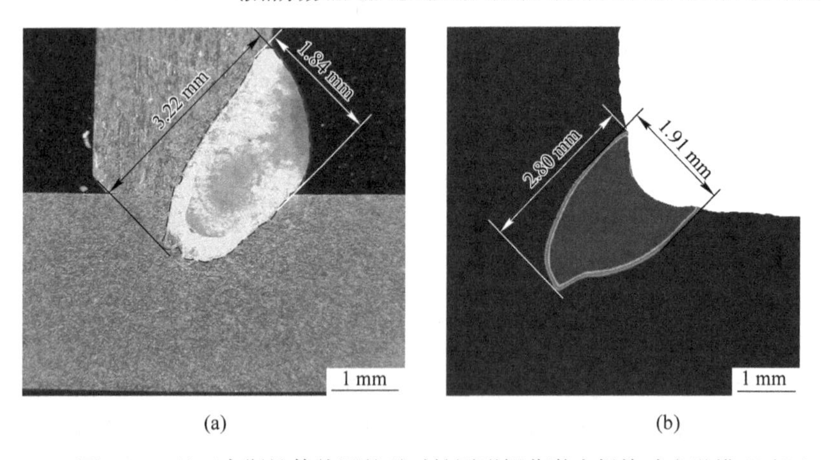

图 2.31　基于高斯锥体热源的逆时针圆形振荡激光焊接动力学模型验证

（a）实验结果；（b）数值仿真结果

针对基于高斯旋转体热源的“8”形振荡激光焊接动力学模型，选取焊接工艺参数为激光功率 1.5 kW、焊接速度 15 m/min、离焦量 0 mm，激光束振荡参数为振荡幅度 1.2 mm、振荡频率 120 Hz 的 6061 铝合金“8”形振荡激光焊接过程进行数值计算，并与实验结果进行对比。所获得的实验结果与数值仿真结果如图 2.32 所示。从图 2.32 中可以看出，数值仿真与实验所获得的焊缝横截面深度与宽度的相对误差分别为 12.71%和 6.40%。

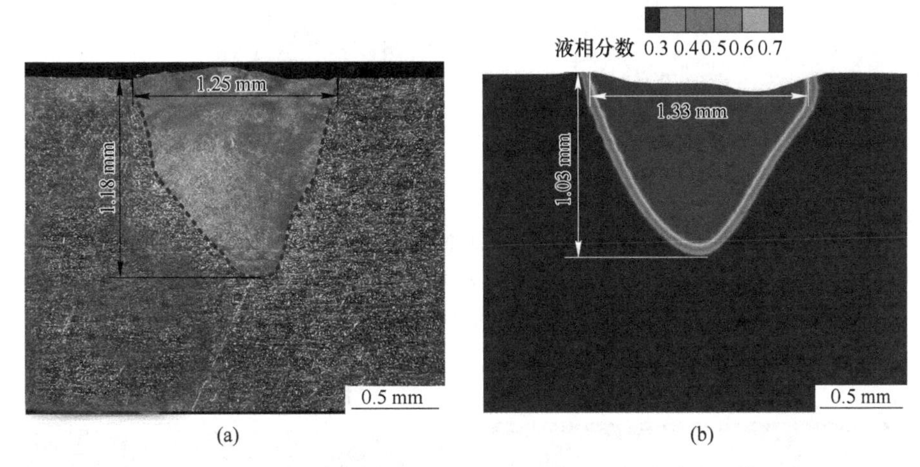

图 2.32 基于高斯旋转体热源的“8”形振荡激光焊接动力学模型验证
(a) 实验结果；(b) 数值仿真结果

针对基于高斯面热源与高斯锥体热源组合热源的顺时针圆形振荡激光焊接动力学模型，选取焊接工艺参数为激光功率 6.0 kW、焊接速度 1.0 m/min、离焦量 0 mm，激光束振荡参数为振荡幅度 2.0 mm、振荡频率 100 Hz 的 5A06 铝合金 T 型接头顺时针圆形振荡激光焊接过程进行数值计算，并与实验结果进行对比。所获得的实验结果[42]与数值仿真结果如图 2.33 所示。从图 2.33 中可以看出，数值仿真与实验所获得的焊缝横截面深度与宽度的相对误差分别为 0.76%和 2.61%。

针对基于高斯旋转体热源的“∞”形振荡激光焊接动力学模型，选取焊接工艺参数为激光功率 2.0 kW、焊接速度 3.0 m/min、离焦量 0 mm，激光束振荡参数为振荡幅度 1.0 mm、振荡频率 120 Hz 的 6061 铝合金“∞”形振荡激光焊接过程进行数值计算，并与实验结果进行对比。所获得的实验结果与数值仿真结果如图 2.34 所示。从图 2.34 中可以看出，数值仿真与实验所获得的焊缝横截面深度与宽度的相对误差分别为 8.26%和 3.86%。

从上述分析可以看出，采用振荡激光焊接动力学模型仿真计算得到的焊缝横截面形貌特征参数与实验结果均吻合较好，验证了振荡激光焊接动力学模型的有效性。

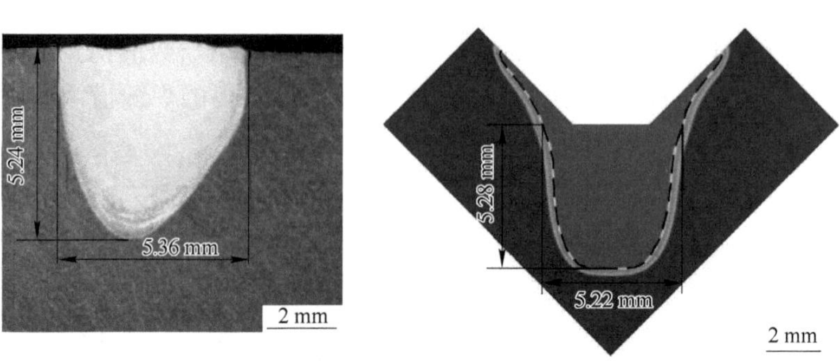

图 2.33 基于高斯面热源与高斯锥体热源组合热源的顺时针圆形振荡激光焊接动力学模型验证

（a）实验结果[42]；（b）数值仿真结果

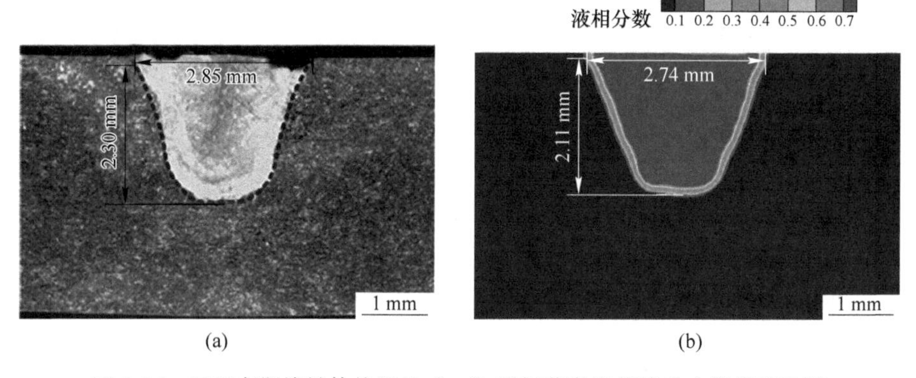

图 2.34 基于高斯旋转体热源的“∞”形振荡激光焊接动力学模型验证

（a）实验结果；（b）数值仿真结果

参 考 文 献

[1] HOZOORBAKHSH A，ISMAIL M，AZIZ N. A computational analysis of heat transfer and fluid flow in high-speed scanning of laser micro-welding [J]. International Communications in Heat and Mass Transfer，2015，68：178-187.

[2] CHANG B，ALLEN C，BLACKBURN J，et al. Fluid flow characteristics and porosity behavior in full penetration laser welding of a titanium alloy [J]. Metallurgical and Materials Transactions B，2015，46：906-918.

[3] AI Y，YAN Y，YUAN P，et al. The numerical investigation of cladding layer forming process in laser additive manufacturing with wire feeding [J]. International Journal of Thermal Sciences，2024，196：108669.

[4] TAN W, SHIN Y. Multi-scale modeling of solidification and microstructure development in laser keyhole welding process for austenitic stainless steel [J]. Computational Materials Science, 2015, 98: 446-458.

[5] SOHAIL M, HAN S, NA S, et al. Numerical investigation of energy input characteristics for high-power fiber laser welding at different positions [J]. The International Journal of Advanced Manufacturing Technology, 2015, 80: 931-946.

[6] LEE W. A pressure iteration scheme for two-phase flow modeling [J]. Multiphase Transport Fundamentals, Reactor Safety, Applications, 1980: 407-413.

[7] VERSION A. Ansys Inc. User's manual version 14 [Z]. 2014.

[8] OLSSON E, KREISS G, ZAHEDI S. A conservative level set method for two phase flow Ⅱ [J]. Journal of Computational Physics, 2007, 225 (1): 785-807.

[9] AI Y, SHAO X, JIANG P, et al. Welded joints integrity analysis and optimization for fiber laser welding of dissimilar materials [J]. Optics and Lasers in Engineering, 2016, 86: 62-74.

[10] AI Y, JIANG P, SHAO X, et al. A three-dimensional numerical simulation model for weld characteristics analysis in fiber laser keyhole welding [J]. International Journal of Heat and Mass Transfer, 2017, 108: 614-626.

[11] AI Y, JIANG P, SHAO X, et al. An optimization method for defects reduction in fiber laser keyhole welding [J]. Applied Physics A, 2016, 122: 31.

[12] REISGEN U, SCHLESER M, MOKROV O, et al. Statistical modeling of laser welding of DP/TRIP steel sheets [J]. Optics & Laser Technology, 2012, 44 (1): 92-101.

[13] AI Y, JIANG P, SHAO X, et al. The prediction of the whole weld in fiber laser keyhole welding based on numerical simulation [J]. Applied Thermal Engineering, 2017, 113: 980-993.

[14] PANG S, CHEN X, ZHOU J, et al. 3D transient multiphase model for keyhole, vapor plume, and weld pool dynamics in laser welding including the ambient pressure effect [J]. Optics and Lasers in Engineering, 2015, 74: 47-58.

[15] ZHOU J, TSAI H, LEHNHOFF T. Investigation of transport phenomena and defect formation in pulsed laser keyhole welding of zinc-coated steels [J]. Journal of Physics D: Applied Physics, 2006, 39: 5338-5355.

[16] LI T, WU C. Numerical simulation of plasma arc welding with keyhole-dependent heat source and arc pressure distribution [J]. The International Journal of Advanced Manufacturing Technology, 2015, 78: 593-602.

[17] MENG X, QIN G, ZOU Z. Investigation of humping defect in high speed gas tungsten arc welding by numerical modelling [J]. Materials & Design, 2016, 94: 69-78.

[18] 杜汉斌. 钛合金激光焊接及其熔池流动场数值模拟 [D]. 武汉: 华中科技大学, 2004.

[19] ZHOU J, TSAI H. Modeling of transport phenomena in hybrid laser-MIG keyhole welding [J]. International Journal of Heat and Mass Transfer, 2008, 51: 4353-4366.

[20] SEMAK V, MATSUNAWA A. The role of recoil pressure in energy balance during laser materials processing [J]. Journal of physics D: Applied physics, 1997, 30 (18): 2541-2552.

[21] DUCHARME R, WILLIAMS K, KAPADIA P, et al. The laser welding of thin metal sheets:

An integrated keyhole and weld pool model with supporting experiments [J]. Journal of physics D: Applied physics, 1994, 27 (8): 1619-1627.
[22] HU B, HU S, SHEN J, et al. Modeling of keyhole dynamics and analysis of energy absorption efficiency based on Fresnel law during deep-penetration laser spot welding [J]. Computational Materials Science, 2015, 97: 48-54.
[23] 王福军. 计算流体动力学分析——CFD 软件原理与应用 [M]. 北京: 清华大学出版社, 2004.
[24] 钱龙根. 气液两相流及激光深熔焊传热与流动直接数值模拟研究 [D]. 南京: 南京航空航天大学, 2018.
[25] 汪任凭. 激光深熔焊接过程传输现象的数值模拟 [D]. 北京: 北京工业大学, 2011.
[26] PATANKAR S, SPALDING D. A calculation procedure for heat, mass and momentum transfer in three-dimensional parabolic flows [J]. International Journal of Heat and Mass Transfer, 1972, 15 (10): 1787-1806.
[27] 胡雪. 激光填粉焊接熔池流动数值模拟 [D]. 哈尔滨: 哈尔滨工业大学, 2016.
[28] TAN W, BAILEY N, SHIN Y. Investigation of keyhole plume and molten pool based on a three-dimensional dynamic model with sharp interface formulation [J]. Journal of Physics D: Applied Physics, 2013, 46: 055501.
[29] 张明军. 万瓦级光纤激光深熔焊接厚板金属蒸汽行为与缺陷控制 [D]. 长沙: 湖南大学, 2013.
[30] SEMAK V, BRAGG W, DAMKROGER B, et al. Transient model for the keyhole during laser welding [J]. Journal of Physics D: Applied Physics, 1999, 32: L61-L64.
[31] KATAYAMA S, KAWAHITO Y. Elucidation of phenomena in high power fiber laser welding and development of prevention procedures of welding defects [C] //Fiber Lasers Ⅵ: Technology, Systems, and Applications. San Jose: SPIE, 2009: 71951R.
[32] AI Y, YAN Y, DONG G, et al. Investigation of microstructure evolution process in circular shaped oscillating laser welding of Inconel 718 superalloy [J]. International Journal of Heat and Mass Transfer, 2023, 216: 124522.
[33] CAI Z, WU S, LU A, et al. Line Gauss heat source model: An efficient approach for numerical welding simulation [J]. Science and Technology of Welding and Joining, 2001, 6 (2): 84-88.
[34] ZHAN X, LI Y, OU W, et al. Comparison between hybrid laser-MIG welding and MIG welding for the invar36 alloy [J]. Optics & Laser Technology, 2016, 85: 75-84.
[35] XU B, JIANG P, WANG Y, et al. Multi-physics simulation of wobbling laser melting injection of aluminum alloy with SiC particles: SiC particles gradient distribution in fusion zone [J]. International Journal of Heat and Mass Transfer, 2022, 182: 121960.
[36] LIN R, WANG H, LU F, et al. Numerical study of keyhole dynamics and keyhole-induced porosity formation in remote laser welding of Al alloys [J]. International Journal of Heat and Mass Transfer, 2017, 108: 244-256.
[37] SCHULZ W, SIMON G, URBASSEK M, et al. On laser fusion cutting of metals [J]. Journal of Physics D: Applied Physics, 1987, 20: 481-488.
[38] 史平安, 万强, 庞盛永, 等. 激光深熔焊中熔池-小孔的动态行为模拟 [J]. 材料热处理

学报，2015，36（7）：228-235.

[39] 庞盛永，陈立亮，陈涛，等．激光深熔焊接任意形状小孔的能量密度计算［J］．激光技术，2010，34（5）：614-618.

[40] HE S，CHEN S，ZHAO Y，et al. Study on the intelligent model database modeling the laser welding for aerospace aluminum alloy [J]. Journal of Manufacturing Processes，2021，63：121-129.

[41] LUO Y，YOU G，YE H，et al. Simulation on welding thermal effect of AZ61 magnesium alloy based on three-dimensional modeling of vacuum electron beam welding heat source [J]. Vacuum，2010，84（7）：890-895.

[42] LI L，GONG J，XIA H，et al. Influence of scan paths on flow dynamics and weld formations during oscillating laser welding of 5A06 aluminum alloy [J]. Journal of Materials Research and Technology，2021，11：19-32.

[43] AI Y，LIU X，HUANG Y，et al. The analysis of asymmetry characteristics during the fiber laser welding of dissimilar materials by numerical simulation [J]. The International Journal of Advanced Manufacturing Technology，2022，119（5）：3293-3301.

[44] ZHAO J，WANG J，KANG X，et al. Effect of beam oscillation and oscillating frequency induced heat accumulation on microstructure and mechanical property in laser welding of Invar alloy [J]. Optics & Laser Technology，2023，158：108831.

[45] ZHAO X，CHEN J，LEI Z，et al. A study on the flow behavior and bubble evolution of circular oscillating laser welding of SUS301L-HT stainless steel [J]. International Journal of Heat and Mass Transfer，2023，202：123726.

[46] CHEN G，WANG B，MAO S，et al. Research on the "∞" -shaped laser scanning welding process for aluminum alloy [J]. Optics & Laser Technology，2019，115：32-41.

[47] KE W，BU X，OLIVEIRA J，et al. Modeling and numerical study of keyhole-induced porosity formation in laser beam oscillating welding of 5A06 aluminum alloy [J]. Optics & Laser Technology，2021，133：106540.

[48] LIU T，MU Z，HU R，et al. Sinusoidal oscillating laser welding of 7075 aluminum alloy：Hydrodynamics，porosity formation and optimization [J]. International Journal of Heat and Mass Transfer，2019，140：346-358.

[49] WU M，LUO Z，LI Y，et al. Effect of oscillation modes on weld formation and pores of laser welding in the horizontal position [J]. Optics & Laser Technology，2023，158：108801.

[50] THIEL C，HESS A，WEBER R，et al. Stabilization of laser welding processes by means of beam oscillation [C] //Laser Sources and Applications. Brussels：SPIE，2012，8433V：225-234.

[51] AI Y，LIU J，YE C，et al. Influence of oscillation parameters on energy distributions and dynamic behaviors during laser welding of aluminum alloy T-joints assisted with solder patch [J]. International Journal of Thermal Sciences，2024，201：108953.

3 激光焊接过程能量分布特征及调节

激光焊接过程能量分布对熔池小孔动力学行为及焊缝形成过程具有重要影响，研究激光焊接过程能量分布特征及调节方法，有利于获得稳定的熔池小孔动力学行为，提升焊接过程稳定性，改善焊接质量。本章将建立激光焊接过程能量分布模型，并对能量分布模型进行求解与验证。基于求解结果，分析常规激光焊接和“∞”形振荡激光焊接过程能量分布特征及“∞”形振荡激光焊接过程能量分布特征演化，研究焊接工艺参数和激光束振荡参数对激光焊接过程能量分布的影响，探究光束分布形态和激光束振荡路径对激光焊接过程能量分布的调节作用。

3.1 激光焊接过程能量分布模型

3.1.1 激光焊接过程能量分布模型建立

在激光焊接过程中，激光束光子分布较为密集，光斑尺寸较小，光斑中心区域功率密度较大。目前，激光束的功率密度分布常被描述为高斯分布[1]：

$$I_0(x,y,z) = (1-\eta)\frac{3P}{\pi r_0^2}\exp\left[\frac{-3(x^2+y^2)}{r_0^2}\right] \tag{3.1}$$

式中，$I_0(x,y,z)$ 为激光束功率密度；P 为激光功率；η 为能量衰减系数；r_0 为有效激光束半径，与 z 坐标有关。

上述公式通过归一化处理后为[2]：

$$I(x,y,z) = \exp\left[\frac{-3(x^2+y^2)}{r_0^2}\right] \tag{3.2}$$

激光焊接过程能量分布模型的建立需考虑实际焊接路径。本节以振荡激光焊接为例，对顺时针圆形振荡激光焊接、逆时针圆形振荡激光焊接、“∞”形振荡激光焊接和“8”形振荡激光焊接过程能量分布模型进行求解。顺时针圆形振荡激光焊接、逆时针圆形振荡激光焊接、“∞”形振荡激光焊接和“8”形振荡激光焊接过程的实际焊接路径参考 2.6.2 节。

将激光束功率密度分布公式与振荡激光焊接过程的实际焊接路径相结合，并对时间进行积分计算，得到振荡激光焊接过程能量分布[3]：

$$E(x,y,z) = (1-\eta)\frac{3P}{\pi r_0^2}\int_0^{t_1}\exp\left\{\frac{-3[(x-x(t))^2+(y-y(t))^2]}{r_0^2}\right\}\mathrm{d}t \tag{3.3}$$

式中，$E(x,y,z)$ 为能量密度；t_1 为激光束辐射时间。

若使用归一化后的激光束功率密度分布公式进行计算，可得到振荡激光焊接过程能量分布[3]：

$$E(x,y,z)=C_0\int_0^{t_1}\exp\left\{\frac{-3[(x-x(t))^2+(y-y(t))^2]}{r_0^2}\right\}\mathrm{d}t \tag{3.4}$$

式中，C_0 为功率密度系数。

3.1.2 激光焊接过程能量分布模型求解

本章对激光焊接过程能量分布模型进行求解时，除 3.3.3.4 节使用式（3.3）进行计算，其余激光焊接过程能量分布均使用式（3.4）进行计算。计算过程中涉及的参数主要包括焊接工艺参数和激光束振荡参数，使用式（3.4）进行计算时取功率密度系数 $C_0=1\ \mathrm{kW/mm^2}$。以“∞”形振荡激光焊接为例，焊接工艺参数设为焊接速度 0 m/min，激光束振荡参数设为振荡幅度 2.0 mm、振荡频率 20 Hz，激光束辐射时间为 1 个振荡周期 0.05 s，对该条件下的激光焊接过程能量分布进行积分计算，所获得的结果如图 3.1 所示。

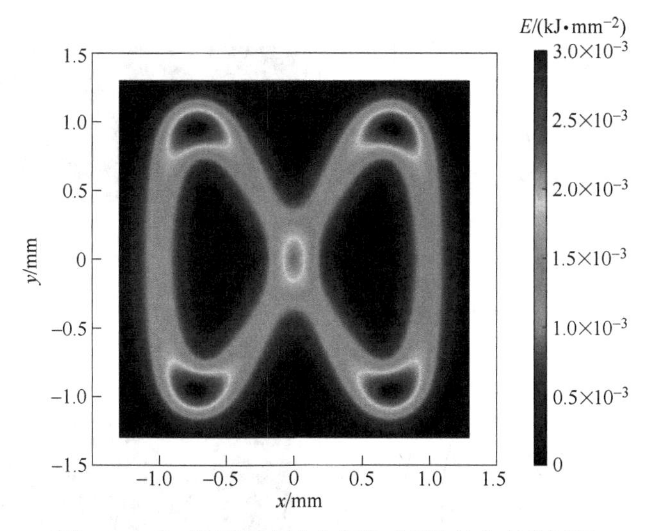

图 3.1 “∞”形振荡激光焊接过程能量分布俯视图

3.1.3 激光焊接过程能量分布模型验证

为了验证所建立的激光焊接过程能量分布模型的有效性，本节对顺时针圆形振荡激光焊接、逆时针圆形振荡激光焊接、“∞”形振荡激光焊接和“8”形振荡激光焊接过程能量分布的计算结果进行可视化处理。为了便于对比分析，焊接工艺参数均设为焊接速度 1.8 m/min，激光束振荡参数均设为振荡幅度 1.0 mm、振荡频率 100 Hz，激光束辐射时间均设为 0.05 s。四种振荡激光焊接过程的实际焊接路径分别如图 3.2（a）、图 3.3（a）、图 3.4（a）和图 3.5（a）所示，能量分布计算结果分别如图 3.2（b）、图 3.3（b）、图 3.4（b）和图 3.5（b）所示。从图 3.2~图 3.5 中可以看出，每种振荡激光焊接过程的能量分布俯视图形状与对应的实际焊接路径保持一致，验证了所建立的激光焊接过程能量分布模型的有效性。

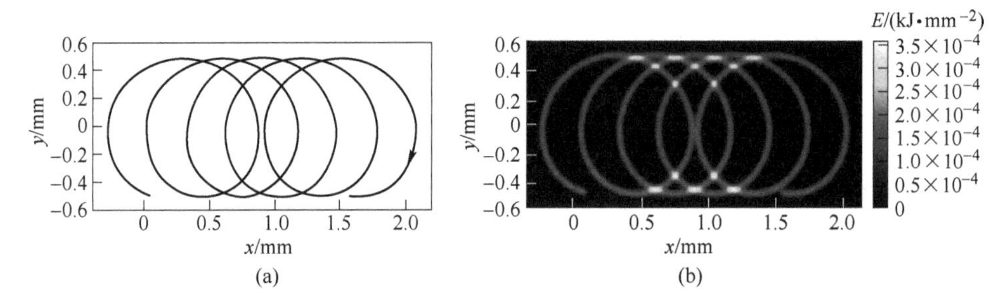

图 3.2　顺时针圆形振荡激光焊接过程能量分布模型的验证

（a）实际焊接路径；（b）能量分布俯视图

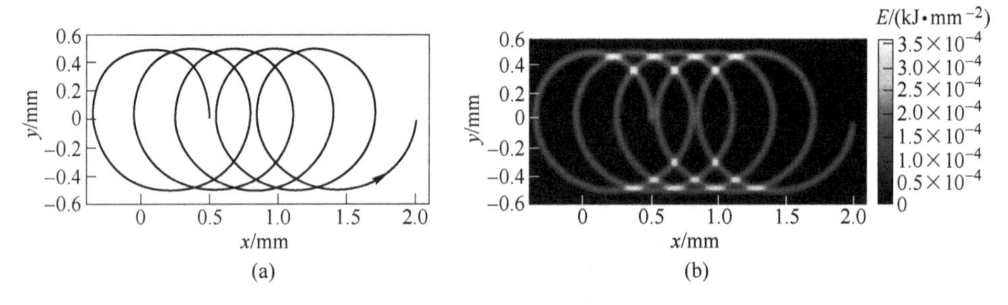

图 3.3　逆时针圆形振荡激光焊接过程能量分布模型的验证

（a）实际焊接路径；（b）能量分布俯视图

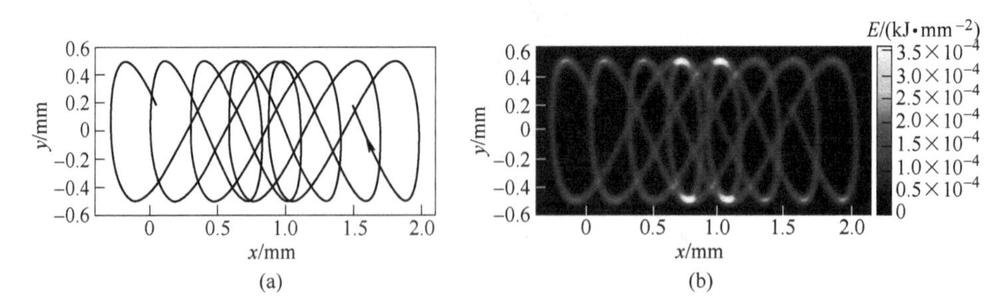

图 3.4　“∞”形振荡激光焊接过程能量分布模型的验证

（a）实际焊接路径；（b）能量分布俯视图

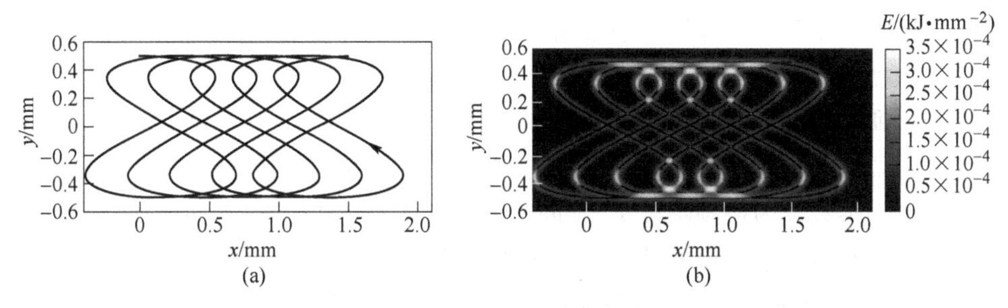

图 3.5 “8”形振荡激光焊接过程能量分布模型的验证

（a）实际焊接路径；（b）能量分布俯视图

3.2 激光焊接过程能量分布特征

3.2.1 激光焊接过程能量分布特征分析

以常规激光焊接和“∞”形振荡激光焊接为例，通过对两者焊接过程能量分布进行可视化处理，分析了它们的能量分布特征。

对于常规激光焊接过程，焊接工艺参数设为焊接速度 3.0 m/min，对 0.1 s 内激光束辐射在基材表面的能量进行积分计算，结果如图 3.6（a）（b）所示。在常规激光焊接中，沿 y 轴方向的能量分布范围约为 1.0 mm，能量密度峰值约为

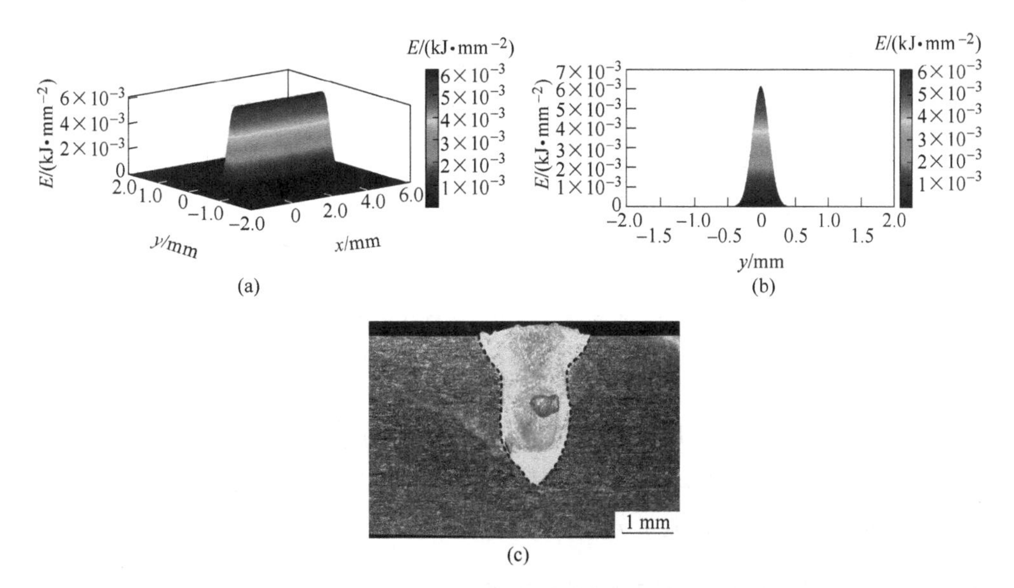

图 3.6 常规激光焊接基材表面能量分布特征及焊缝横截面形貌

（a）基材表面能量三维分布；（b）基材表面能量分布侧视图；（c）焊缝横截面形貌

6.1×10^{-3} kJ/mm²，能量分布范围较小且主要集中在焊接中心线附近。从以上能量分布特征可以看出，焊接中心线所在位置能量密度高，两侧能量密度低，使常规激光焊接中形成的焊缝熔深较大、熔宽较小，焊缝横截面形貌呈 V 形，如图 3.6（c）所示。

对于“∞”形振荡激光焊接过程，焊接工艺参数设为焊接速度 3.0 m/min，激光束振荡参数设为振荡幅度 1.2 mm、振荡频率 200 Hz，对 0.1 s 内激光束辐射在基材表面的能量进行积分计算，结果如图 3.7（a）（b）所示。与常规激光焊接相比，“∞”形振荡激光焊接基材表面沿 y 轴方向的能量分布范围增大，约为 2.0 mm。焊接中心线所在位置能量密度较低，两侧能量密度较高，能量密度峰值约为 1.7×10^{-3} kJ/mm²，低于常规激光焊接基材表面的能量密度峰值，基材表面能量分布的均匀性增加。焊接中心线所在位置能量密度较低、两侧能量密度较高的分布特征使得“∞”形振荡激光焊接焊缝中间浅、两边深，横截面形貌呈浅而宽的形状，如图 3.7（c）所示。

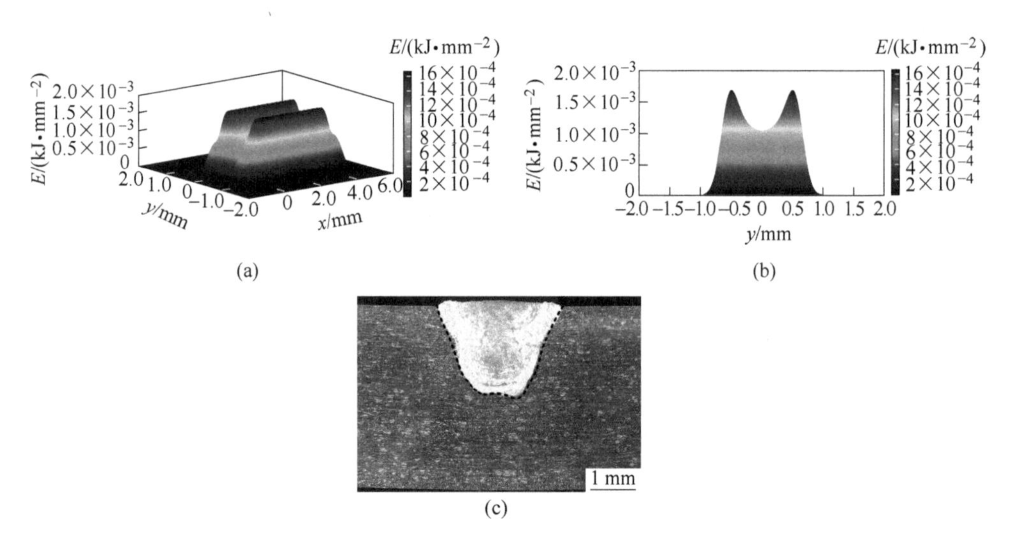

图 3.7　“∞”形振荡激光焊接基材表面能量分布特征及焊缝横截面形貌

（a）基材表面能量三维分布；（b）基材表面能量分布侧视图；（c）焊缝横截面形貌

综上所述，常规激光焊接基材表面沿 y 轴方向的能量分布范围较小且主要集中在焊接中心线附近，“∞”形振荡激光焊接焊接中心线所在位置能量密度较低，两侧能量密度较高，能量分布更均匀。

3.2.2　激光焊接过程能量分布特征的演变

以“∞”形振荡激光焊接为例，对该激光焊接过程能量分布特征的演变进行了分析。焊接工艺参数设为焊接速度 3.0 m/min，激光束振荡参数设为振荡幅度 1.2 mm、振荡频率 200 Hz，对 1 个振荡周期 0.005 s 内激光束辐射在基材表面的能量进行积分计算，得到“∞”形振荡激光焊接过程基材表面能量分布特征的演变如图 3.8 所示。初始阶段，激光束从焊接中心线开始振荡，激光束辐射基材表面的时间较短，形成的能量密度峰值约为 4.4×10^{-4} kJ/mm^2，且能量分布集中在 y 轴正方向，如图 3.8（a）所示。第二阶段，当激光束位于 y 轴负方向区域，基材表面在 y 轴负方向的能量密度峰值增大到 4.0×10^{-4} kJ/mm^2 左右。随着基材表面吸收激光束能量的增加，基材表面在 y 轴正方向的能量密度峰值增大到 4.5×10^{-4} kJ/mm^2 左右，呈现出焊接中心线所在位置能量密度低，两侧能量密度高的特征，如图 3.8（b）所示。第三阶段，当激光束回到 y 轴正方向区域，激光束能量长时间积聚在 y 轴负方向，能量密度峰值出现在 y 轴负方向，基材表面的能量密度峰值增大到了 5.0×10^{-4} kJ/mm^2 左右，如图 3.8（c）所示。最后阶段，激光束又重新回到 y 轴负方向区域，此时基材表面的能量密度峰值近似对称分布在沿 y 轴方向焊接中心线两侧，能量密度峰值增加不明显，能量分布趋于均匀，如图 3.8（d）所示。从以上四个阶段的分析可以看出，焊接中心线所在位置能量密度低，两侧的能量密度高，且随着焊接过程的进行，基材表面的能量分布逐渐趋于均匀。

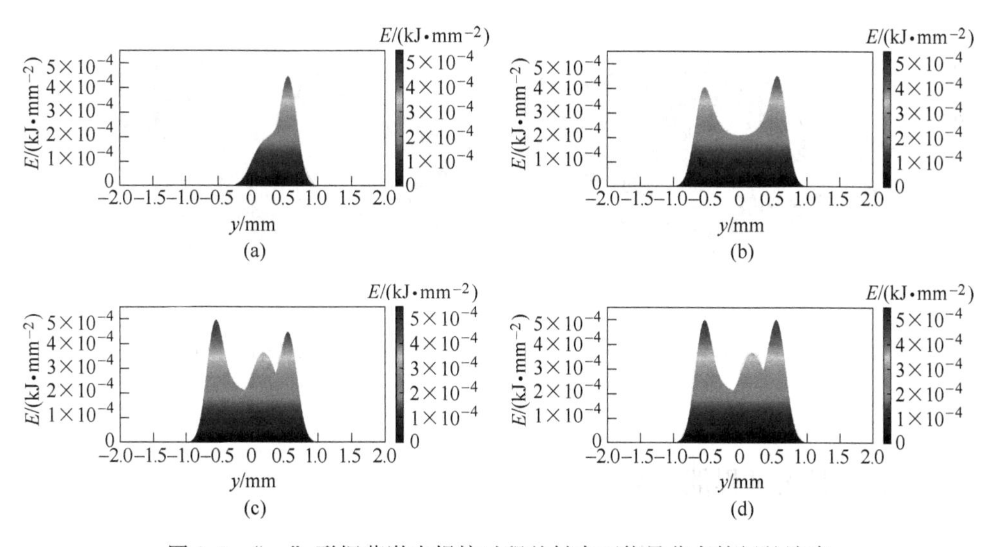

图 3.8 “∞”形振荡激光焊接过程基材表面能量分布特征的演变

（a）0.001 s；（b）0.002 s；（c）0.003 s；（d）0.004 s

本节选用 2.6 节建立的基于高斯旋转体热源的“∞”形振荡激光焊接动力学模型，选取焊接工艺参数为激光功率 2.0 kW、焊接速度 3.0 m/min、离焦量

0 mm，激光束振荡参数为振荡幅度 1.2 mm、振荡频率 200 Hz 的 6061 铝合金“∞”形振荡激光焊接过程进行数值计算，所获得的熔池形貌演变过程如图 3.9 所示。初始阶段，基材表面的能量分布集中，能量密度峰值低，所形成的熔池形貌呈现出上宽下窄的特征，如图 3.9（a）所示。第二阶段，激光束位于 y 轴负方向区域，由于激光束的热辐射和熔池的热传导与热对流，处于 y 轴负方向区域的基材开始熔化，如图 3.9（b）所示。第三阶段，激光束回到 y 轴正方向区域，y 轴正方向区域熔化的基材增多，形成了较大的熔池，如图 3.9（c）所示。最后阶段，激光束又重新回到 y 轴负方向区域，熔池的长度增加，如图 3.9（d）所示。从熔池形貌演变过程的四个阶段来看，“∞”形振荡激光焊接所形成的熔池形貌特征与基材表面的能量分布情况大致吻合。

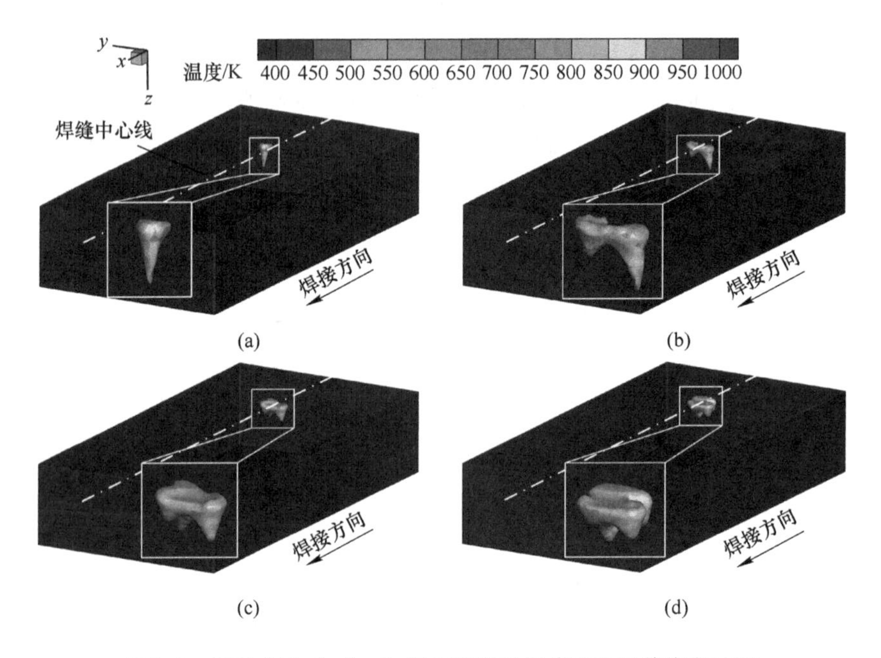

图 3.9 6061 铝合金“∞”形振荡激光焊接熔池形貌演变过程
（a）0.001 s；（b）0.002 s；（c）0.003 s；（d）0.004 s

3.3 激光焊接过程能量分布调节

3.3.1 焊接工艺参数对激光焊接过程能量分布的调节

焊接工艺参数主要通过影响能量分布进而影响激光焊接过程的温度场及焊接质量。本节以异种材料激光焊接过程为例，基于激光焊接过程的温度场结果分析了激光功率和焊接速度对焊接过程能量分布的调节作用。

3.3.1.1 激光功率对激光焊接过程能量分布的调节

激光功率是影响激光焊接过程能量分布的重要参数之一。为了分析激光功率对激光焊接过程能量分布的影响，本节选用 2.5.2 节建立的基于光线追踪热源的熔池小孔动力学模型，选取相同的焊接速度与离焦量，对不同激光功率条件下 Q235 低碳钢和 316L 不锈钢异种材料激光焊接过程进行数值计算。具体工艺参数如表 3.1 所示。

表 3.1 不同激光功率条件下异种材料激光焊接工艺参数

序号	激光功率 LP/kW	焊接速度 WS/(m · min^{-1})	离焦量 FP/mm
1	2.5	4.5	0
2	3.0	4.5	0
3	3.5	4.5	0

通过数值计算获得的不同激光功率条件下熔池上表面和纵截面温度场分别如图 3.10 和图 3.11 所示。从图 3.10 和图 3.11 中可以看出，当激光功率从 2.5 kW 增大到 3.0 kW 时，所形成的熔池的长度增加，而随着激光功率进一步增大到 3.5 kW，熔池的长度减小。这是由于激光功率为 2.5 kW 时，激光输入的能量少，熔池温度低。当激光功率增大到 3.0 kW 时，激光输入的能量增加，熔池温度升高，体积增大，长度增加。当激光功率进一步增大到 3.5 kW 时，激光输入的能量过高，基材在短时间内吸收大量能量，发生剧烈蒸发形成较大的小孔。对比图 3.10 和图 3.11 中不同激光功率条件下形成的小孔，可以发现，当激光功率为 3.5 kW 时，小孔的体积最大，基材被熔透。激光束从小孔底部穿出，使得基材吸收的能量减少，导致熔池长度减小。

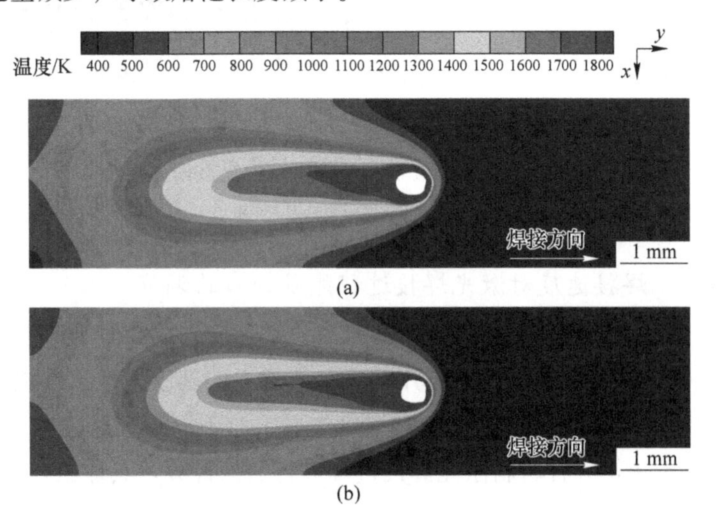

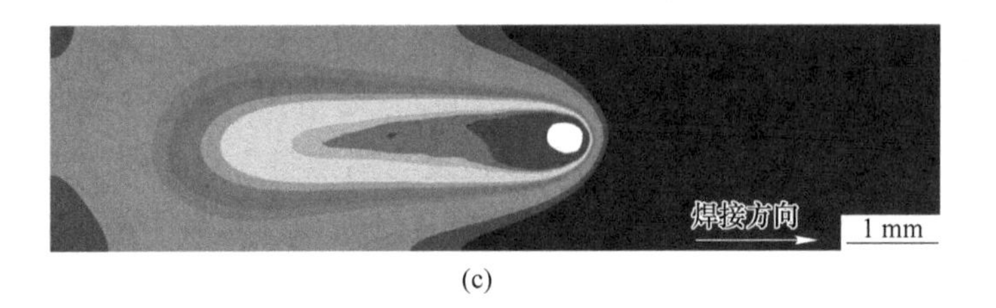

(c)

图 3.10　不同激光功率条件下熔池上表面温度场

(a) 激光功率 2.5 kW；(b) 激光功率 3.0 kW；(c) 激光功率 3.5 kW

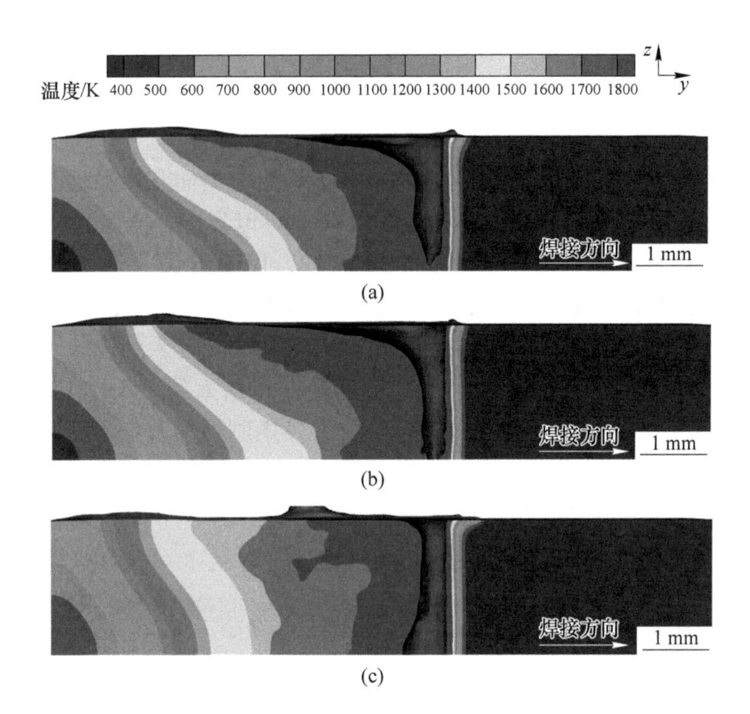

(c)

图 3.11　不同激光功率条件下熔池纵截面温度场

(a) 激光功率 2.5 kW；(b) 激光功率 3.0 kW；(c) 激光功率 3.5 kW

3.3.1.2　焊接速度对激光焊接过程能量分布的调节

焊接速度对激光焊接过程能量分布具有重要影响。为了分析焊接速度对激光焊接过程能量分布的影响，本节选用 2.5.2 节建立的基于光线追踪热源的熔池小孔动力学模型，选取相同的激光功率与离焦量，对不同焊接速度条件下 Q235 低碳钢和 316L 不锈钢异种材料激光焊接过程进行数值计算。具体工艺参数如表 3.2 所示。

表 3.2　不同焊接速度条件下异种材料激光焊接工艺参数

序号	激光功率 LP/kW	焊接速度 WS/(m · min^{-1})	离焦量 FP/mm
1	3.0	2.5	0
2	3.0	3.5	0
3	3.0	4.5	0

通过数值计算获得的不同焊接速度条件下熔池上表面和纵截面温度场分别如图 3.12 和图 3.13 所示。从图 3.12 和图 3.13 中可以看出，随着焊接速度的增加，熔池宽度减小，长度增加。这是由于在高焊接速度条件下，激光束线能量减小，熔融金属体积减小，熔池宽度减小，激光束的快速移动使得熔池的长度增加，导致熔池的长宽比增加。

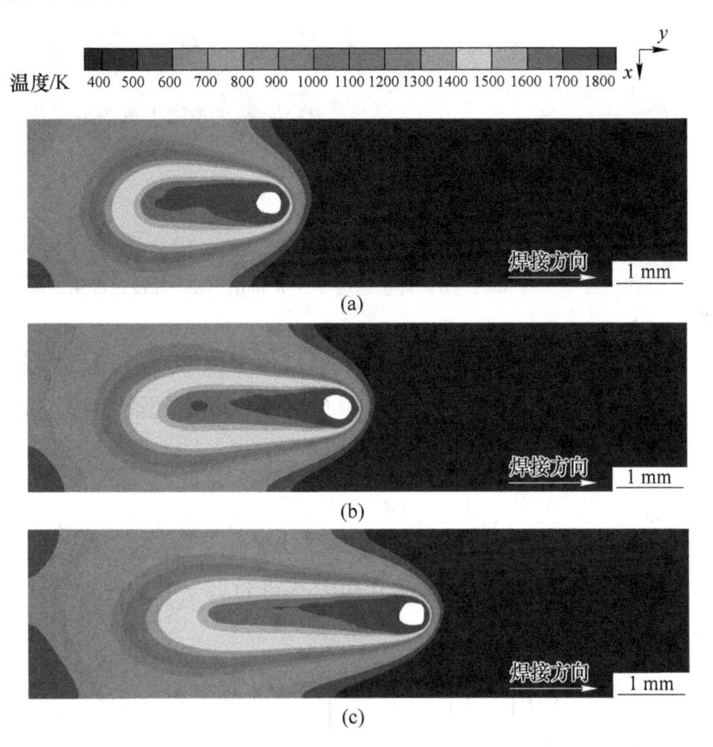

图 3.12　不同焊接速度条件下熔池上表面温度场

(a) 焊接速度 2.5 m/min；(b) 焊接速度 3.5 m/min；(c) 焊接速度 4.5 m/min

3.3.2　光束分布形态对激光焊接过程能量分布的调节

根据激光束传输方向，其二维形态可分为纵截面形态和横截面形态，三种典

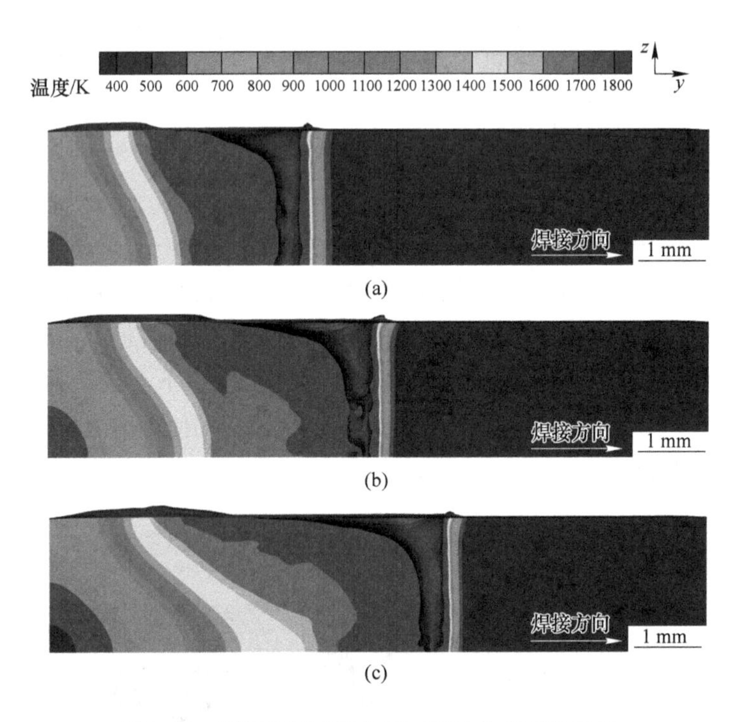

图 3.13　不同焊接速度条件下熔池纵截面温度场

（a）焊接速度 2.5 m/min；（b）焊接速度 3.5 m/min；（c）焊接速度 4.5 m/min

型的横截面形态分别是高斯形态、超高斯形态和平顶形态。通过改变功率密度分布可实现三种激光束横截面形态之间的相互转变，其中超高斯形态激光束的功率密度分布 E_1 表示为[4]：

$$E_1 = \frac{2^{1/N}N^2P}{\pi r_0^2\Gamma}\exp\left[-2\left(\frac{x^2+y^2}{r_0^2}\right)^N\right] \quad N=0,1,2,\cdots,\infty \tag{3.5}$$

将超高斯形态激光束的功率密度分布公式进行归一化，所获得的无量纲的相对功率密度 E_2 表示为：

$$E_2 = \exp\left[-2\left(\frac{x^2+y^2}{r_0^2}\right)^N\right] \quad N=0,1,2,\cdots,\infty \tag{3.6}$$

式中，N 为超高斯阶数；Γ 为伽马函数。当 N 为 1 时，激光束横截面形态由超高斯形态转变为高斯形态；当 N 为无穷大时，激光束横截面形态由超高斯形态转变为平顶形态。

激光束二维横截面形态如图 3.14 所示，其对应的三维空间分布如图 3.15 所示。当 $N=1$ 时，激光束横截面形态呈高斯形态，激光束中心位置的功率密度最大，从中心到周围的功率密度逐渐降低，如图 3.14（a）和图 3.15（a）所示；

随着 N 的增大，激光束功率密度分布越来越均匀，中心高功率密度区域变大，如图 3.14（b）~（i）和图 3.15（b）~（i）所示。当 $N=10$ 时，激光束横截面形态接近于平顶形态，中心高功率密度区域接近于整个光斑区域，如图 3.14（j）和图 3.15（j）所示。

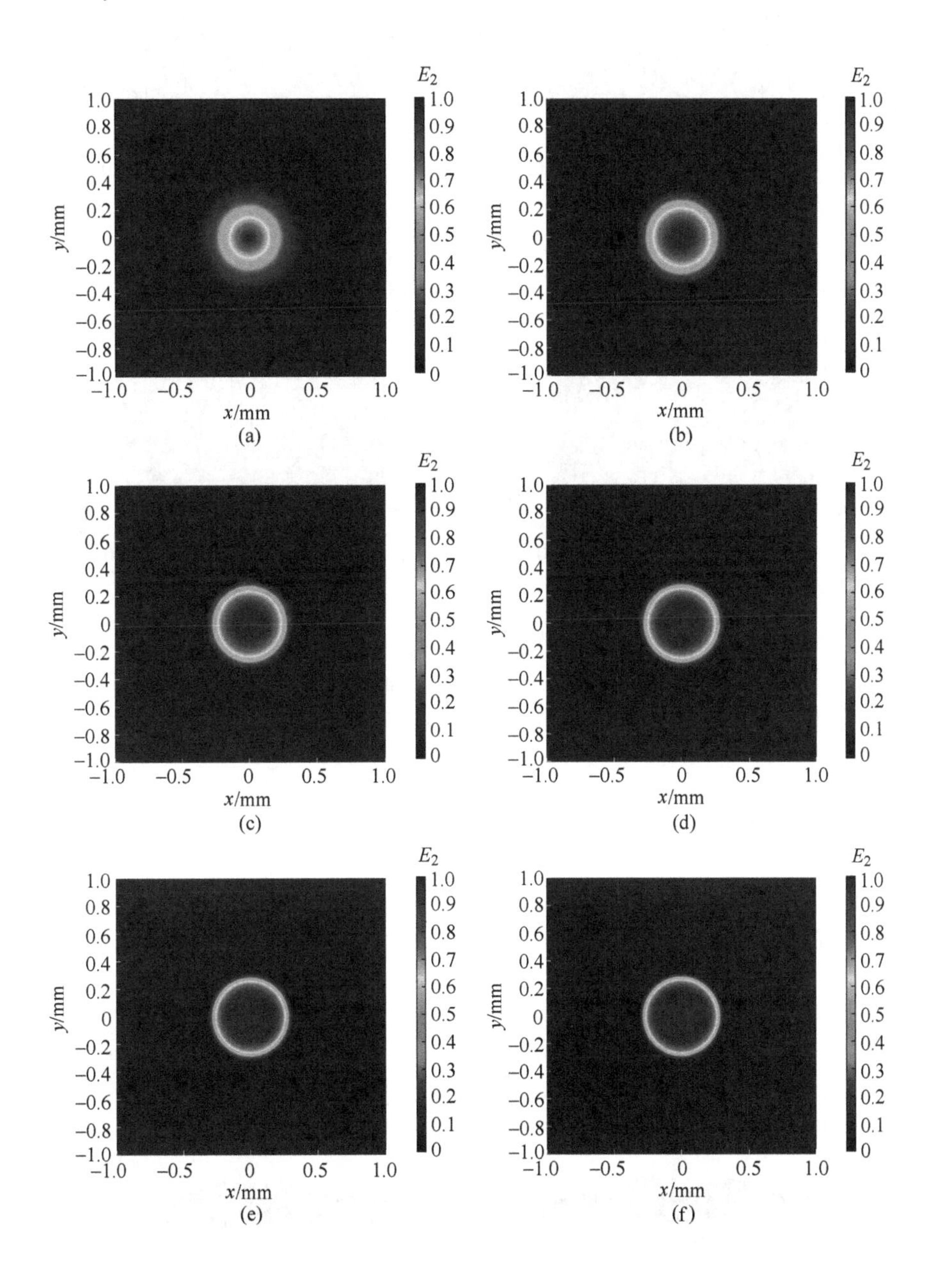

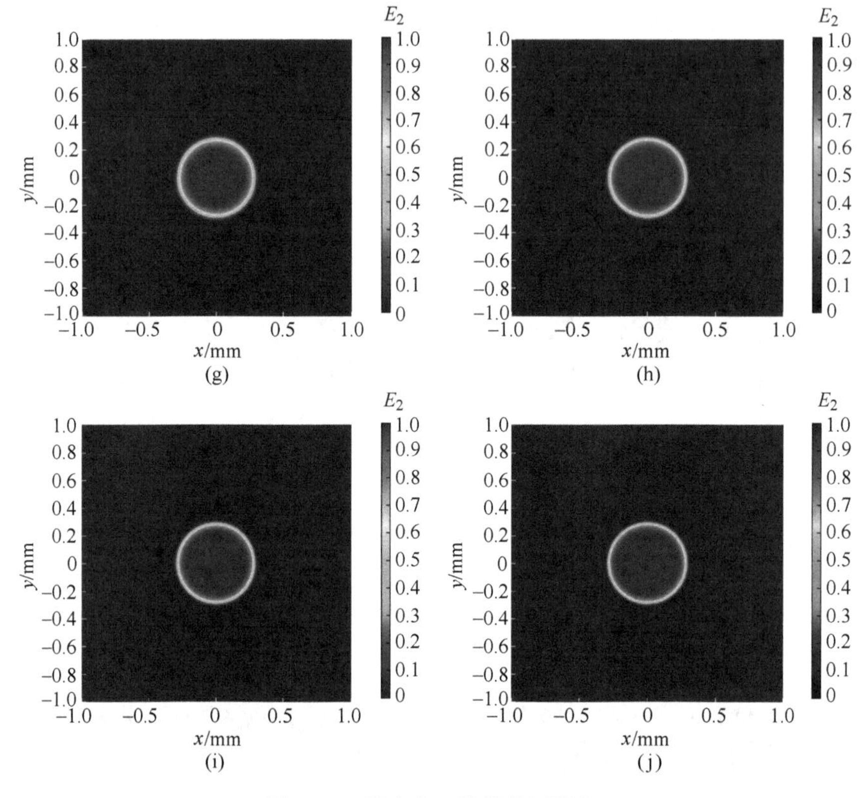

图 3.14　激光束二维横截面形态

(a) $N=1$; (b) $N=2$; (c) $N=3$; (d) $N=4$; (e) $N=5$;
(f) $N=6$; (g) $N=7$; (h) $N=8$; (i) $N=9$; (j) $N=10$

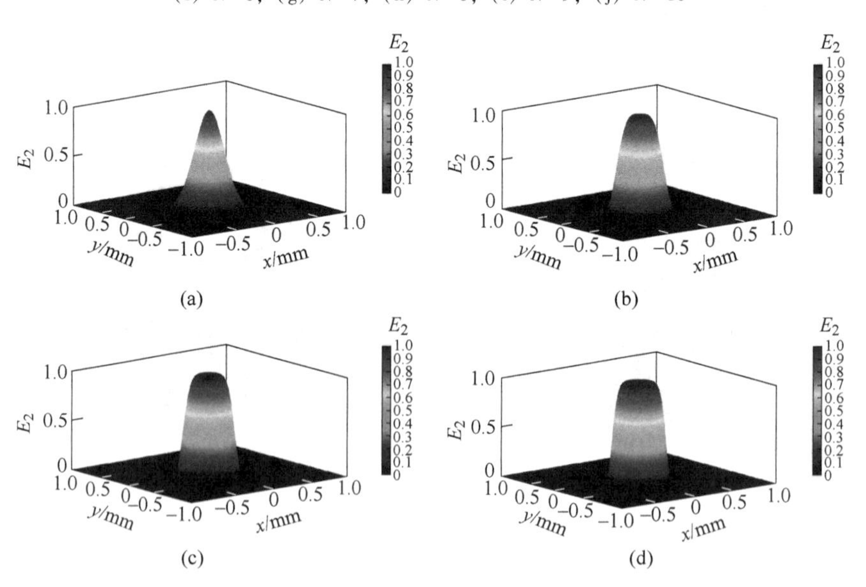

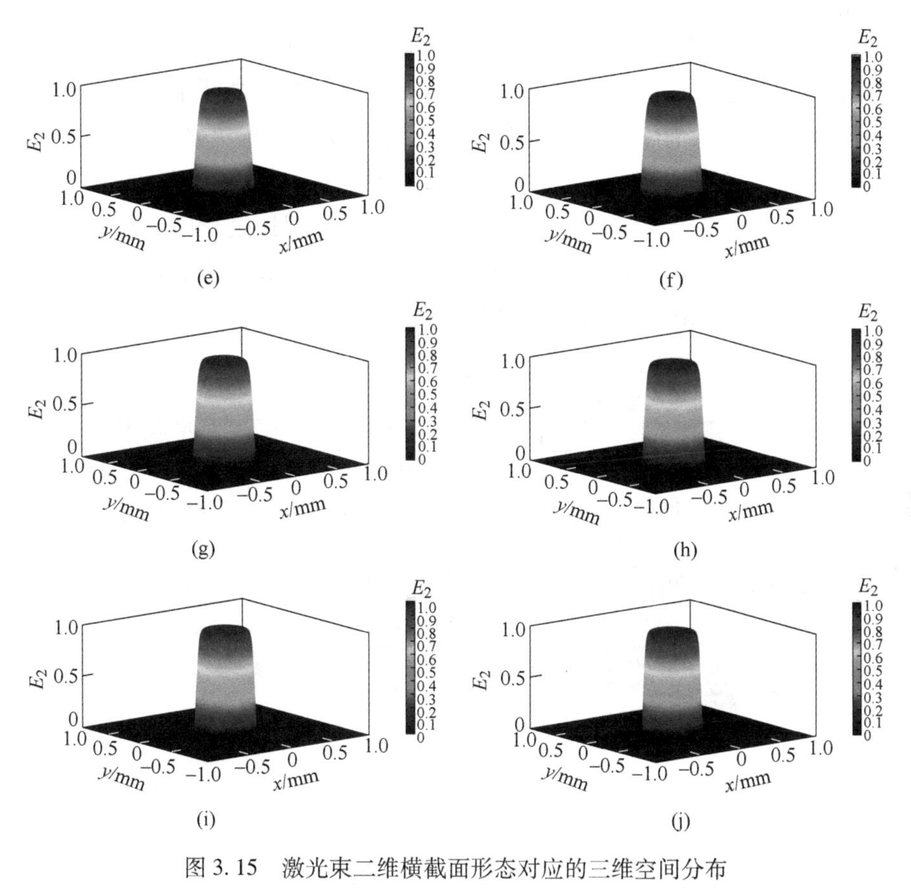

图 3.15 激光束二维横截面形态对应的三维空间分布

(a) $N=1$; (b) $N=2$; (c) $N=3$; (d) $N=4$; (e) $N=5$;
(f) $N=6$; (g) $N=7$; (h) $N=8$; (i) $N=9$; (j) $N=10$

从以上分析可以看出，随着超高斯阶数 N 的增加，激光束功率密度分布的均匀性逐渐增加，中心高功率密度区域面积逐渐增大，可用于改善焊接过程熔池温度场的均匀性，提高焊接质量。

3.3.3 振荡激光束对激光焊接过程能量分布的调节

振荡激光焊接能够有效调节激光焊接过程中的能量分布，改善熔池温度场的均匀性，提高激光焊接质量。不同的激光束振荡路径和激光束振荡参数对于激光焊接过程能量分布的调节具有不同的效果。

3.3.3.1 圆形振荡激光束对激光焊接过程能量分布的调节

为了分析顺时针圆形振荡激光束对激光焊接过程能量分布的影响，本节选用

2.5.1节建立的基于高斯锥体热源的熔池小孔动力学模型，选取焊接工艺参数为激光功率1.5 kW、焊接速度1.8 m/min、离焦量0 mm的7N01铝合金T型接头常规激光焊接过程进行数值计算。选用2.6节建立的基于高斯锥体热源的顺时针圆形振荡激光焊接动力学模型，选取焊接工艺参数为激光功率1.5 kW、焊接速度1.8 m/min、离焦量0 mm，激光束振荡参数为振荡幅度0.8 mm、振荡频率100 Hz的7N01铝合金T型接头顺时针圆形振荡激光焊接过程进行数值计算，所获得的7N01铝合金T型接头常规激光焊接和顺时针圆形振荡激光焊接过程熔池形貌和温度场分别如图3.16和图3.17所示。

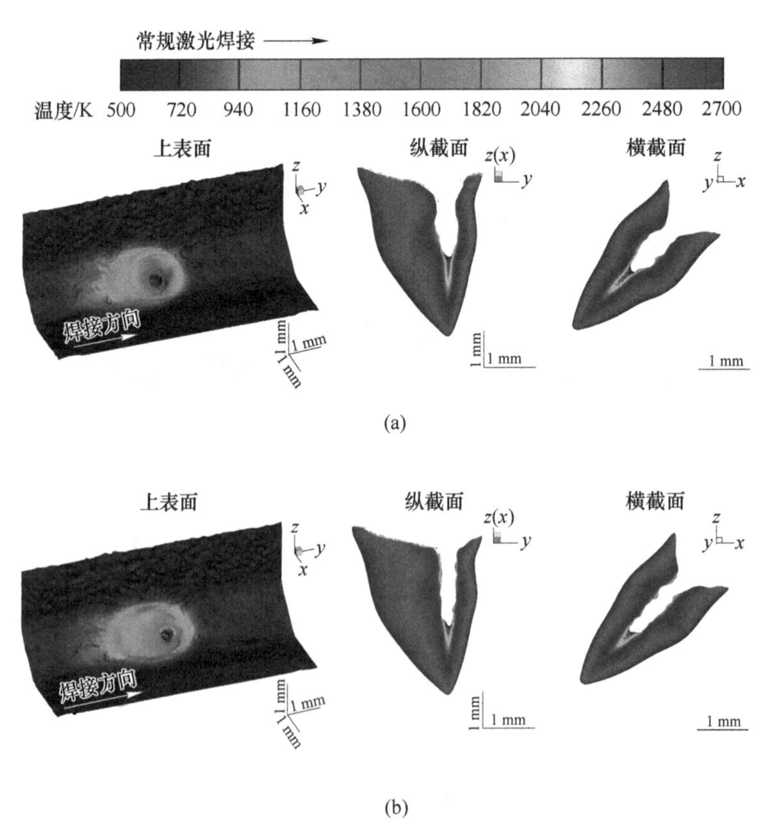

图3.16 7N01铝合金T型接头常规激光焊接过程熔池形貌和温度场

(a) t_0；(b) t_0+10 ms

从图3.16中可以看出，常规激光焊接过程中小孔周围存在2000 K以上的高温区域，熔池纵截面前部温度梯度较大，熔池中所形成的温度场均匀性较差。熔池上表面形貌近似为椭圆形，横截面的温度场近似关于小孔中心线对称，纵截面和横截面近似为 V 形，整体呈现深、窄、短的特征。在顺时针圆形振荡激光焊接过程中，熔池内 2000 K 以上的高温区域减小，熔池温度场呈现出周期性变化特征，均匀性较好，熔池的能量分布均匀性增加，如图 3.17 所示。不同时刻所形成的熔池上表面形貌基本保持不变，接近于椭圆形。在 t_0 和 t_0+10 ms 时刻，熔池横截面形貌近似为 V 形，熔池深度和宽度相对较小，如图 3.17（a）（f）所示。这主要是由于该时刻吸收的激光束能量被用于加热基材并使其熔化和蒸发。在 t_0+4 ms 和 t_0+6 ms 时刻，熔池横截面形貌近似为 U 形，熔池深度和宽度相对较大，如图 3.17（c）（d）所示。这主要是由于熔池中的熔融金属被激光束反复加热，所吸收的能量进一步被传递至熔池周围的基材上，使更多的基材被熔化，因而熔池变得更宽更深。

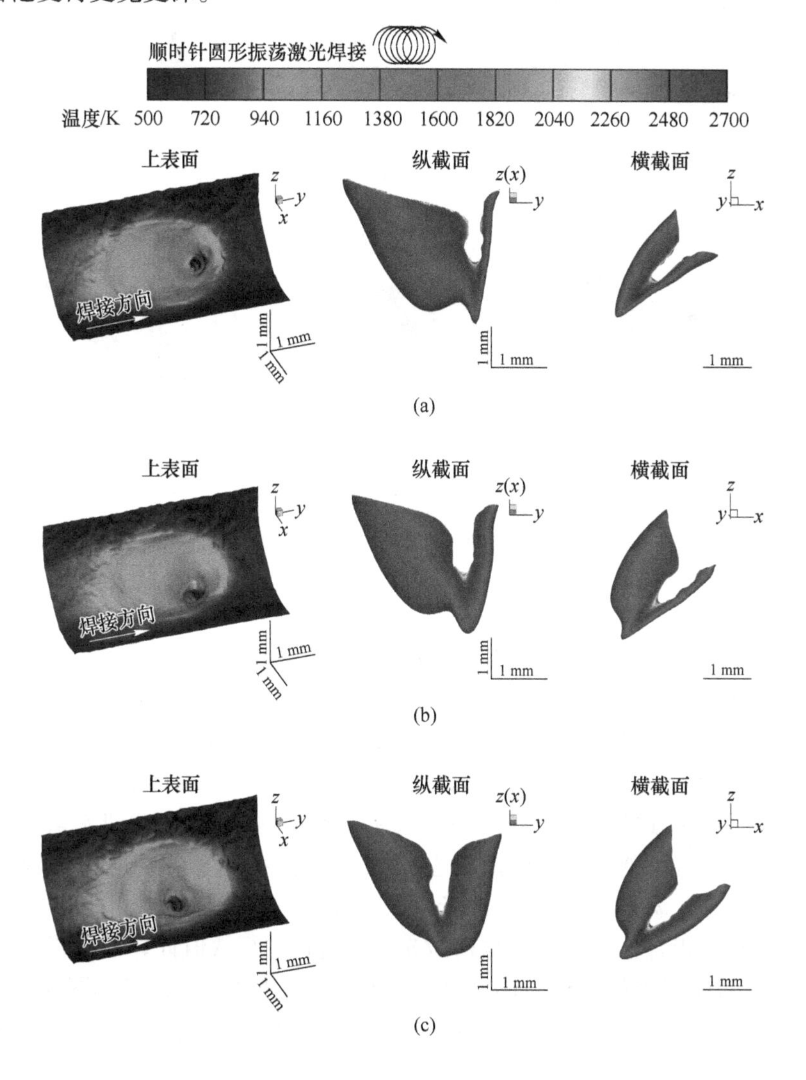

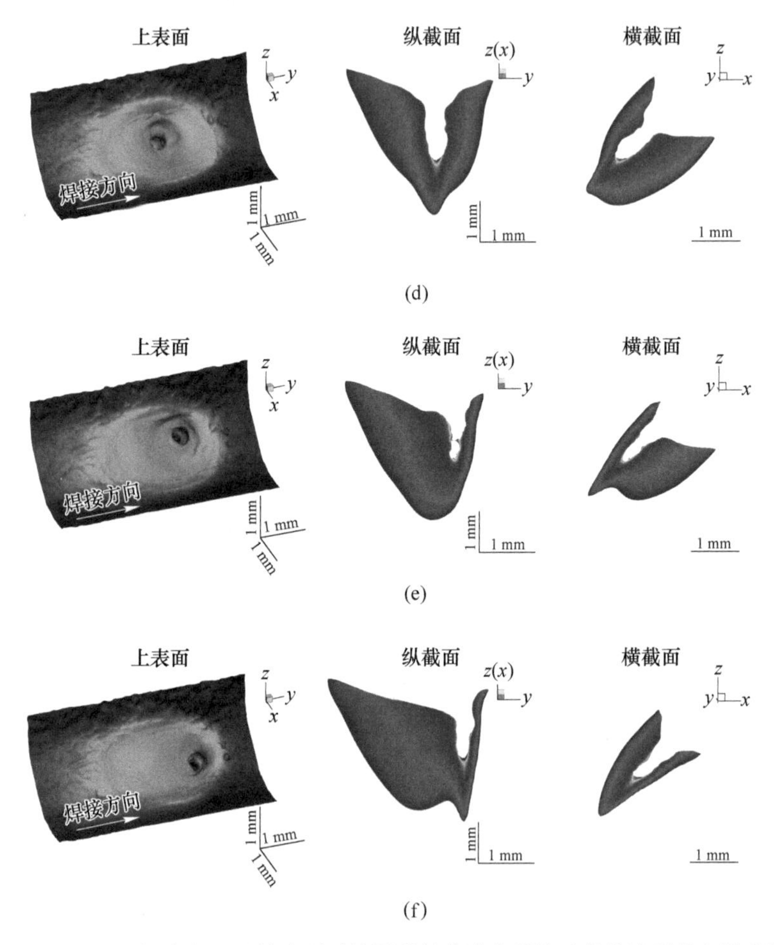

图 3.17　7N01 铝合金 T 型接头顺时针圆形振荡激光焊接过程熔池形貌和温度场

（a）t_0；（b）t_0+2 ms；（c）t_0+4 ms；（d）t_0+6 ms；（e）t_0+8 ms；（f）t_0+10 ms

3.3.3.2 "∞"形振荡激光束对激光焊接过程能量分布的调节

为了分析"∞"形振荡激光束对激光焊接过程能量分布的影响，本节选用 2.5.1 节建立的基于高斯锥体热源的熔池小孔动力学模型（不考虑小孔），选取焊接工艺参数为激光功率 2.0 kW、焊接速度 3.0 m/min、离焦量 0 mm 的 6061 铝合金常规激光焊接过程进行数值计算。选用 2.6 节建立的基于高斯旋转体热源的"∞"形振荡激光焊接动力学模型，选取焊接工艺参数为激光功率 2.0 kW、焊接速度 3.0 m/min、离焦量 0 mm，激光束振荡参数为振荡幅度 1.0 mm、振荡频率 120 Hz 的 6061 铝合金"∞"形振荡激光焊接过程进行数值计算，所获得的 6061 铝合金常规激光焊接和"∞"形振荡激光焊接基材上表面温度场如图 3.18 所示。

在常规激光焊接过程中，熔池宽度较小，熔池前部的温度梯度明显大于熔池尾部，且在熔池尾部形成了拖尾现象，如图 3.18（a）所示。这是由于高能量密度的激光束主要辐射在熔池前部，使熔池前部靠近激光束辐射区域的温度迅速上升，而熔池尾部经过较长时间散热后积累的能量较少。在“∞”形振荡激光焊接过程中，所形成的熔池宽度大于常规激光焊接中的熔池宽度，熔池前部区域的温度梯度小于常规激光焊接熔池前部区域的温度梯度，如图 3.18（b）所示。从以上分析可知，与常规激光焊接相比，“∞”形振荡激光焊接中熔池的温度场更加均匀。

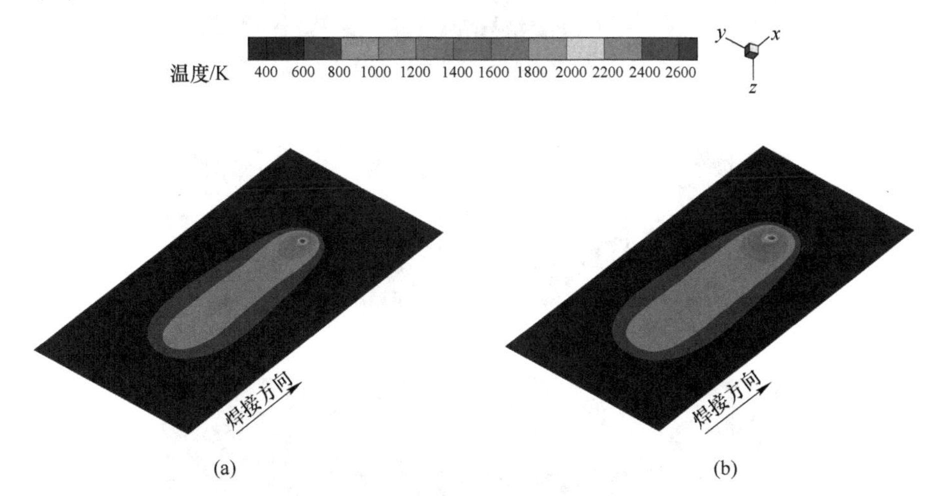

图 3.18 6061 铝合金常规激光焊接和“∞”形振荡激光焊接基材上表面温度场
（a）常规激光焊接；（b）“∞”形振荡激光焊接

为了分析“∞”形振荡激光焊接在 y 轴方向上的能量分布情况，根据图 3.19 所示的截取方式截取了 t=0.2 s 时刻的“∞”形振荡激光焊接熔池不同位置的纵截面温度场，如图 3.20 所示。此时激光束已经过截面 3 位置，正由截面 1 位置向截面 2 位置移动。由于激光束位于截面 1，该截面中熔池温度较高，如图 3.20（a）所示。在截面 2 中，激光束此刻尚未经过该截面，该截面位置中熔池温度较低，如图 3.20（b）所示。在截面 3 中，激光束刚经过该截面，使得该截面中温度高于 2000 K 的区域面积较大，如图 3.20（c）所示。在三个截面中，熔池前部靠近激光束的区域温度和温度梯度均较高，熔池中部及尾部区域温度和温度梯度均较低。激光束辐射区域外

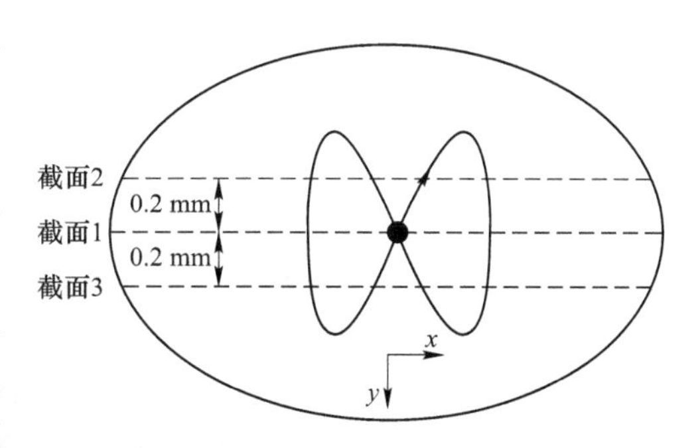

图 3.19 “∞”形振荡激光焊接熔池纵截面截取方式示意图

的不同截面位置处熔池的形貌和温度场差别较小。因此，“∞”形振荡激光焊接中熔池的能量分布较为均匀。

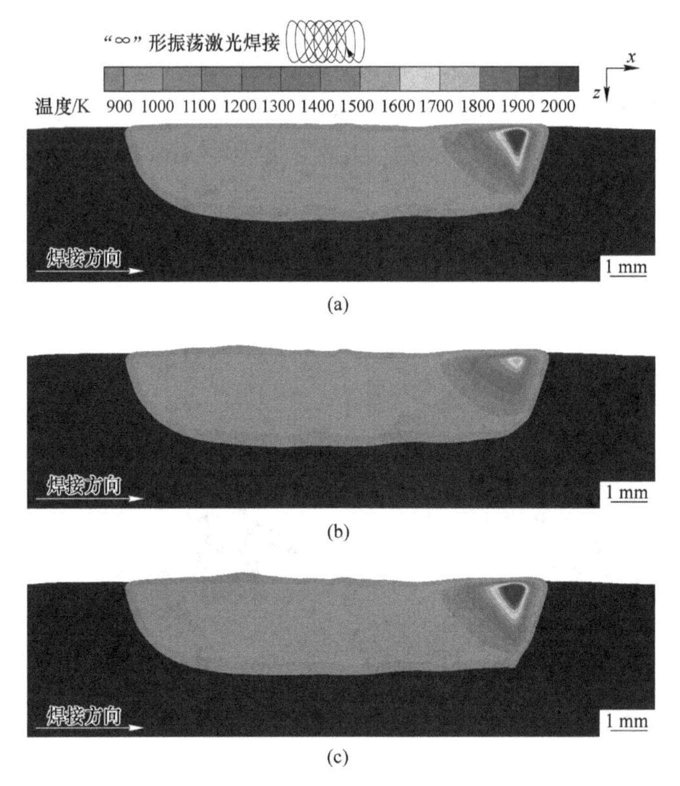

图 3.20　6061 铝合金“∞”形振荡激光焊接熔池纵截面温度场
(a) 截面 1；(b) 截面 2；(c) 截面 3

3.3.3.3　“8”形振荡激光束对激光焊接过程能量分布的调节

为了分析“8”形振荡激光束对激光焊接过程能量分布的影响，本节选用 2.5.3 节建立的基于高斯旋转体热源的熔池小孔动力学模型，选取焊接工艺参数为激光功率 1.5 kW、焊接速度 15.0 m/min、离焦量 0 mm 的 6061 铝合金常规激光焊接过程进行数值计算。选用 2.6 节建立的基于高斯旋转体热源的“8”形振荡激光焊接动力学模型，选取焊接工艺参数为激光功率 1.5 kW、焊接速度 15.0 m/min、离焦量 0 mm，激光束振荡参数为振荡幅度 1.2 mm、振荡频率 120 Hz 的 6061 铝合金“8”形振荡激光焊接过程进行数值计算，所获得的 6061 铝合金常规激光焊接和“8”形振荡激光焊接基材上表面温度场如图 3.21 所示。

在常规激光焊接过程中，基材表面所形成的高温区域沿焊接方向移动，如图 3.21 (a) 所示。由于焊接速度较快，熔池尾部形成了拖尾现象，熔池的长宽比较大。从图 3.21 (b) 中可以看出，“8”形振荡激光焊接的实际焊接路径由

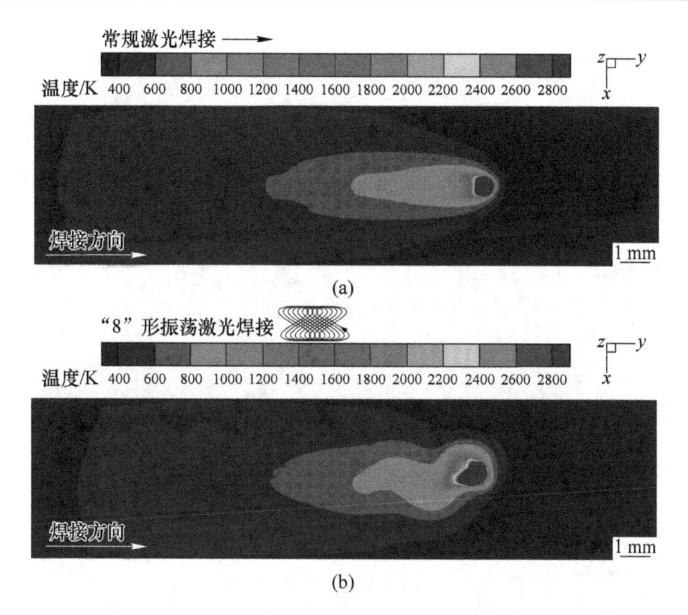

图 3.21 6061 铝合金常规激光焊接和“8”形振荡激光焊接基材上表面温度场
（a）常规激光焊接；（b）“8”形振荡激光焊接

激光束振荡路径与激光头沿焊接方向的移动路径共同决定。“8”形振荡激光焊接形成的熔池受激光束振荡路径的影响，宽度较大，长宽比较小，形貌相比于常规激光焊接熔池形貌存在较大差异。为了进一步分析“8”形振荡激光束对激光焊接过程能量分布的影响，对 6061 铝合金“8”形振荡激光焊接过程基材上表面温度场进行了分析，如图 3.22 所示。从图 3.22 中可以看出，“8”形振荡激光焊接过程熔池形貌呈现出周期性变化的特征。另外，在 t_0、t_0+4 ms 和 t_0+8 ms 时刻，熔池中所形成的高温区域面积较小，如图 3.22（a）（c）和（e）所示；在 t_0+2 ms、t_0+6 ms 和 t_0+10 ms 时刻，熔池中所形成的高温区域面积较大，如图 3.22（b）（d）和（f）所示。这是因为当激光束辐射在熔池前部时，激光束能量主要用于加热和熔化基材；而当激光束辐射在熔池后部时，熔池后部存在能量的累积，高温区域面积较大。

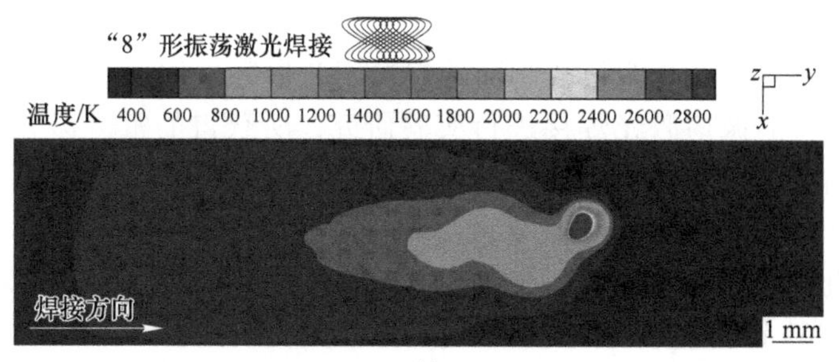

(a)

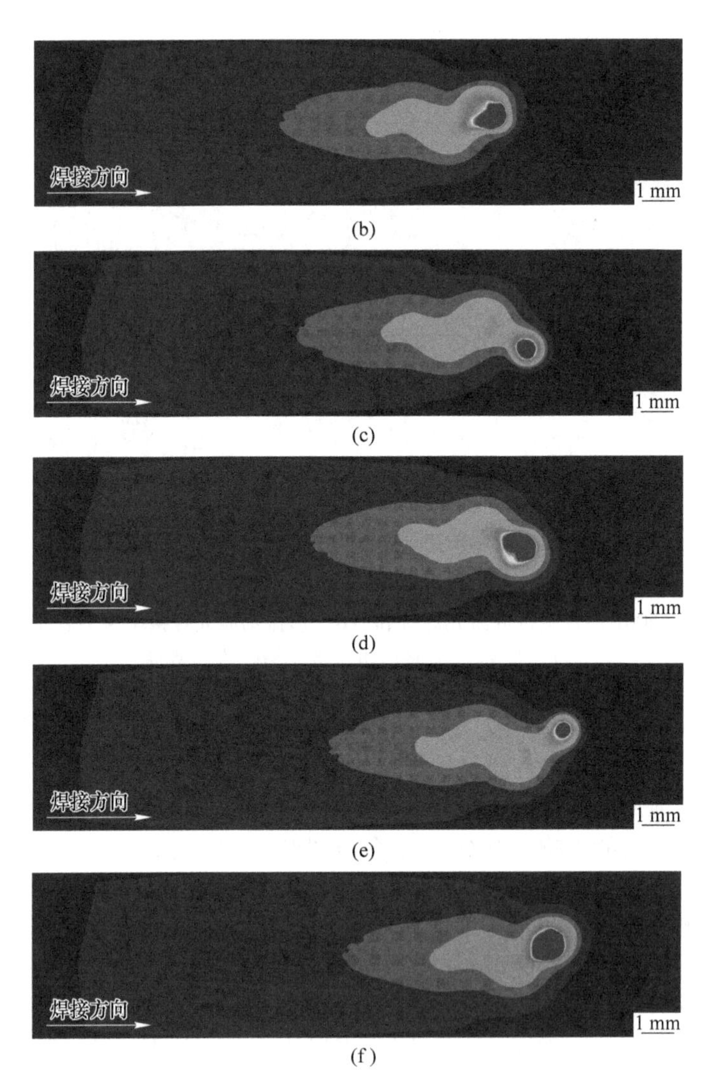

图 3. 22　6061 铝合金“8”形振荡激光焊接过程基材上表面温度场

(a) t_0；(b) t_0+2 ms；(c) t_0+4 ms；(d) t_0+6 ms；(e) t_0+8 ms；(f) t_0+10 ms

另外，选用与数值仿真过程相同的焊接工艺参数条件下 6061 铝合金常规激光焊接和“8”形振荡激光焊接进行实验研究，所获得的常规激光焊接与“8”形振荡激光焊接焊缝上表面形貌如图 3. 23 所示。从图 3. 23 中可以看出，常规激光焊接焊缝上表面形貌近似为直线，“8”形振荡激光焊接焊缝上表面形貌近似为周期性变化的波浪线，该特征与数值仿真中获得的基材上表面温度场的演变特征相吻合。6061 铝合金常规激光焊接与“8”形振荡激光焊接焊缝横截面形貌如图 3. 24 所示。从图 3. 24 中可以看出，相比于常规激光焊接焊缝横截面形貌，

"8"形振荡激光焊接焊缝横截面熔宽较大，熔深较小。这是因为在"8"形振荡激光焊接过程中，振荡激光束线速度较大，线能量较小，且在焊缝宽度方向能量分布范围较大，能量分布的均匀性较高。

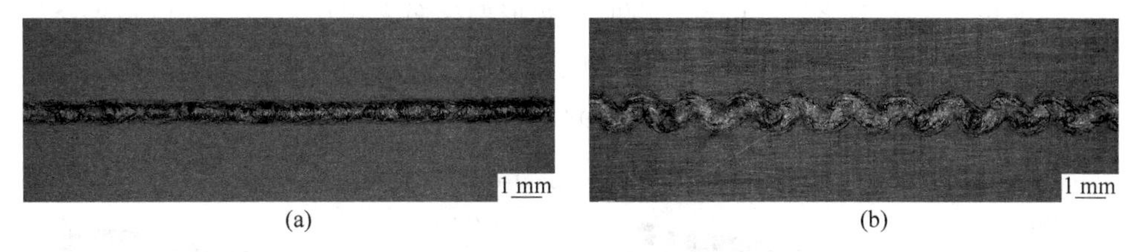

图 3.23 6061 铝合金常规激光焊接与"8"形振荡激光焊接焊缝上表面形貌
(a) 常规激光焊接；(b)"8"形振荡激光焊接

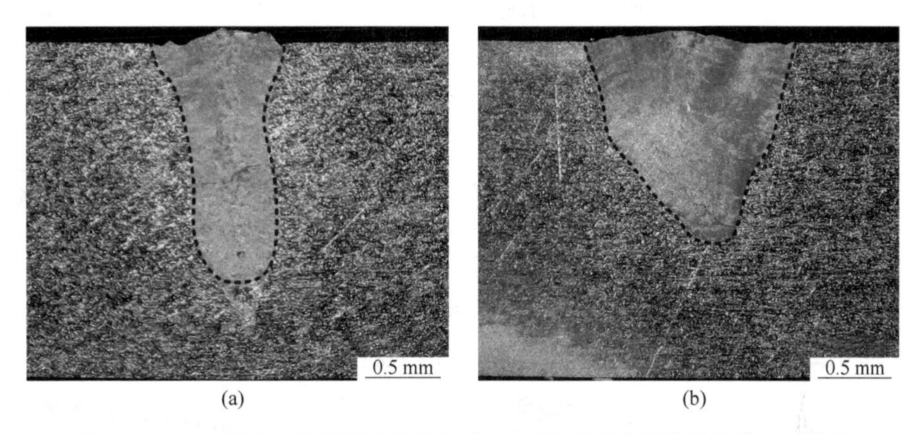

图 3.24 6061 铝合金常规激光焊接与"8"形振荡激光焊接焊缝横截面形貌
(a) 常规激光焊接；(b)"8"形振荡激光焊接

3.3.3.4 振荡激光束旋转方向对激光焊接过程能量分布的调节

为了探究振荡激光束旋转方向对激光焊接过程能量分布的调节作用，以圆形振荡激光焊接为例，对顺时针圆形振荡激光焊接和逆时针圆形振荡激光焊接过程能量分布进行分析。焊接工艺参数设为激光功率 1.5 kW、焊接速度 1.8 m/min，激光束振荡参数设为振荡幅度 0.6 mm、0.8 mm、1.0 mm，振荡频率 100 Hz，对 0.1 s 内激光束辐射在基材表面的能量进行积分计算，所获得的不同振荡幅度条件下顺时针圆形振荡激光焊接与逆时针圆形振荡激光焊接过程基材表面能量的三维分布如图 3.25 所示。从图 3.25 中可以看出，顺时针圆形振荡激光焊接与逆时针圆形振荡激光焊接过程的基材表面能量密度峰值均出现在焊接路径的重叠位置。这是因为在激光束振荡过程中，焊接路径出现重叠，激光束能量在重叠位置累积，导致该位置能量密度增大。在相同的振荡幅度条件下，顺时针圆形振荡激光焊接与逆时针圆形振荡激光焊接过程的基材表面能量分布存在差异。由于不同振荡激光束旋转方向条件下的焊接路径不同，焊接路径的重叠位置不同，导致能量密度峰值出现的位置不同。图 3. 26 所示为不同振荡幅度条件下顺时针圆形振荡激光焊接与逆时针圆形振荡激光焊接过程基材表面能量分布侧视图。从图 3. 26 中可以看出，随着振荡幅度增大，顺时针圆形振荡激光焊接与逆时针圆形振荡激光焊接过程的基材表面能量分布的均匀性和对称性均逐渐增强，不同振荡激光束旋转方向条件下的基材表面能量分布差异逐渐减小。

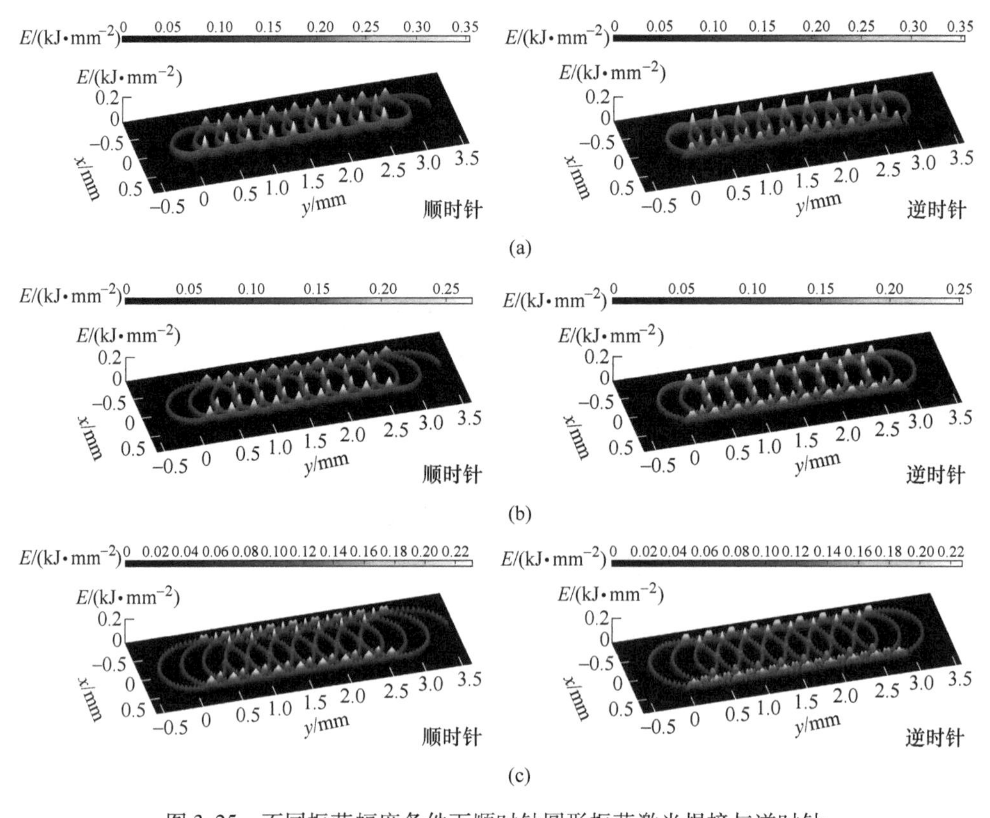

图 3. 25　不同振荡幅度条件下顺时针圆形振荡激光焊接与逆时针圆形振荡激光焊接过程基材表面能量的三维分布

（a）振荡幅度 0. 6 mm；（b）振荡幅度 0. 8 mm；（c）振荡幅度 1. 0 mm

选用 2. 6 节建立的基于高斯锥体热源的顺时针圆形振荡激光焊接和逆时针圆形振荡激光焊接动力学模型，选取焊接工艺参数为激光功率 1. 5 kW、焊接速度 1. 8 m/min、离焦量 0 mm，激光束振荡参数为振荡幅度 0. 8 mm、振荡频率 100 Hz 的 7N01 铝合金 T 型接头顺时针圆形振荡激光焊接和逆时针圆形振荡激光焊接过程进行数值计算，所获得的 7N01 铝合金 T 型接头顺时针圆形振荡激光焊接和逆时针圆形振荡激光焊接过程熔池形貌和温度场分别如图 3. 17 和图 3. 27 所示。其中，7N01 铝合金 T 型接头顺时针圆形振荡激光焊接过程熔池形貌和温度场仿真

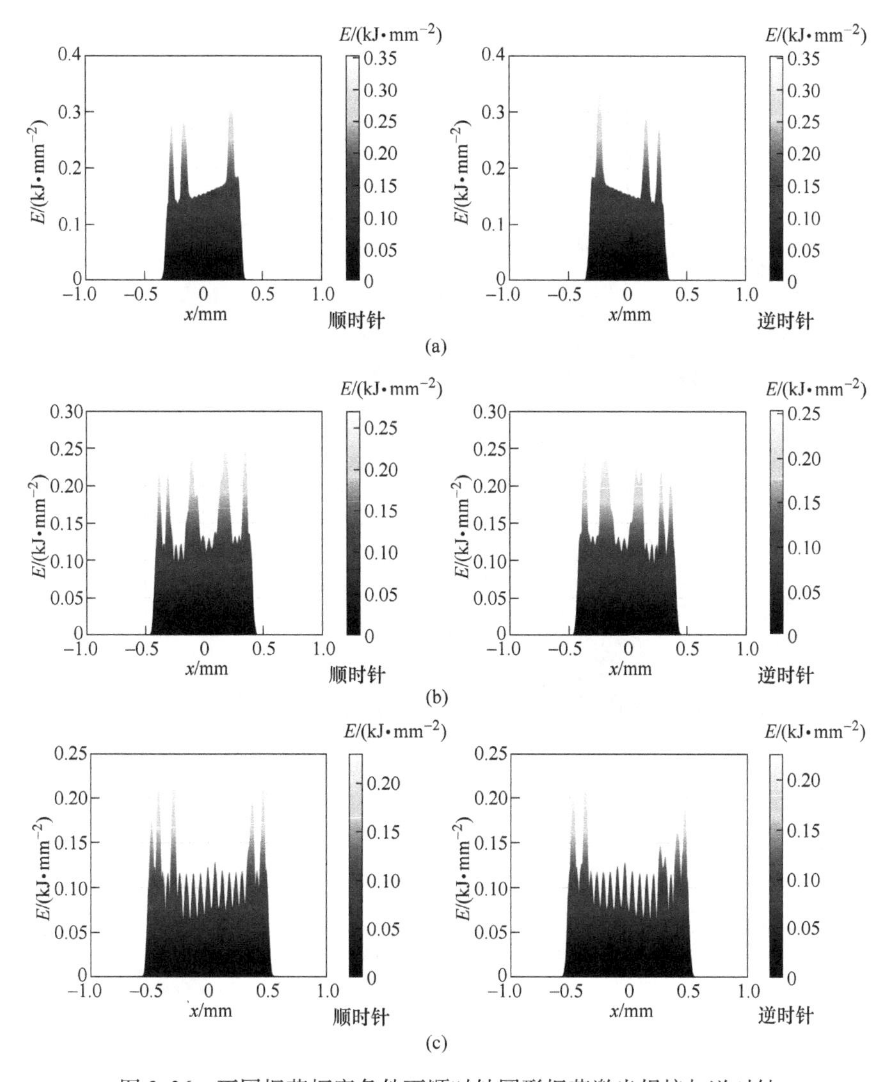

图 3.26 不同振荡幅度条件下顺时针圆形振荡激光焊接与逆时针圆形振荡激光焊接过程基材表面能量分布侧视图

（a）振荡幅度 0.6 mm；（b）振荡幅度 0.8 mm；（c）振荡幅度 1.0 mm

结果在 3.3.3.1 节已进行了分析，本节仅对 7N01 铝合金 T 型接头逆时针圆形振荡激光焊接过程熔池形貌和温度场进行分析。在 t_0+2 ms、t_0+4 ms 和 t_0+6 ms 时刻，熔池纵截面形貌近似为 U 形，长度和深度较大，如图 3.27（b）~（d）所示。在 t_0、t_0+8 ms 和 t_0+10 ms 时刻，熔池纵截面形貌近似为 V 形，长度和深度较小，如图 3.27（a）（e）和（f）所示。逆时针圆形振荡激光焊接过程中熔池基本呈现出上部较宽下部较窄的特征。在 t_0+2 ms 和 t_0+4 ms 时刻，熔池横截面形貌近似为 V 形，熔池深度和宽度较小，如图 3.27（b）（c）所示。其他时刻的熔池横截面形貌近似为 U 形，熔池深度和宽度较大。

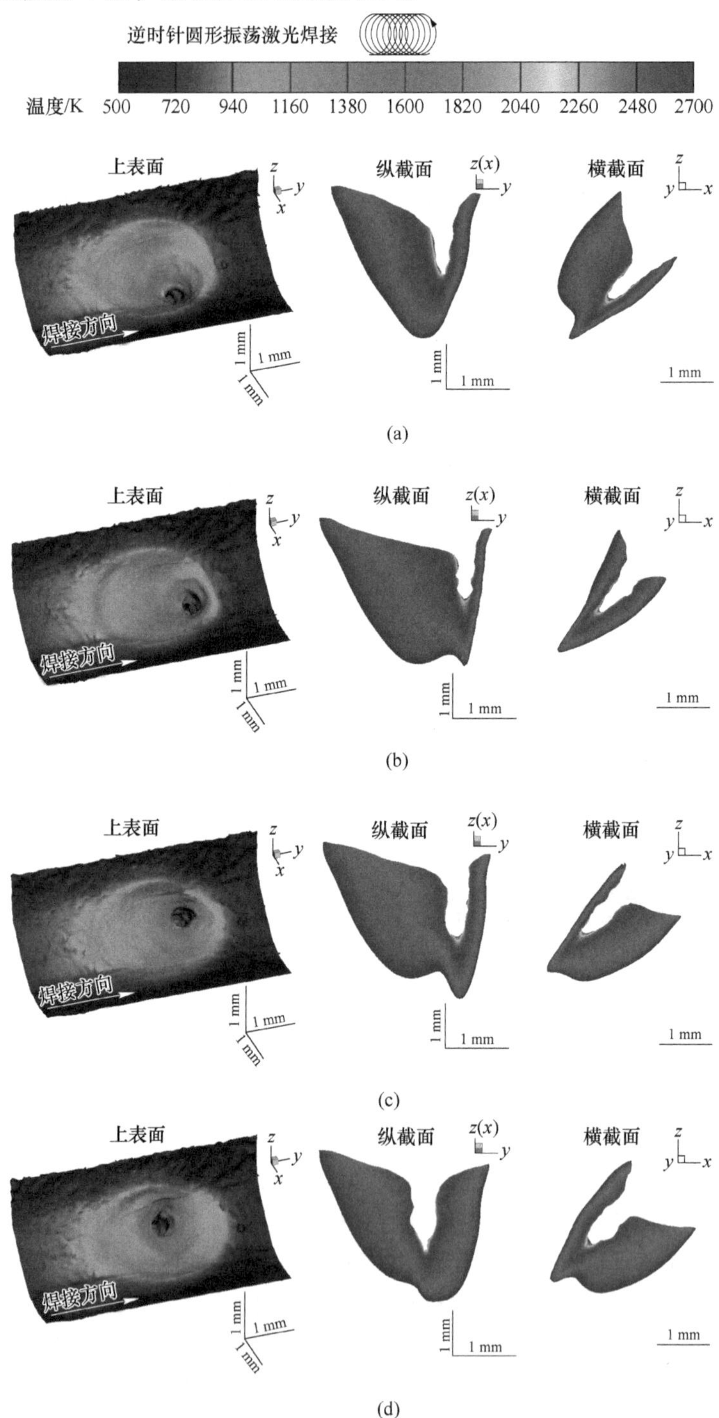

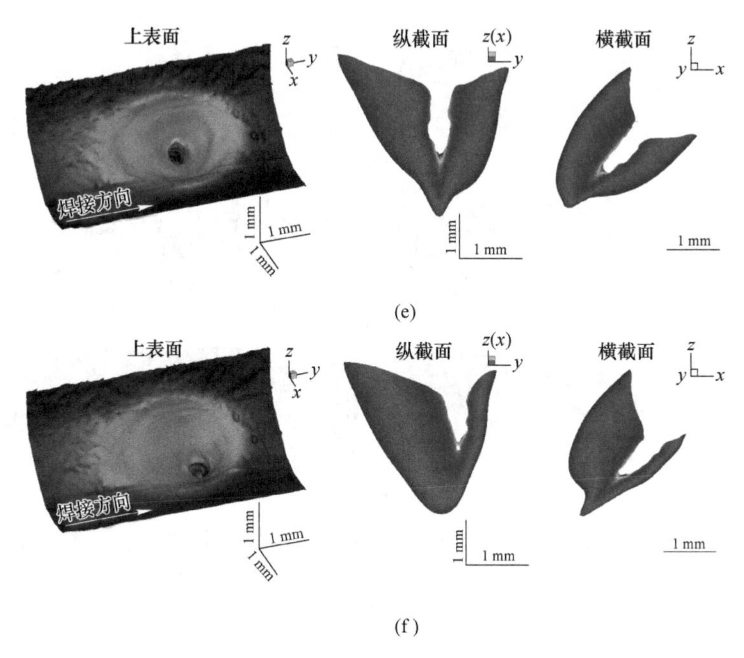

图 3.27 7N01 铝合金 T 型接头逆时针圆形振荡激光焊接过程熔池形貌和温度场
(a) t_0；(b) t_0+2 ms；(c) t_0+4 ms；(d) t_0+6 ms；(e) t_0+8 ms；(f) t_0+10 ms

选取焊接工艺参数为激光功率 1.5 kW，焊接速度 1.8 m/min，离焦量 0 mm，激光束振荡参数为振荡幅度 0.6 mm、0.8 mm、1.0 mm，振荡频率 120 Hz 的 7N01 铝合金 T 型接头顺时针圆形振荡激光焊接和逆时针圆形振荡激光焊接过程进行实验研究，所获得的不同振荡幅度条件下 7N01 铝合金 T 型接头顺时针圆形振荡激光焊接和逆时针圆形振荡激光焊接焊缝上表面形貌如图 3.28 所示。当振荡幅度为 0.6 mm 时，相较于顺时针圆形振荡激光焊接获得的焊缝上表面形貌，逆时针圆形振荡激光焊接获得的焊缝上表面形貌在规则性、焊缝表面鱼鳞纹的致密性等方面较差，如图 3.28（a）所示。当振荡幅度为 0.8 mm 时，顺时针圆形振荡激光焊接和逆时针圆形振荡激光焊接获得的焊缝上表面形貌差异较小，如图 3.28（b）所示。当振荡幅度为 1.0 mm 时，顺时针圆形振荡激光焊接获得的焊缝上表面鱼鳞纹致密性较好，逆时针圆形振荡激光焊接获得的焊缝上表面鱼鳞纹致密性较差，如图 3.28（c）所示。不同振荡幅度条件下 7N01 铝合金 T 型接头顺时针圆形振荡激光焊接和逆时针圆形振荡激光焊接焊缝横截面形貌如图 3.29 所示。从图 3.29 中可以看出，当振荡幅度为 0.8 mm 和 1.0 mm 时，顺时针圆形振荡激光焊接和逆时针圆形振荡激光焊接获得的焊缝横截面形貌存在较大差异，顺时针圆形振荡激光焊接获得的焊缝横截面形貌更规则。随着振荡幅度由 0.6 mm 增大至 1.0 mm，顺时针圆形振荡激光焊接和逆时针圆形振荡激光焊接过程基材表面能量分布的均匀性和对称性均逐渐增强，获得的焊缝横截面形貌对称性均提高。

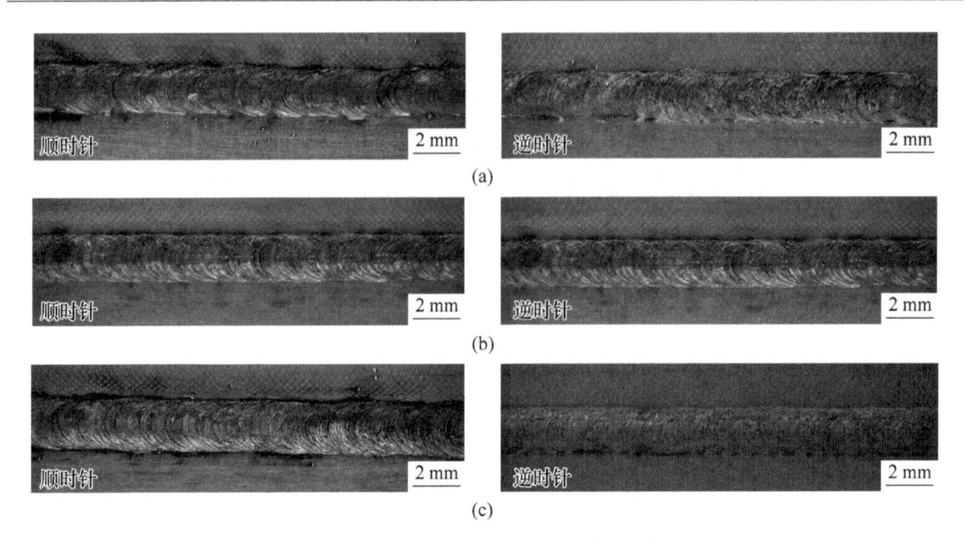

图 3.28　不同振荡幅度条件下 7N01 铝合金 T 型接头顺时针圆形振荡激光焊接和逆时针圆形振荡激光焊接焊缝上表面形貌

(a) 振荡幅度 0.6 mm；(b) 振荡幅度 0.8 mm；(c) 振荡幅度 1.0 mm

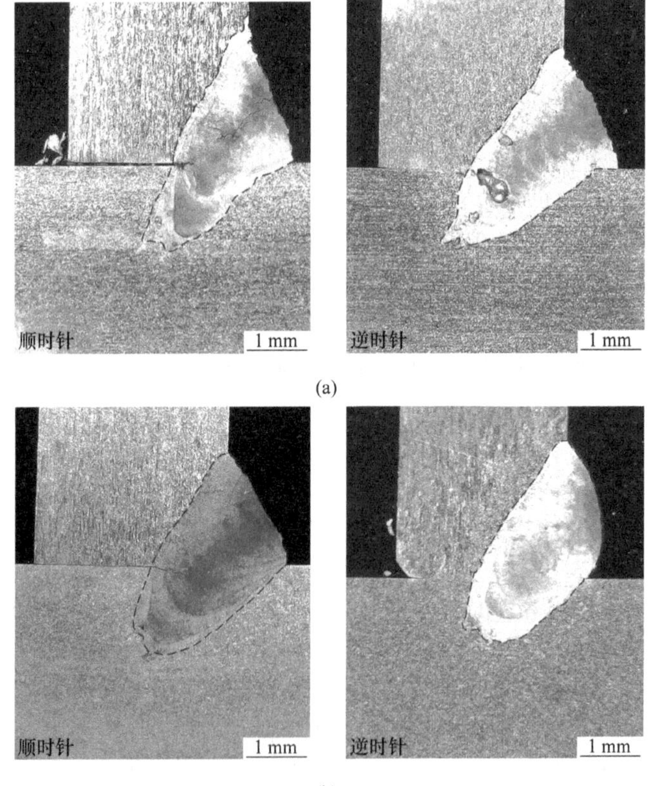

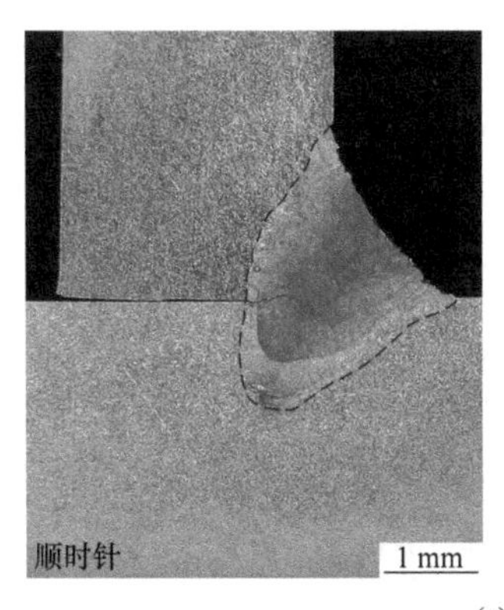

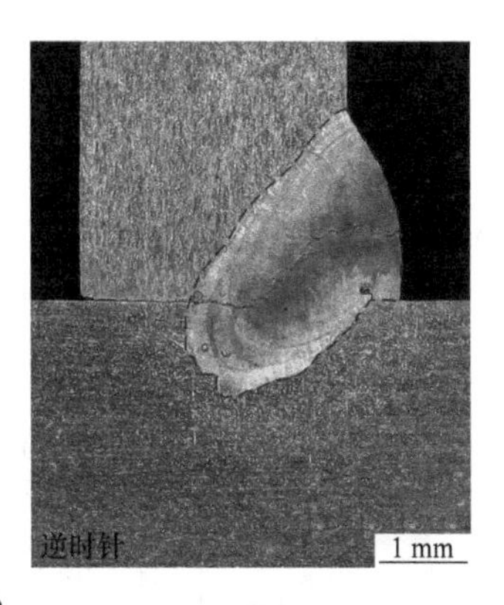

(c)

图 3.29 不同振荡幅度条件下 7N01 铝合金 T 型接头顺时针圆形振荡激光焊接和逆时针圆形振荡激光焊接焊缝横截面形貌

(a) 振荡幅度 0.6 mm；(b) 振荡幅度 0.8 mm；(c) 振荡幅度 1.0 mm

3.3.3.5 振荡幅度对激光焊接过程能量分布的调节

对于振荡激光焊接，除了激光束振荡路径和旋转方向外，激光束振荡参数对激光焊接过程能量分布也具有调节作用。为了探究振荡幅度对激光焊接过程能量分布的调节作用，本节以“∞”形振荡激光焊接为例，焊接工艺参数设为焊接速度 3.0 m/min，激光束振荡参数设为振荡幅度 0.2 mm、0.6 mm、1.0 mm、1.4 mm、1.8 mm，振荡频率 120 Hz，对 0.1 s 内激光束辐射在基材表面的能量进行积分计算，所获得的结果如图 3.30 所示。当振荡幅度为 0.2 mm 时，基材表面能量密度峰值位于焊接中心线处，能量分布较为集中，类似于常规激光焊接基材表面的能量分布特征（图 3.6），如图 3.30（a）所示。随着振荡幅度的增加，能量密度峰值位置逐渐从焊接中心线向两侧移动，基材表面沿 y 轴方向的能量分布范围逐渐增大，能量密度峰值逐渐减小，如图 3.30（b）~（e）所示。

不同振荡幅度条件下“∞”形振荡激光焊接基材表面能量密度峰值和沿 y 轴方向能量分布范围如图 3.31 所示。当振荡幅度为 0.2 mm 时，基材表面能量密度峰值约为 6.3×10^{-3} kJ/mm^2；当振荡幅度增大到 1.8 mm 时，基材表面能量密度峰值约为 1.4×10^{-3} kJ/mm^2。随着振荡幅度的增大，基材表面能量密度峰值逐渐降低，这是由于在其他参数不变的条件下，相同时间内激光束输入的总能量相同，激光束振荡幅度的增大导致线能量减小，能量分布更加均匀。另外，从图 3.31 中可以看出，当振荡幅度为 0.2 mm 时，基材表面沿 y 轴方向的能量分布范围约

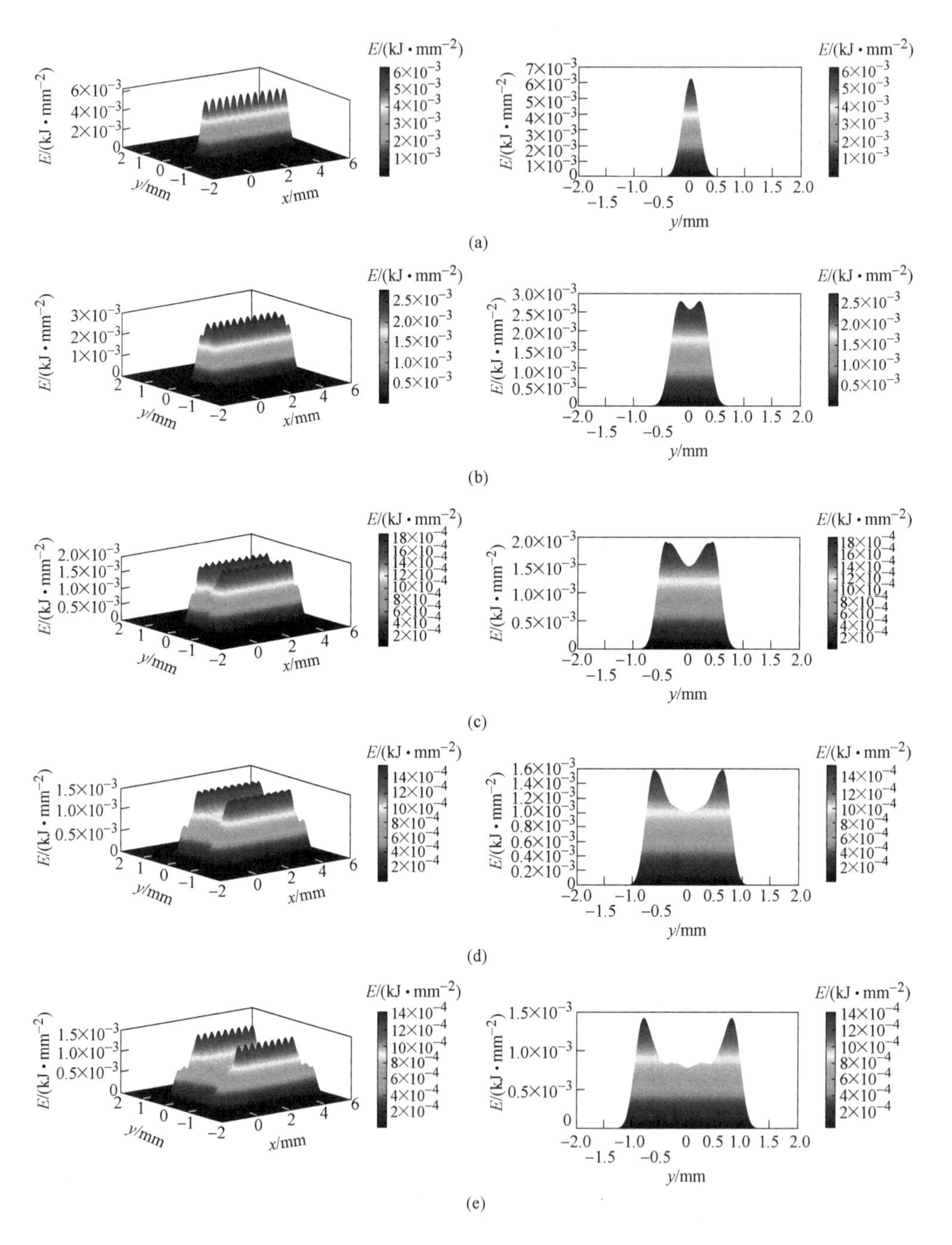

图 3.30　不同振荡幅度条件下“∞”形振荡激光焊接基材表面能量分布

（a）振荡幅度 0.2 mm；（b）振荡幅度 0.6 mm；（c）振荡幅度 1.0 mm；（d）振荡幅度 1.4 mm；（e）振荡幅度 1.8 mm

为 1.0 mm；当振荡幅度增大到 1.8 mm 时，基材表面沿 y 轴方向的能量分布范围增大至 2.6 mm 左右。从以上分析可知，随着振荡幅度的增大，基材表面能量密度峰值减小，沿 y 轴方向的能量分布范围逐渐增大。

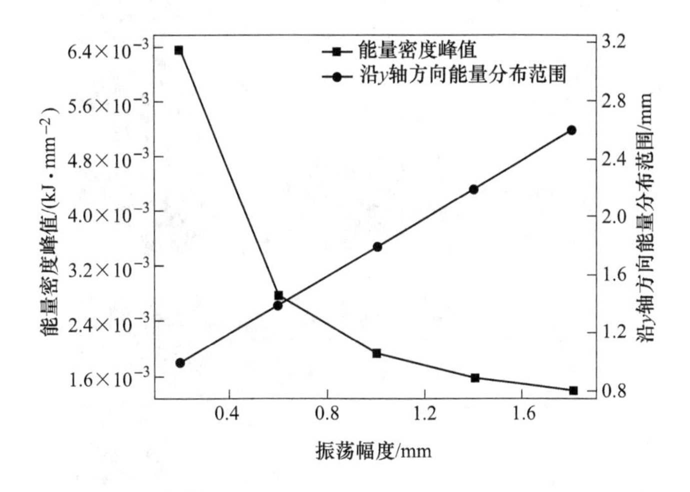

图 3.31 不同振荡幅度条件下“∞”形振荡激光焊接基材表面能量密度峰值和沿 y 轴方向能量分布范围

为了进一步探究振荡幅度对激光焊接过程能量分布的调节作用，本节选用 2.6 节建立的基于高斯旋转体热源的“∞”形振荡激光焊接动力学模型，选取焊接工艺参数为激光功率 2.0 kW，焊接速度 3.0 m/min，离焦量 0 mm，激光束振荡参数为振荡幅度 1.0 mm、1.4 mm、1.8 mm，振荡频率 120 Hz 的 6061 铝合金“∞”形振荡激光焊接过程进行数值计算，所获得的不同振荡幅度条件下 6061 铝合金“∞”形振荡激光焊接基材上表面温度场如图 3.32 所示。当振荡幅度为 1.0 mm 时，基材上表面温度高于 2000 K 的区域面积较大，如图 3.32（a）所示。随着振荡幅度的增大，基材上表面温度高于 2000 K 的区域面积逐渐减小，基材的上表面温度场均匀性逐渐增加，如图 3.32（b）（c）所示。不同振荡幅度条件下 6061 铝合金“∞”形振荡激光焊接熔池纵截面温度场如图 3.33 所示。当振荡幅度为 1.0 mm 时，熔池前部的高温区域面积较大。随着振荡幅度增大到 1.8 mm，熔池的高温区域面积逐渐减小。从以上分析可以看出，随着振荡幅度的增大，熔池前部的温度梯度逐渐减小，熔池温度场更加均匀。

为了获得不同振荡幅度条件下 6061 铝合金“∞”形振荡激光焊接熔池温度随时间的变化规律，提取距基材上表面 0.5 mm 处的 z 截面熔池最高温度随时间

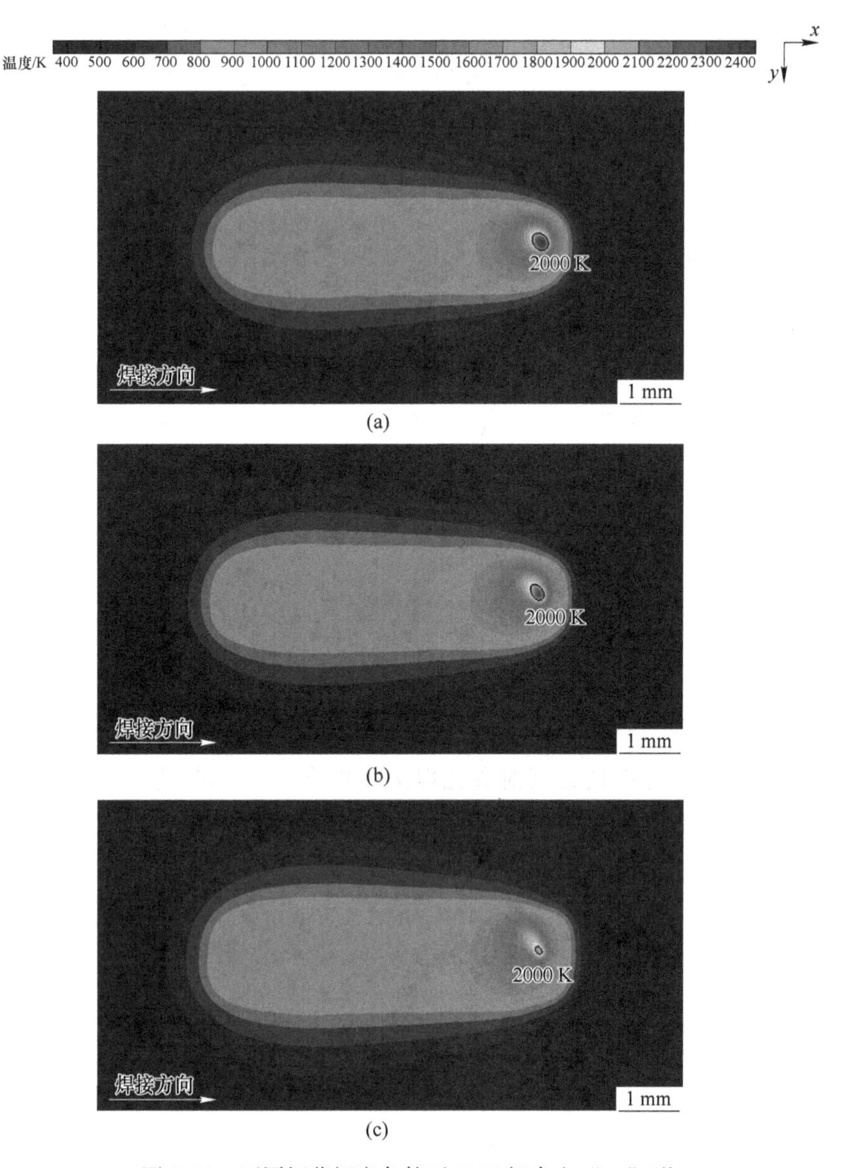

图 3.32　不同振荡幅度条件下 6061 铝合金“∞”形振荡激光焊接基材上表面温度场

（a）振荡幅度 1.0 mm；（b）振荡幅度 1.4 mm；（c）振荡幅度 1.8 mm

的变化过程进行分析，如图 3.34 所示。从图 3.34 中可以看出，不同振荡幅度条件下熔池最高温度随时间的变化均表现为先增大后在一定范围内周期性波动，且不同振荡幅度条件下熔池最高温度以大致相同的周期波动。提取不同振荡幅度条件下距基材上表面 0.5 mm 处 z 截面中心线上的温度分布曲线，如图 3.35 所示。

从图 3.35 中可以看出，随着振荡幅度的增加，熔池中激光束辐射区域附近的最高温度逐渐降低，熔池尾部的温度大致相同。

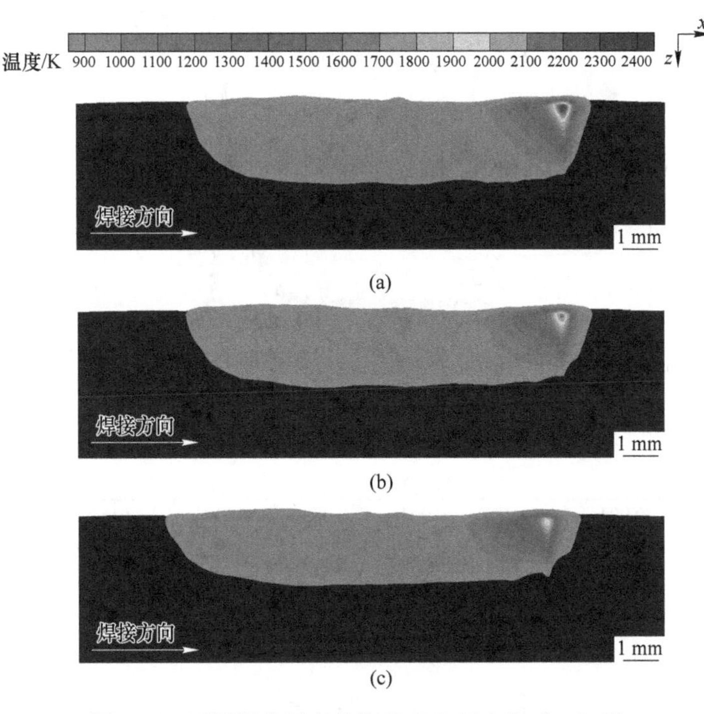

图 3.33 不同振荡幅度条件下 6061 铝合金“∞”形振荡激光焊接熔池纵截面温度场

（a）振荡幅度 1.0 mm；（b）振荡幅度 1.4 mm；（c）振荡幅度 1.8 mm

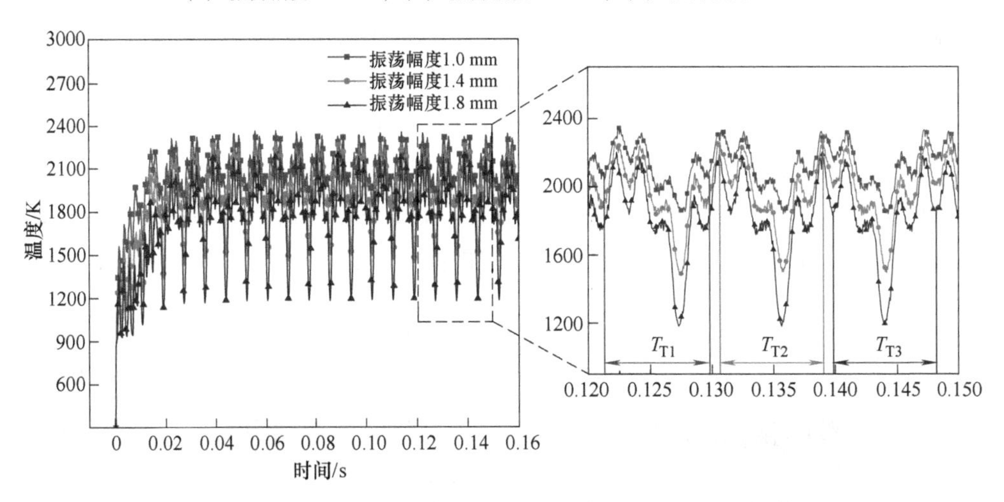

图 3.34 不同振荡幅度条件下 6061 铝合金“∞”形振荡激光焊接熔池最高温度随时间的变化过程

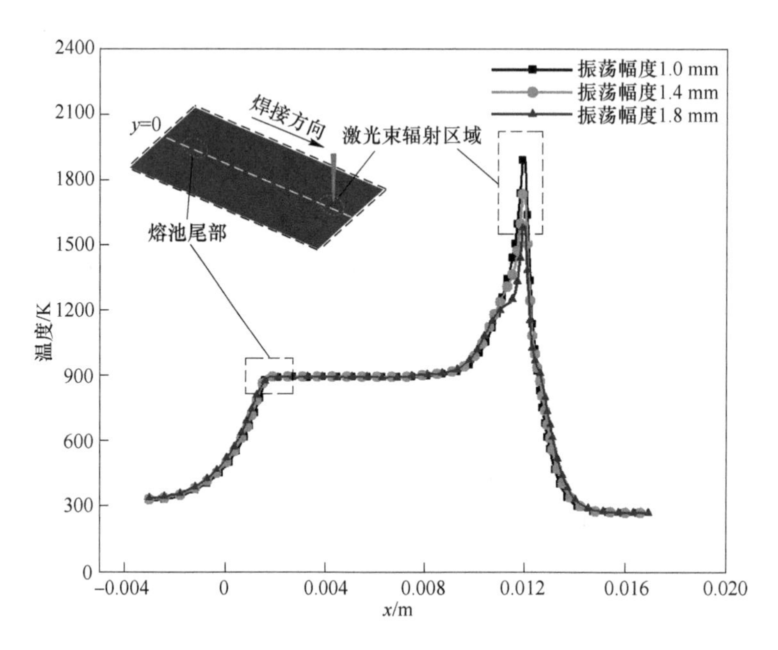

图 3.35　不同振荡幅度条件下距基材上表面 0.5 mm 处 z 截面中心线上的温度分布曲线

3.3.3.6　振荡频率对激光焊接过程能量分布的调节

为了探究振荡频率对激光焊接过程能量分布的调节作用，本节以“∞”形振荡激光焊接为例，焊接工艺参数设为焊接速度 3.0 m/min，激光束振荡参数设为振荡幅度 1.2 mm，振荡频率 50 Hz、100 Hz、150 Hz、200 Hz、250 Hz，对 0.1 s 内激光束辐射在基材表面的能量进行积分计算，所获得的结果如图 3.36 所示。当振荡频率为 50 Hz 时，基材表面沿 x 轴方向上的能量分布极不均匀，基材表面能量密度峰值较大，如图 3.36（a）所示。随着振荡频率的增加，基材表面沿 x 轴方向的能量分布均匀性逐渐增加，基材表面能量密度峰值逐渐降低，当振荡频率增加到 200 Hz 后，基材表面沿 x 轴方向的能量分布均匀性基本保持不变，基材

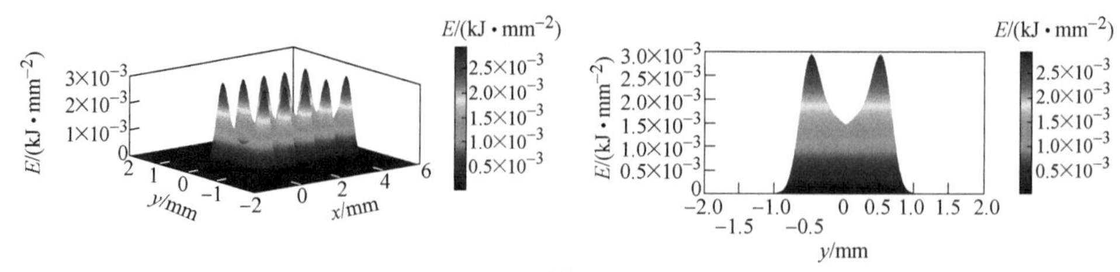

(a)

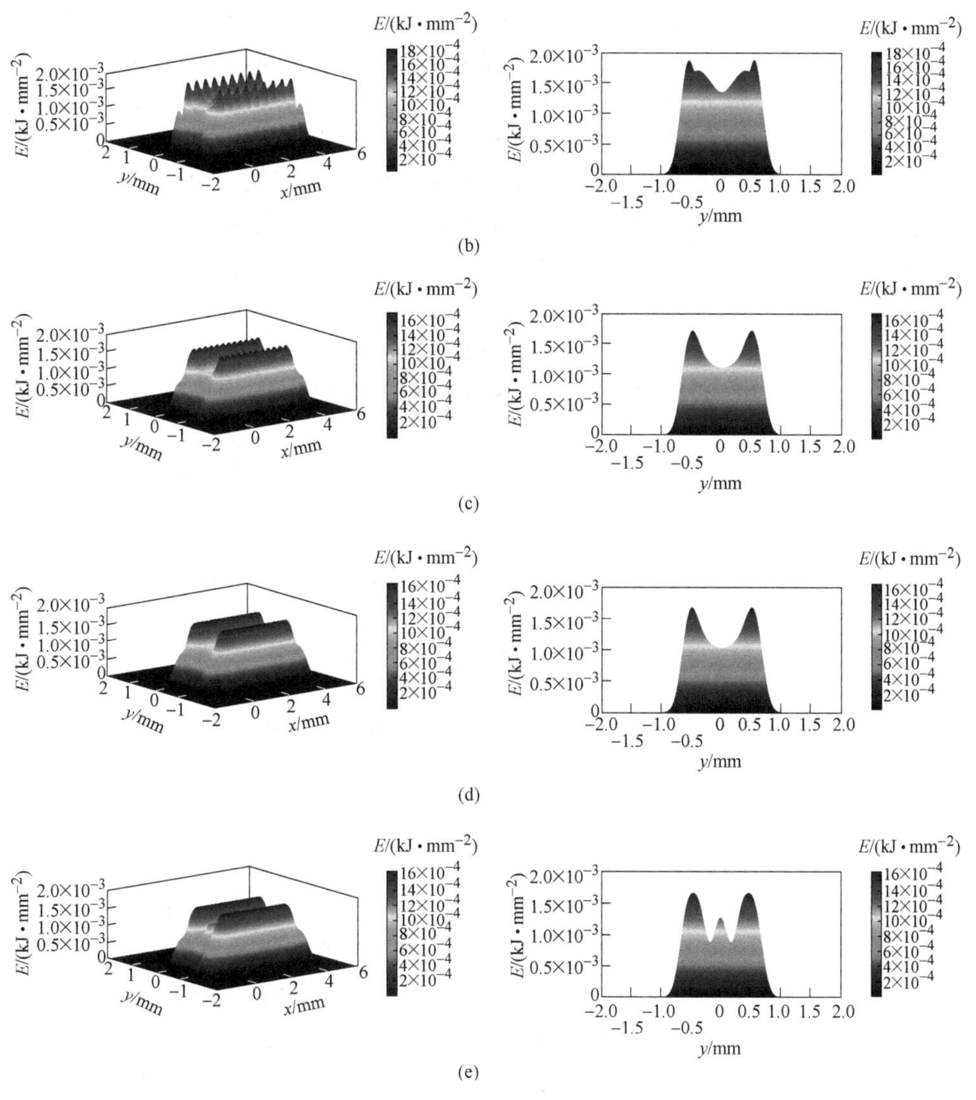

图 3.36 不同振荡频率条件下“∞”形振荡激光焊接基材表面能量分布

（a）振荡频率 50 Hz；（b）振荡频率 100 Hz；（c）振荡频率 150 Hz；

（d）振荡频率 200 Hz；（e）振荡频率 250 Hz

表面的能量密度峰值较低且变化幅度较小，如图 3.36（d）（e）所示。另外，在不同振荡频率条件下基材表面沿 y 轴方向的能量分布范围基本保持不变。

不同振荡频率条件下“∞”形振荡激光焊接基材表面能量密度峰值和沿 y 轴方向能量分布范围如图 3.37 所示。当振荡频率为 50 Hz 时，基材表面能量密度峰值约为 2.95×10^{-3} kJ/mm^2；当振荡频率增加到 200 Hz 时，基材表面能量密度峰值降低到约为 1.65×10^{-3} kJ/mm^2；随着振荡频率的继续增加，基材表面能量密

度峰值基本保持为 1.65×10^{-3} kJ/mm² 左右。这是由于在其他参数不变的条件下，相同时间内激光束输入的总能量相同，激光束振荡频率增加，单位时间内激光束的振荡次数增多，激光束振荡路径分布更为密集，激光束线能量减小，基材表面沿 x 轴方向的能量分布更均匀，基材表面能量密度峰值逐渐减小。当振荡频率增加到一定值时，基材表面沿 x 轴方向的能量分布均匀性较好，基材表面能量密度峰值趋于稳定。另外，从图 3.37 中可以看出，当振荡频率从 50 Hz 增加到 250 Hz 时，基材表面沿 y 轴方向的能量分布范围基本保持为 2 mm 不变，说明基材表面沿 y 轴方向的能量分布范围受振荡频率影响较小。

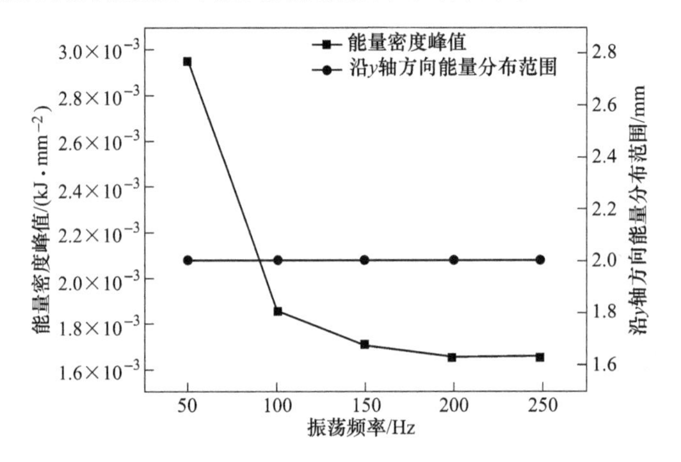

图 3.37　不同振荡频率条件下“∞”形振荡激光焊接基材表面能量密度峰值和沿 y 轴方向能量分布范围

为了进一步探究振荡频率对激光焊接过程能量分布的调节作用，本节选用 2.6 节建立的基于高斯旋转体热源的“∞”形振荡激光焊接动力学模型，选取焊接工艺参数为激光功率 2.0 kW，焊接速度 3.0 m/min，离焦量 0 mm，激光束振荡参数为振荡幅度 1.2 mm，振荡频率 100 Hz、150 Hz、200 Hz 的 6061 铝合金“∞”形振荡激光焊接过程进行数值计算，所获得的不同振荡频率条件下 6061 铝合金“∞”形振荡激光焊接基材上表面温度场如图 3.38 所示。当振荡频率为 100 Hz 时，基材上表面温度高于 2000 K 的区域面积较大，如图 3.38（a）所示。随着振荡频率的增加，基材上表面温度高于 2000 K 的区域面积逐渐减小，温度场更加均匀，如图 3.38（b）（c）所示。不同振荡频率条件下 6061 铝合金“∞”形振荡激光焊接熔池纵截面温度场如图 3.39 所示。当振荡频率为 100 Hz 时，熔池前部的高温区域面积较大。随着振荡频率增加到 200 Hz，熔池的高温区域面积逐渐减小。从以上分析可以看出，随着振荡频率的增加，熔池前部的温度梯度逐渐减小，熔池温度场更加均匀。

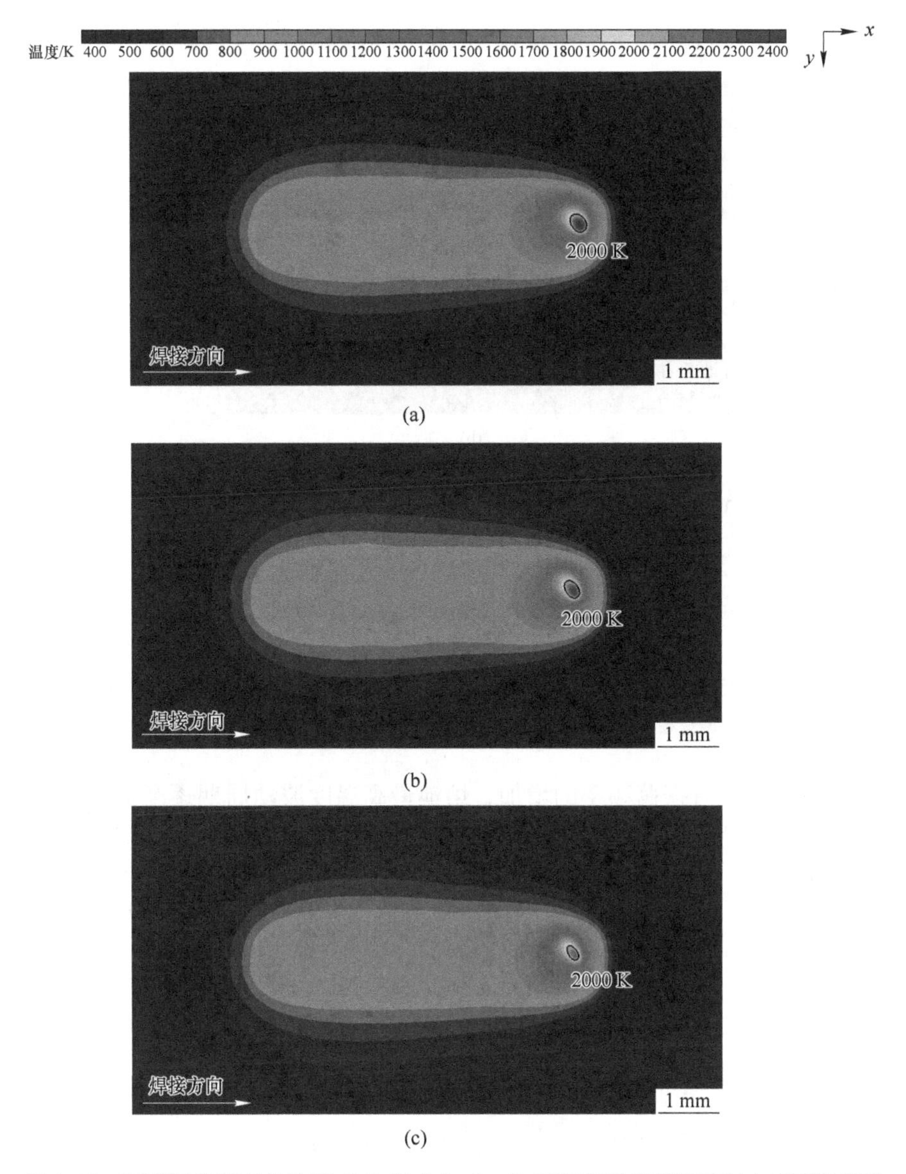

图 3.38 不同振荡频率条件下 6061 铝合金“∞”形振荡激光焊接基材上表面温度场

(a) 振荡频率 100 Hz；(b) 振荡频率 150 Hz；(c) 振荡频率 200 Hz

为了获得不同振荡频率条件下 6061 铝合金“∞”形振荡激光焊接熔池温度随时间的变化规律，采用与 3.3.3.5 节探究振荡幅度对能量分布调节作用时相同的方法，提取距基材上表面 0.5 mm 处的 z 截面熔池最高温度随时间的变化过程进行分析，如图 3.40 所示。从图 3.40 中可以看出，不同振荡频率条件下熔池最高温度随时间的变化均表现为先增大后在一定范围内周期性波动，且波动周期存

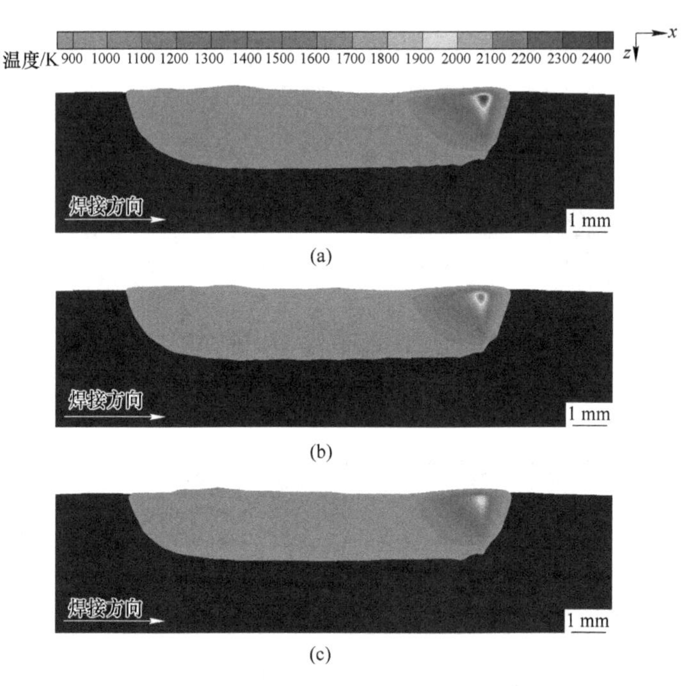

图 3.39　不同振荡频率条件下 6061 铝合金“∞”形振荡激光焊接熔池纵截面温度场

（a）振荡频率 100 Hz；（b）振荡频率 150 Hz；（c）振荡频率 200 Hz

在较大的差异。随着振荡频率的增加，熔池最高温度波动周期逐渐减小，说明熔池最高温度的波动周期受激光束振荡频率的影响较大。提取不同振荡频率条件下距基材上表面 0.5 mm 处 z 截面中心线上的温度分布曲线，如图 3.41 所示。从图 3.41 中可以看出，随着振荡频率的增加，熔池中激光束辐射区域附近的最高温度逐渐降低，熔池尾部的温度基本相同。

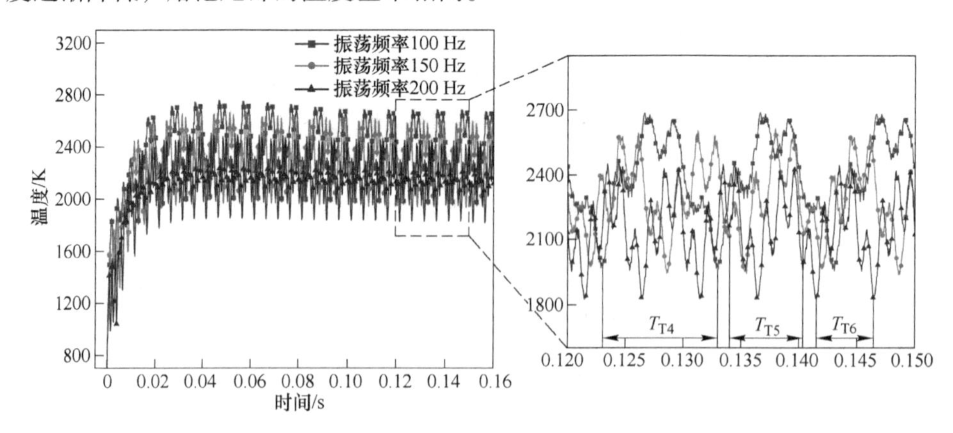

图 3.40　不同振荡频率条件下 6061 铝合金“∞”形振荡激光焊接熔池最高温度随时间的变化过程

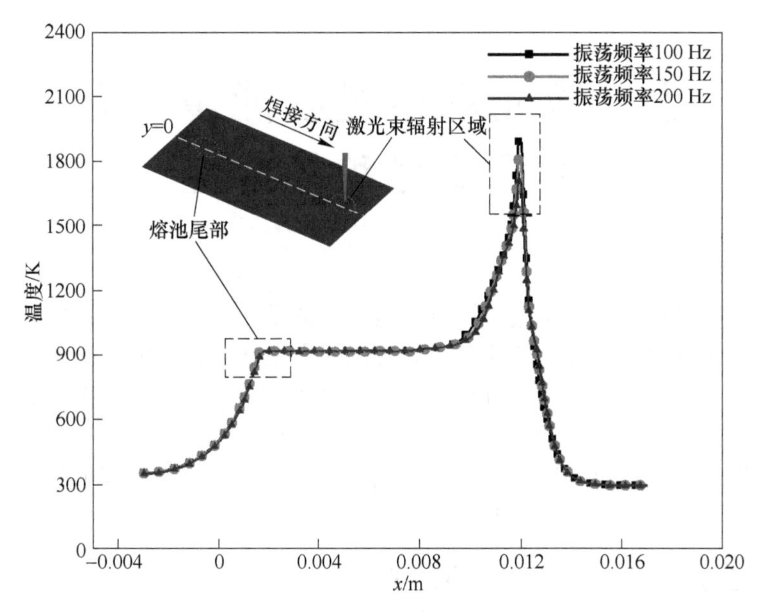

图 3.41 不同振荡频率条件下距基材上表面 0.5 mm 处 z 截面中心线上的温度分布曲线

参 考 文 献

[1] CHEN L, WANG C, MI G, et al. Effects of laser oscillating frequency on energy distribution, molten pool morphology and grain structure of AA6061/AA5182 aluminum alloys lap welding [J]. Journal of Materials Research and Technology, 2021, 15: 3133-3148.

[2] 蒋振国. 基于能量分布调控的中厚板激光焊接质量优化研究 [D]. 哈尔滨：哈尔滨工业大学，2020.

[3] MAHRLE A, BEYER E. Modeling and simulation of the energy deposition in laser beam welding with oscillatory beam deflection [C]//Proceedings of the 26th International Congress on Applications of Lasers & Electro-Optics. Orlando: Laser Institute of America, 2007: 714-723.

[4] 吴家柱. 基于光束形态特征的激光直接金属沉积热-流输运机理 [D]. 长沙：湖南大学，2019.

4 激光焊接过程能量分布对焊缝形貌的调控

激光焊接过程能量分布通过影响熔池小孔的动力学特征，从而实现对焊缝形貌及焊缝形成过程的调控。从能量分布方面研究激光焊接焊缝形貌和焊缝形成过程，对于提升激光焊接质量具有重要意义。本章介绍了一种基于图像识别技术的焊缝形貌特征识别方法，能够对焊缝形貌特征进行自动提取；分析了能量分布对激光焊接焊缝形貌和焊缝形成过程的影响，阐明了激光焊接过程能量分布对焊缝形成过程的调控机制，有利于改善焊缝形貌和焊接质量。

4.1 激光焊接焊缝形貌特征的识别

4.1.1 激光焊接焊缝形貌特征识别方法

4.1.1.1 激光焊接焊缝形貌特征识别方法的基本原理

焊缝面积作为焊缝形貌的重要特征参数，其大小对于焊接接头的载荷承受能力具有显著的影响[1-3]。准确获取焊缝面积是有效评价焊接接头质量的关键。由于焊缝通常呈不规则形状，采用常规方法获取焊缝面积的过程十分烦琐，基于图像识别技术识别焊缝轮廓并自动计算焊缝面积是一种可行且高效的方法。为了分析激光焊接过程能量分布对焊缝形貌的影响，介绍了一种基于图像识别技术的焊缝形貌特征识别方法，通过该方法自动获取焊缝面积。焊缝形貌特征识别方法的基本原理如图 4.1 所示，主要包括图像预处理、焊缝轮廓识别和焊缝面积计算三个部分，具体过程将在下文进行详细介绍。

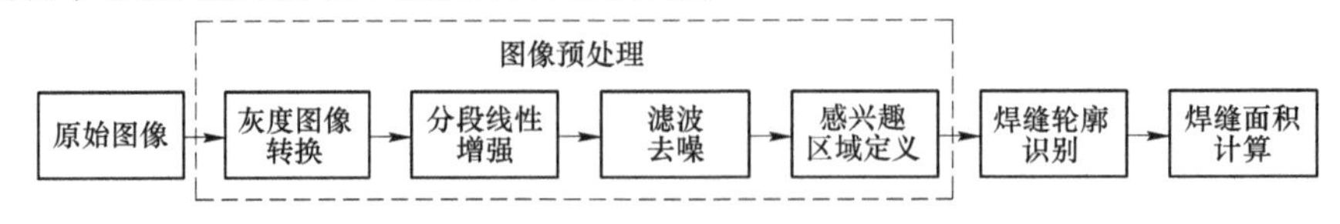

图 4.1 焊缝形貌特征识别方法的基本原理

4.1.1.2 激光焊接焊缝形貌特征识别方法的实现过程

基于焊缝形貌特征识别方法的基本原理，对激光焊接焊缝形貌特征识别方法的实现过程进行了介绍，具体如下。

A 灰度图像转换及分段线性增强

为了从焊缝图像中准确识别出焊缝的轮廓，需要对待识别的焊缝原始图像进行预处理。焊缝轮廓的识别是基于灰度图像进行的，需先将焊缝原始图像处理成灰度图像。为了突出焊缝图像中焊缝区域与基材区域的差异，根据灰度值分布对灰度图像进行了分段线性增强。分段线性增强过程可表示为[4]：

$$g'(i,j)=\begin{cases}g(i,j) & 0\leqslant g(i,j)<a\\ k_s\times g(i,j) & a\leqslant g(i,j)\leqslant b\\ k_1\times g(i,j) & b<g(i,j)\leqslant 255\end{cases}\tag{4.1}$$

式中，$g(i,j)$ 为原始图像中坐标为 (i,j) 的像素点的灰度值，$g'(i,j)$ 为经过分段线性增强后图像中坐标为 (i,j) 的像素点的灰度值，这些值的取值范围均为 0~255；k_s 为小于 1 的平滑系数；k_1 为大于 1 的锐化系数；a 和 b 为基于灰度值分布的阈值。

B 滤波去噪

灰度图像经过分段线性增强后，噪声会变得更加明显，需要对图像进行去噪处理。通过均值滤波、中值滤波、高斯滤波和双边滤波等方法可实现对图像的去噪处理。

在均值滤波中，选取图像中 5×5 的像素矩阵，中心像素点的灰度值 $g''(i,j)$ 为矩阵中所有像素点的平均灰度值，这一过程可表示为[5]：

$$g''(i,j)=\frac{1}{5\times 5}\sum_{(i,j)\in S}g'(i,j)\tag{4.2}$$

式中，$\boldsymbol{S}$ 为像素矩阵。均值滤波难以保留图像的细节，处理后的图像变得较为模糊，去除椒盐噪声的效果有待改善。

在中值滤波中，选取图像中 5×5 的像素矩阵，中心像素点的灰度值 $g''(i,j)$ 为矩阵中所有像素点的灰度值的中值，这一过程可表示为[6]：

$$g''(i,j)=\mathrm{median}\{\underset{(i,j)\in S}{g'}(i,j)\}\tag{4.3}$$

与均值滤波相比，经过中值滤波处理的图像的模糊程度有所改善，能够更好地平滑椒盐噪声。

当使用高斯滤波去噪时，选取的 5×5 像素矩阵中不同位置的像素点被赋予不同的权重，越靠近中心像素点权重越大。具体权重值由二维高斯公式生成的矩阵确定[7]：

$$\omega(i,j)=\frac{1}{2\pi\sigma^2}\exp^{-\frac{i^2+j^2}{2\sigma^2}}\tag{4.4}$$

式中，$\omega(i,j)$ 为像素矩阵中坐标为 (i,j) 的像素点的权值；σ 为标准差。高斯滤波对于抑制服从正态分布的噪声的效果较好。

双边滤波是结合图像的空间邻近度和像素值相似度，同时考虑空域信息和灰度相似性，以实现边缘保存和去噪的折中滤波方法。与高斯滤波相比，双边滤波具有高斯方差 sigma-d，它是基于空间分布的高斯滤波函数，使得距离较远的像素不会显著影响边缘处的像素值。在双边滤波过程中，输出的像素值取决于邻域像素值的加权组合，这一过程可表示为[8]：

$$g''(i,j)=\frac{\sum_{(k,l)\in S} g'(k,l)\omega(i,j,k,l)}{\sum_{(k,l)\in S}\omega(i,j,k,l)} \tag{4.5}$$

$$\omega(i,j,k,l)=d(i,j,k,l)\times r(i,j,k,l) \tag{4.6}$$

$$d(i,j,k,l)=\exp^{-\frac{(i-k)^2+(j-l)^2}{2\sigma_{\mathrm{d}}^2}} \tag{4.7}$$

$$r(i,j,k,l)=\exp^{-\frac{\|g'(i,j)-g'(k,l)\|^2}{2\sigma_{\mathrm{r}}^2}} \tag{4.8}$$

式中，$g'(k, l)$ 为坐标 (k, l) 的像素点灰度值；$\omega(i, j, k, l)$ 为权重系数，它取决于贴近度函数 $d(i, j, k, l)$ 与相似函数 $r(i, j, k, l)$ 的乘积；σ_{d} 为几何扩散；σ_{r} 为光度扩散。去噪过程中较多的高频信息被保留，双边滤波对于这些高频噪声的去除效果不理想。

C　感兴趣区域定义

由于焊缝区域一般仅占金相显微图像的一部分，可在焊缝周围定义感兴趣区域（region of interest，ROI）。另外，ROI 的定义可以有效降低金相显微图像出现噪声的概率，从而提高焊缝轮廓的识别精度。ROI 的定义方法可表示为[9]：

$$\begin{cases} x_B = x_A = x_0 \\ y_C = y_A = 0 \\ x_C = x_D = x_0 + w \\ y_D = y_B = h \end{cases} \tag{4.9}$$

式中，A、B、C、D 分别为 ROI 的左上点、左下点、右上点和右下点，x_A、x_B、x_C、x_D分别为 A、B、C、D 点的 x 坐标，y_A、y_B、y_C、y_D分别为 A、B、C、D 点的 y 坐标；原始图像的左上角被设为原点，x_0 根据测试进行设置；w 为 ROI 的宽度；h 为 ROI 的长度。

D　焊缝轮廓识别

为了准确识别焊缝轮廓，需要对图像预处理之后的焊缝图像进行图像分割。本节分别介绍了基于遗传算法（genetic algorithm，GA）的多阈值图像分割方法、自动选种的种子区域生长（seeded region growing，SRG）方法和基于欧几里得距离的 RGB 图像分割方法。

a　基于 GA 的多阈值图像分割方法

基于阈值的图像分割思路是找到一个阈值，将每个像素点的灰度值与阈值进行比较，若像素点的灰度值高于阈值，则将其视为对象，否则将其视为背景[10]。多阈值图像分割是基于阈值的图像分割的延伸，旨在分离多个对象。在这种情况下，阈值的选择是实现良好分割效果的关键。作为寻找最优解的经典算法，GA 可以用于选择阈值[11]。

GA 是一种基于包含 n 条染色体的种群的算法[12]。一条染色体代表一个解决方案，每条染色体包含多个基因。通过随机初始化 n 个解，选择成员解进行交叉和变异，生成新的解。

在选择过程中，选择染色体作为下一代的亲本。采用轮盘赌选择策略，第 i 条染色体被选择的概率 P_i 与其适应度值相匹配，可表示为[13]：

$$P_i = \frac{f_i}{\sum_{j=1}^{n} f_j} \tag{4.10}$$

式中，f_i 为第 i 条染色体的适应度值。

在交叉过程中，确定交配池中双亲染色体的交叉位置，交换交叉位置上的基因，产生两个后代个体。

为了避免产生局部最优解，在 GA 中引入了变异。变异是染色体上某个基因的随机反转，使得种群保持多样性，产生更多的后代。

经过选择、交叉和变异后，可获得新的后代染色体。当满足预定的迭代次数后，GA 终止，适应度值最高的染色体被认为是最优解并输出。

在焊缝金相显微图像中，不同区域像素点的灰度值通常存在较大差异。采用 GA 并根据最大簇间方差寻找图像分割的最优阈值。当阈值的个数为 nt 时，阈值区间的个数为 $nt+1$。定义 ts_i 为第 i 个阈值，tr_i 为第 i 个阈值区间。当 $i=1$ 时，tr_1 的取值范围为 $0 \sim ts_1$。当 $i=nt+1$ 时，tr_{nt+1} 的取值范围为 $(ts_{nt}+1) \sim 255$，否则，tr_i 的取值范围为 $(ts_{i-1}+1) \sim ts_i$。适应度函数 f 可表示为[14]：

$$f = \sum_{i=1}^{nt+1} p_i (m_i - m_g)^2 \tag{4.11}$$

$$m_i = \sum_{tr_i} g \times hs(g) \tag{4.12}$$

$$p_i = \sum_{tr_i} hst(g) \tag{4.13}$$

$$m_g = \sum_{i=1}^{nt+1} m_i \times p_i \tag{4.14}$$

式中，m_i 为第 i 个阈值区间的平均灰度值；$hs(g)$ 为灰度值为 g 的像素数与第 i 个阈值区间的像素数的比值；p_i 为第 i 个阈值区间的像素数与 ROI 中总像素数的比值；$hst(g)$ 为灰度值为 g 的像素数与 ROI 中总像素数的比值；m_g 为 ROI 的全局平均灰度值。

b 自动选种的 SRG 方法

SRG 方法是一种经典的基于区域的图像分割方法，具有速度快、鲁棒性优异等优点。初始选种是 SRG 方法中的关键步骤[15]。为了避免人工选种导致图像分割的通用性降低的问题，本节采用自动选种方法。图 4.2 所示为基于实例的初始选种过程，相应步骤如下[16]：

(1) 创建一个 3×3 滑动掩膜，掩膜中像素点的灰度值记为 g_i，$i=1, 2, \cdots, 9$；

(2) 计算掩膜中像素点的灰度值均值 $\bar{g}$，可表示为：

$$\bar{g} = \frac{\sum_{i=1}^{9} g_i}{3 \times 3} \tag{4.15}$$

(3) 移动滑动掩膜，直到图像中每个像素点均被覆盖。选择 $\bar{g}$ 值最大的掩膜，将其中心像素点设置为初始种子。

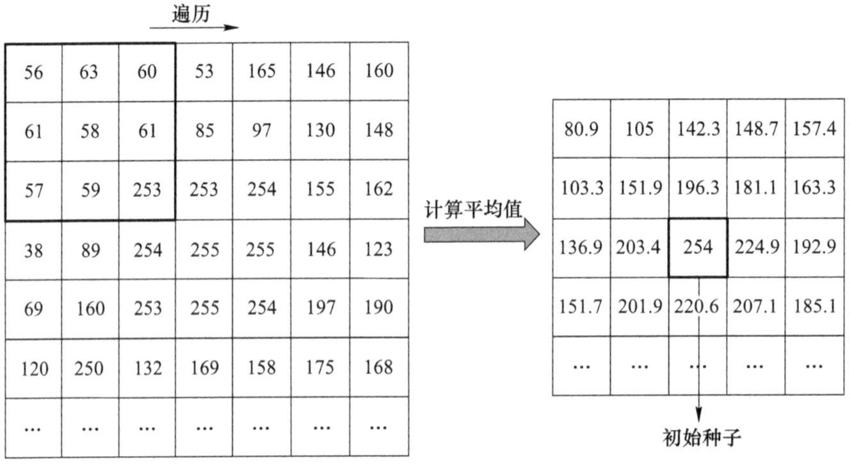

遍历

56	63	60	53	165	146	160
61	58	61	85	97	130	148
57	59	253	253	254	155	162
38	89	254	255	255	146	123
69	160	253	255	254	197	190
120	250	132	169	158	175	168
…	…	…	…	…	…	…

计算平均值

80.9	105	142.3	148.7	157.4
103.3	151.9	196.3	181.1	163.3
136.9	203.4	254	224.9	192.9
151.7	201.9	220.6	207.1	185.1
…	…	…	…	…

初始种子

图 4.2　基于实例的初始选种过程

完成初始选种后，将相邻的 8 个像素点与初始种子进行比较。若它们满足同质函数，则其将被分配到生长区域。在考虑灰度图像的情况下，同质函数可表示为[17]：

$$|g - g_s| \leqslant T \tag{4.16}$$

式中，g 为被比较像素点的灰度值；g_s 为初始种子的灰度值；T 为图像对应的阈值。

满足同质函数的像素点被划分到同一区域。对每个新的像素点重复这一步骤，直到像素点被不能满足同质函数的像素点所包围，或像素点位于图像的边缘，上述过程称为区域生长。当图像中的每个像素点都属于一个区域时，上述步骤终止。

c　基于欧几里得距离的 RGB 图像分割方法

在 RGB 色彩空间中，每张彩色图像由三张不同的图像组成，分别对应红（R）、绿（G）和蓝（B）三个通道。在图像分割过程中，一张 $w \times h$ 图像被转换成一个 $w \times h \times 3$ 矩阵，该矩阵存储了每个像素点对应的 R、G 和 B 值。在焊缝金相显微图像中建立 $a \times b$ 掩膜，并以掩膜中 R、G 和 B 三个通道的平均值为标准判断其他像素点与该值的相似度。满足相似度条件的像素点被标记为焊缝，否则被标记为背景。将欧几里得距离定义为相似度指标，其计算方法可表示为[18]：

$$R_m = \frac{\sum_{i=1}^{a\times b} R_i}{a \times b} \tag{4.17}$$

$$G_m = \frac{\sum_{i=1}^{a\times b} G_i}{a \times b} \tag{4.18}$$

$$B_m = \frac{\sum_{i=1}^{a\times b} B_i}{a \times b} \tag{4.19}$$

$$D_E(i,m) = \sqrt{(R_i - R_m)^2 + (G_i - G_m)^2 + (B_i - B_m)^2} \tag{4.20}$$

式中，R_m、G_m 和 B_m 分别为掩膜中 R、G 和 B 通道的平均值；R_i、G_i 和 B_i 分别为 R、G 和 B 通道中第 i 个像素点的值；$D_E(i, m)$ 为第 i 个像素点与掩膜之间的欧几里得距离。

本节以 Q235 低碳钢和 316L 不锈钢异种材料激光焊接获得的焊缝金相显微图像为例，对图像分割主要流程进行介绍。基于 GA 的多阈值图像分割和自动选种的 SRG 图像分割需要先对焊缝原始图像进行 ROI 定义和高斯滤波等处理，基于欧几里得距离的 RGB 图像分割需要先对焊缝原始图像进行 ROI 定义和 R、G、B 通道图像转换等处理，随后可对处理后获得的焊缝图像进行分割，主要流程如图 4.3 所示。从基于 GA 的多阈值图像分割方法和基于欧几里得距离的 RGB 图像分割方法获得的图像分割结果中可以看出，部分基材区域被误认为是焊缝区域。因此，采用自动选种的 SRG 图像分割方法获得的图像分割效果相对较好。另外，三种方法获得的图像分割结果中均出现了孔洞区域。在进行焊缝轮廓识别前，需要先在分割结果中添加像素点来填充孔洞。填充孔洞后的自动选种的 SRG 图像分割结果如图 4.4 所示。从图 4.4 中可以看出，焊缝区域的孔洞被消除，所获得的图像中焊缝的轮廓清晰可见，可用于焊缝面积的计算。

E 焊缝面积计算

在完成焊缝轮廓的识别后，即可进行焊缝面积的计算。焊缝面积 A_w 可表示为：

$$A_w = \frac{P_w \times A_r}{P_r \times \cos\alpha_p} \tag{4.21}$$

式中，P_w 为焊缝轮廓中所包含的像素数；A_r 为面积参照物的面积，设为1 mm^2；P_r 为面积参照物中所包含的像素数；α_p 为焊缝金相试样表面与金相显微镜平面（显微平面）之间的夹角，用于排除观测金相显微图像时焊缝金相试样放置的水平度对焊缝轮廓识别的影响。

为了更好地展示焊缝形貌特征识别方法的实现过程，下面具体介绍金相显微

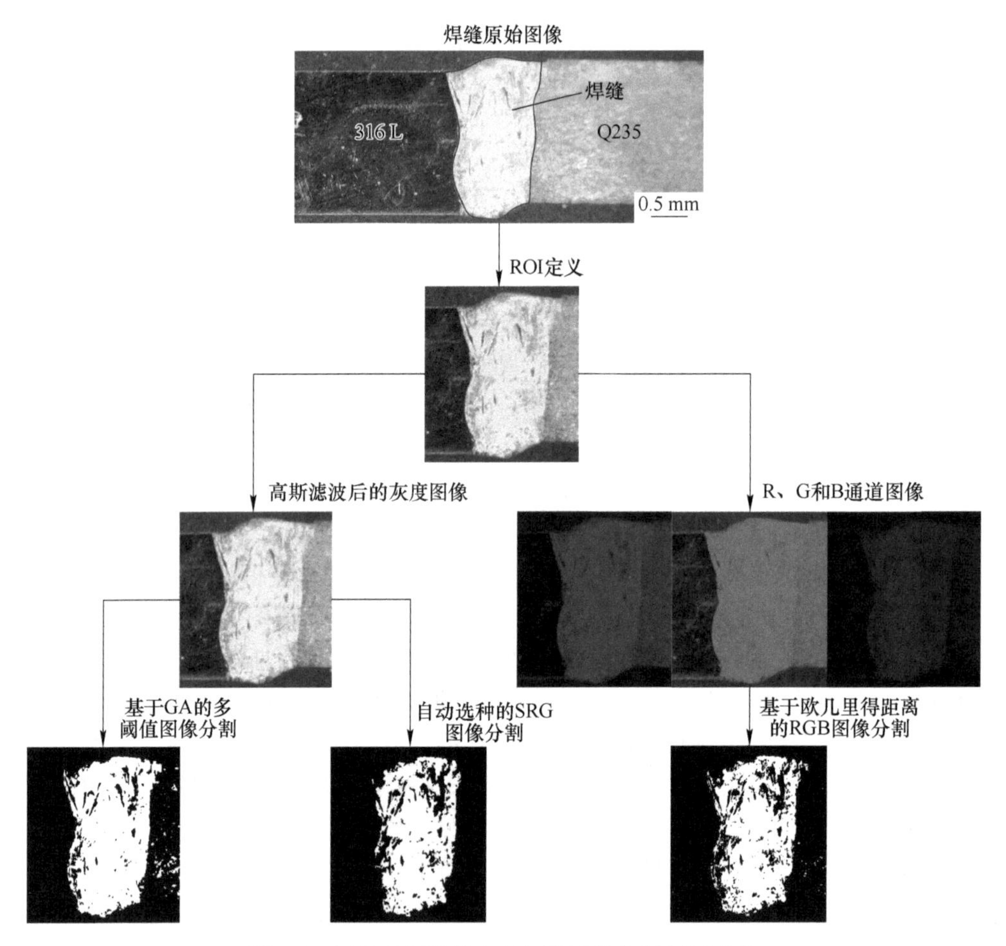

图 4.3　异种材料焊缝金相显微图像分割主要流程

镜下获得的焊缝金相显微图像的焊缝形貌特征识别过程。在对激光焊接实验中获得的焊缝进行取样、镶嵌、磨光、抛光和腐蚀后，通过金相显微镜观测得到的像素为 1086×446 的焊缝金相显微原始图像如图 4.5（a）所示。在焊缝金相显微图像中，需要定义一个已知面积的区域作为面积参照物。根据焊缝金相显微图像中的比例尺，1 mm 长度包含 149 像素。在焊缝金相显微图像中取 149×149 像素的正方形，作为面积参照物，如图 4.5（b）所示，通过计算可得面积参照物中所包含的像素数 P_r 为 22201。在焊

图 4.4　填充孔洞后的自动选种的 SRG 图像分割结果

缝形貌特征识别过程中，面积参数中所包含的像素数 P_r 随金相显微镜放大倍率的变化而变化。

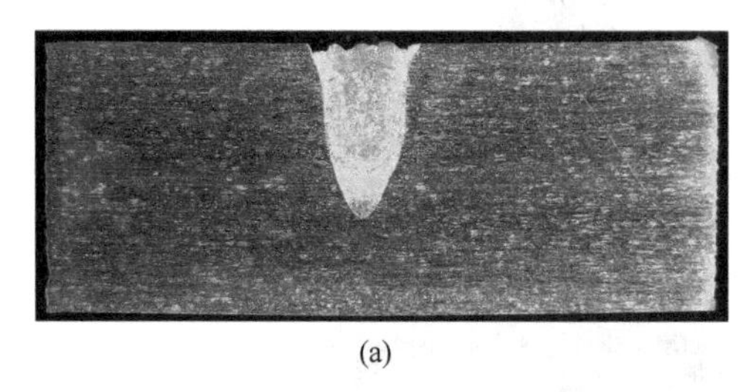

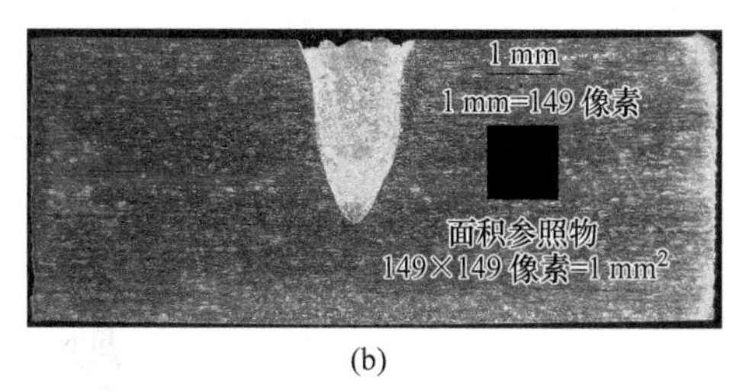

(a)　　(b)

图 4.5　焊缝金相显微图像

（a）原始图像；（b）图像中的面积参照物

在图 4.5（a）所示的焊缝金相显微原始图像基础上，转换得到对应的灰度图像，如图 4.6（a）所示。图 4.6（b）为图 4.6（a）所示的灰度图像对应的灰度值分布。从图 4.6（b）中可以看出，焊缝区域的灰度值分布大致相同。另外，在基材区域中存在许多灰度值与焊缝区域灰度值相近的像素点。为了更清晰地显示各区域的灰度值分布，进一步给出了灰度图像的灰度直方图，如图 4.7 所示。从图 4.7 中可以看出，灰度图像的灰度值主要集中在 50~100 和 100~255 的范围内，可用于确定分段线性增强中所使用的参数。基于灰度值分布的阈值 a 和 b 分别设为 50 和 100，k_s 和 k_l 分别设为 0.8 和 1.5。在对灰度图像进行分段线性增强后，获得的灰度图像如图 4.8 所示。

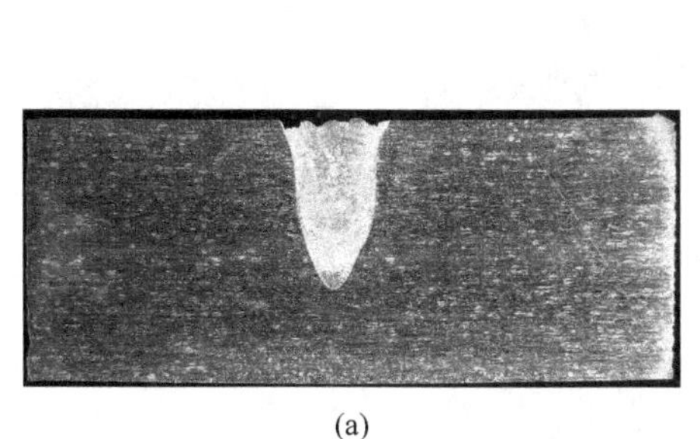

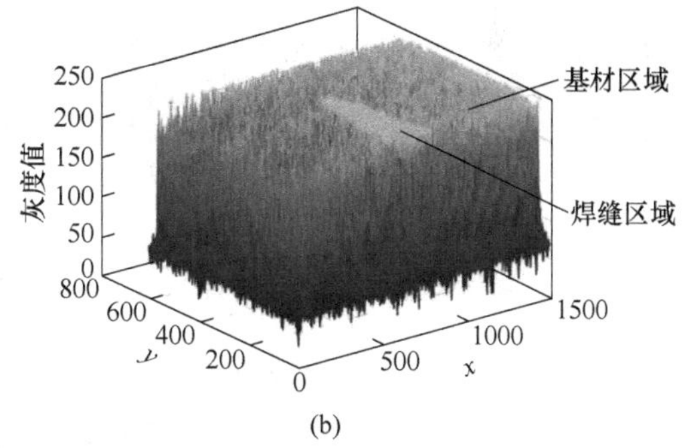

(a)　　(b)

图 4.6　灰度图像及灰度值分布

（a）灰度图像；（b）灰度值分布

完成分段线性增强后，分别采用不同的滤波方法对灰度图像进行去噪处理，获得的结果如图 4.9 所示。为了准确识别出焊缝的轮廓，应降低灰度图像中焊缝周围区域的噪声，减少灰度值与焊缝区域灰度值接近的像素点。从图 4.9 中可以看出，通过均值滤波方法去噪处理后获得的灰度图像中焊缝周围区域的噪声较少。

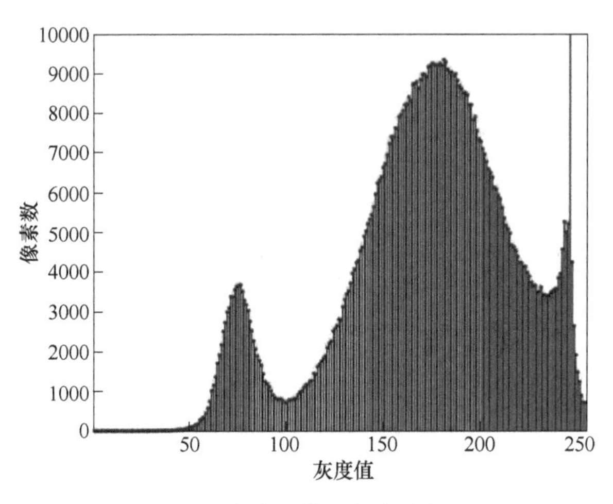

图 4.7　灰度图像的灰度直方图

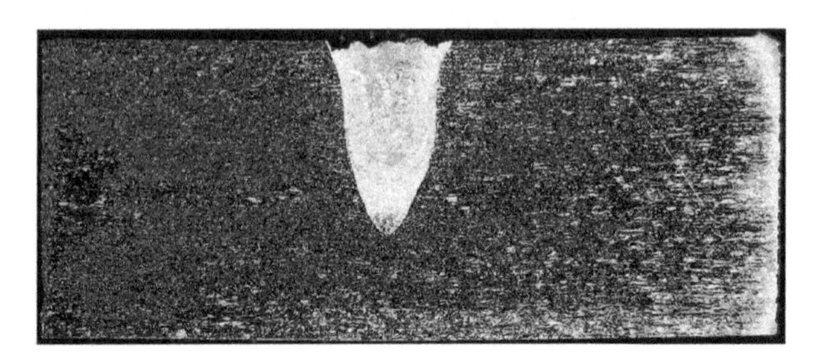

图 4.8　分段线性增强后的灰度图像

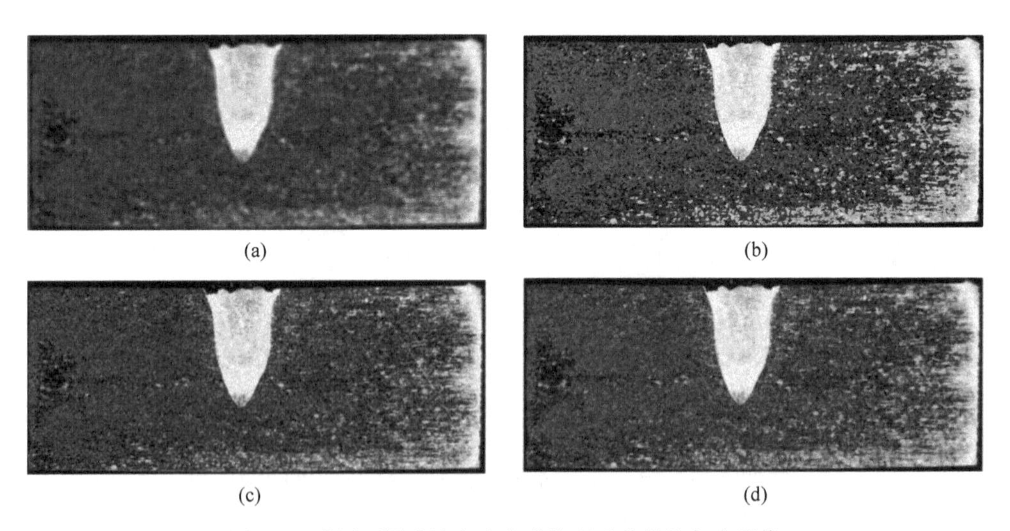

图 4.9　采用不同滤波方法去噪处理后获得的灰度图像
（a）均值滤波；（b）中值滤波；（c）高斯滤波；（d）双边滤波

为了识别焊缝轮廓，对经过去噪处理后的灰度图像进行了 ROI 定义，获得的结果如图 4.10（a）所示。在 ROI 定义中，w 和 h 均设为 350。在完成以上图像预处理后，对焊缝轮廓进行了识别，识别结果如图 4.10（b）所示。基于所识别的焊缝轮廓，通过计算可获得对应的焊缝面积。

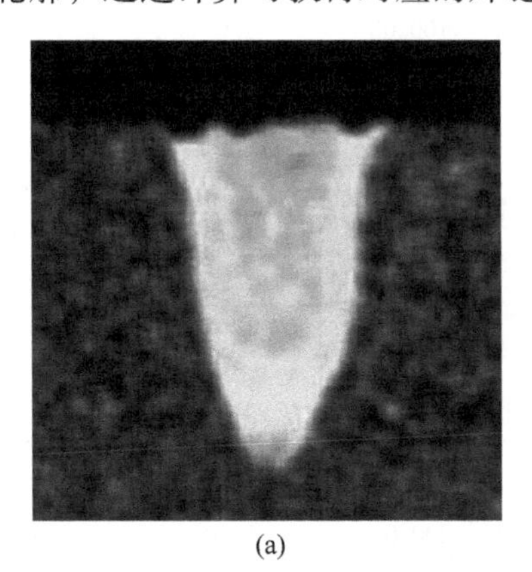

(a)

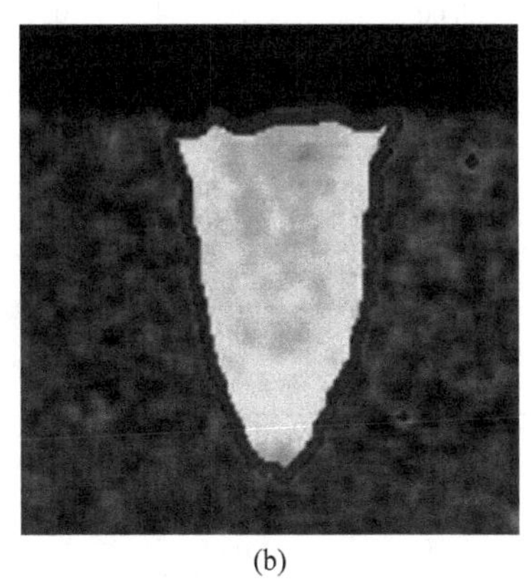

(b)

图 4.10 ROI 定义和焊缝轮廓识别结果

（a）ROI 定义结果；（b）焊缝轮廓识别结果

4.1.2 激光焊接焊缝形貌特征识别结果

4.1.2.1 焊缝形貌特征识别方法精度验证

为了验证焊缝形貌特征识别方法的精度，设计实验方案并完成了 30 组激光焊接实验。基于实验获得的焊缝金相显微图像，采用焊缝形貌特征识别方法进行了焊缝轮廓识别和面积计算，焊接工艺条件和焊缝面积识别值如表 4.1 所示。

表 4.1 焊接工艺条件和焊缝面积识别值

序号	激光功率 /kW	焊接速度 /(mm · s^{-1})	离焦量 /mm	振荡频率 /Hz	振荡幅度 /mm	识别值 /mm^2
1	2.00	50.00	0	0	0	4.077
2	2.00	58.30	0	0	0	2.758
3	2.00	66.70	0	0	0	2.446
4	2.00	75.00	0	0	0	2.605
5	2.00	83.30	0	0	0	2.451
6	3.00	58.30	0	0	0	5.182
7	2.00	100.00	0	0	0	1.846
8	3.00	75.00	0	0	0	4.021
9	2.00	108.30	0	0	0	1.382
10	2.00	58.30	0	50.00	2.00	2.624

续表 4.1

序号	激光功率/kW	焊接速度/(mm·s⁻¹)	离焦量/mm	振荡频率/Hz	振荡幅度/mm	识别值/mm²
11	2.00	58.30	0	150.00	2.00	0.645
12	3.00	58.30	0	100.00	2.00	3.568
13	3.00	50.00	0	0	0	5.880
14	3.00	58.30	0	150.00	2.00	3.163
15	3.00	58.30	0	200.00	2.00	2.690
16	2.00	50.00	0	50.00	1.20	4.015
17	2.00	50.00	0	75.00	1.20	4.457
18	2.00	50.00	0	100.00	1.20	4.286
19	2.00	50.00	0	125.00	1.20	3.968
20	2.00	50.00	0	150.00	1.20	3.609
21	2.00	50.00	0	175.00	1.20	3.521
22	2.00	50.00	0	200.00	1.20	3.546
23	2.00	50.00	0	120.00	1.20	3.738
24	2.00	50.00	0	120.00	2.00	2.255
25	2.00	58.30	0	20.00	1.20	4.791
26	2.00	58.30	0	60.00	1.20	3.871
27	2.00	58.30	0	80.00	1.20	4.148
28	2.00	58.30	0	140.00	1.20	3.767
29	2.00	58.30	0	160.00	1.20	3.283
30	2.00	58.30	0	180.00	1.20	3.531

随机选取5组不同焊接工艺条件下获得的实验试样的焊缝金相显微图像，对焊缝轮廓进行人工标记，计算获得焊缝面积的实验值。将焊缝面积识别值与对应的实验值进行了对比，结果如表4.2所示。从表4.2中可以看出，不同焊接工艺条件下获得的焊缝面积识别值与实验值的相对误差均小于5%，从而验证了焊缝形貌特征识别方法的精度。

表 4.2　焊缝面积识别值与实验值的对比

序号	识别值/mm²	实验值/mm²	相对误差/%
1	4.077	4.150	1.759
2	2.758	2.821	2.233
3	2.446	2.490	1.767
16	4.015	4.214	4.722
17	4.457	4.647	4.089

注：相对误差 $=\frac{|实验值-识别值|}{实验值}\times 100\%$。

4.1.2.2 焊缝形貌特征识别方法鲁棒性验证

为了充分验证焊缝形貌特征识别方法的鲁棒性，对表 4.1 中随机选取的第 18 组实验试样在不同放大倍率、角度和视角观测条件下获得的焊缝金相显微图像进行了分析，如图 4.11 所示。其中，放大倍率指金相显微图像的相对放大倍率，分别选取 1.5、2.0 和 2.5 进行验证，结果如图 4.11 (a)~(c) 所示。角度指基材表面与金相显微镜观测视野中水平面之间的夹角，分别选取 30°、60°和 90°进行验证，结果如图 4.11 (d)~(f) 所示。视角指在金相显微图像观测过程中焊缝金相试样表面与显微平面之间的夹角。在金相显微图像观测过程中，焊缝金相试样表面难以与显微平面保持完全平行，分别选取 0°、15°和 30°进行验证，随着视角的增大，获得的金相显微图像中的焊缝形貌发生了明显的变形，如图 4.11 (g)~(i) 所示。从图 4.11 中可以看出，不同观测条件下获得的焊缝金相显微图像存在清晰度、方位、变形等方面的差异，能够较好地用于验证焊缝形貌特征识别方法的鲁棒性。

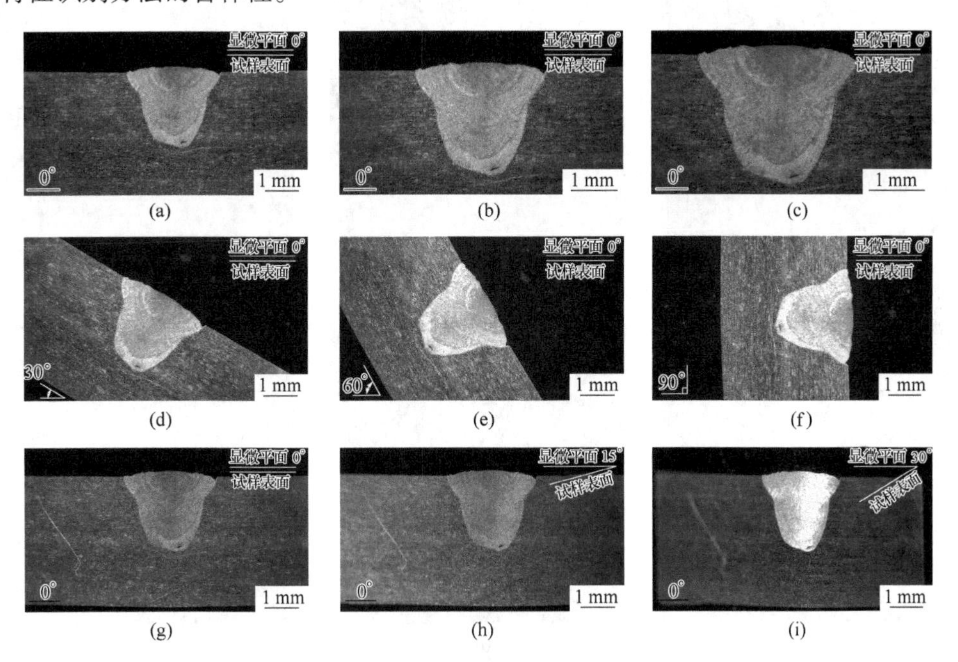

图 4.11 第 18 组实验试样在不同放大倍率、角度和视角观测条件下获得的焊缝金相显微图像

(a) 放大倍率 1.5，角度 0°，视角 0°；(b) 放大倍率 2.0，角度 0°，视角 0°；(c) 放大倍率 2.5，角度 0°，视角 0°；(d) 放大倍率 1.5，角度 30°，视角 0°；(e) 放大倍率 1.5，角度 60°，视角 0°；(f) 放大倍率 1.5，角度 90°，视角 0°；(g) 放大倍率 1.5，角度 0°，视角 0°；(h) 放大倍率 1.5，角度 0°，视角 15°；(i) 放大倍率 1.5，角度 0°，视角 30°

采用焊缝形貌特征识别方法，识别了第 18 组实验试样在不同放大倍率、角度和视角观测条件下的焊缝轮廓，所得结果如图 4.12 所示。从图 4.12 中可以看出，焊缝金相显微图像的放大倍率、角度和视角的变化对焊缝轮廓识别结果影响

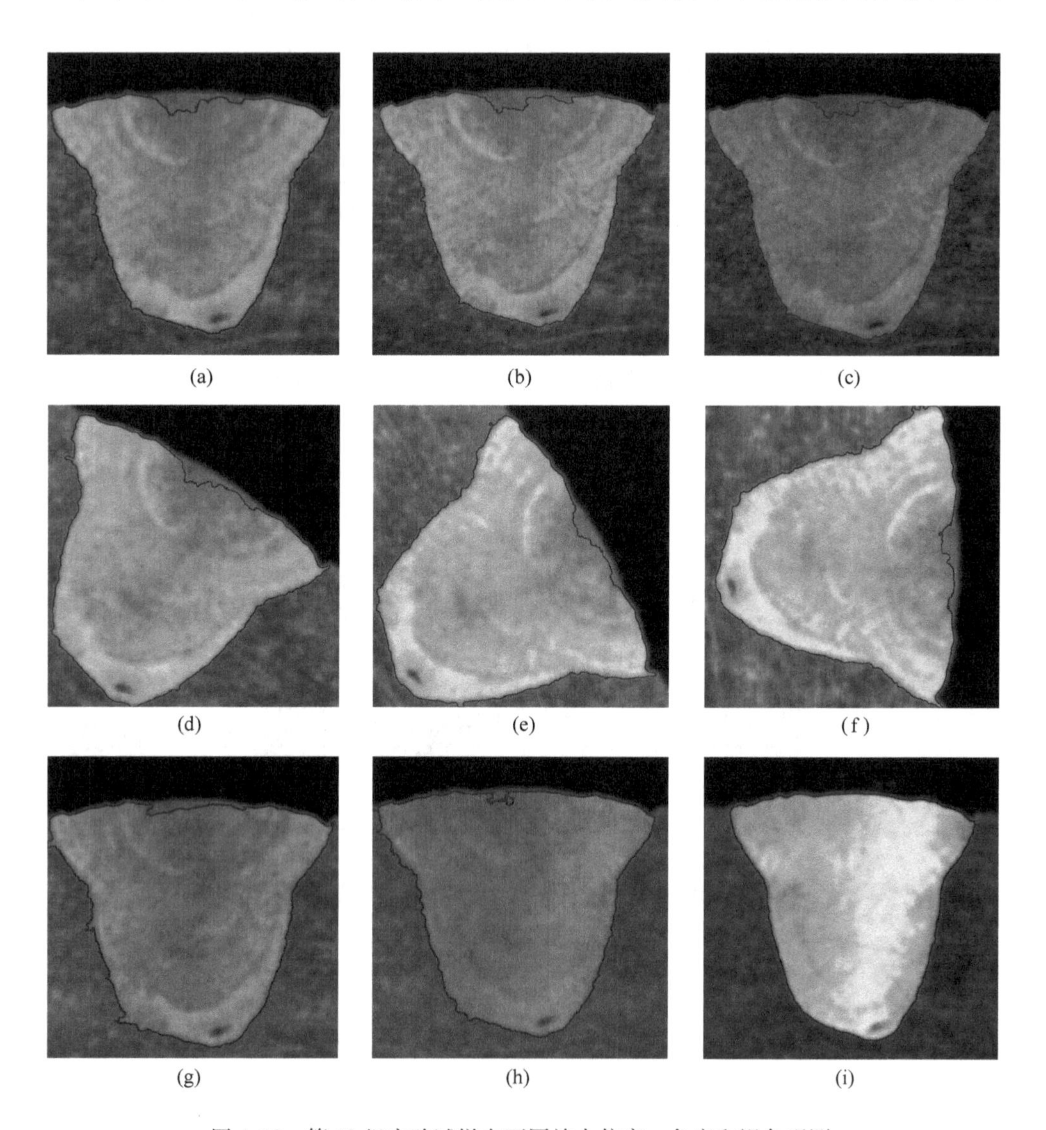

图 4.12 第 18 组实验试样在不同放大倍率、角度和视角观测条件下的焊缝轮廓识别结果

(a) 放大倍率 1.5，角度 0°，视角 0°；(b) 放大倍率 2.0，角度 0°，视角 0°；
(c) 放大倍率 2.5，角度 0°，视角 0°；(d) 放大倍率 1.5，角度 30°，视角 0°；
(e) 放大倍率 1.5，角度 60°，视角 0°；(f) 放大倍率 1.5，角度 90°，视角 0°；
(g) 放大倍率 1.5，角度 0°，视角 0°；(h) 放大倍率 1.5，角度 0°，视角 15°；
(i) 放大倍率 1.5，角度 0°，视角 30°

较小。在角度和视角相同、放大倍率不同的观测条件下获得的焊缝金相显微图像的灰度值差异较小，所识别出的焊缝轮廓高度相似，如图 4.12（a）~（c）所示。从图 4.12（d）~（f）中可以看出，随着角度的增大，焊缝区域的亮度有所增加，焊缝区域与基材区域的差异增大。在焊缝金相显微图像观测过程中，当放置好的焊缝金相试样表面与金相显微镜平面不平行时，由于光线的反射作用，不同视角观测条件下焊缝区域的灰度值存在较大的差异，但对焊缝轮廓识别的影响较小，识别结果如图 4.12（g）~（i）所示。从以上对识别结果的分析中可以看出，针对不同观测条件下获得的焊缝金相显微图像，本节所介绍的焊缝形貌特征识别方法均能够准确识别出焊缝的轮廓，表明该方法对于焊缝金相显微图像中焊缝轮廓的识别具有优异的鲁棒性。

为了进一步对焊缝形貌特征识别方法的鲁棒性进行定量分析，采用焊缝形貌特征识别方法计算获得了不同放大倍率、角度和视角观测条件下的焊缝的面积。在不同放大倍率观测条件下获得的金相显微图像的面积参照物的像素数 P_r 不同，图 4.12 所示金相显微图像的面积参照物的像素数 P_r 和焊缝面积 A_w 均列于表 4.3 中。第 18 组实验试样对应的焊缝面积实验值为 4.556 mm^2。将焊缝面积的识别结果与实验结果进行对比，计算了不同放大倍率、角度和视角观测条件下焊缝面积识别值与实验值的相对误差，如表 4.3 和图 4.13 所示。从表 4.3 和图 4.13 中可以看出，不同观测条件下焊缝面积识别值最大为 4.724 mm^2，最小为 4.159 mm^2，识别值与实验值的相对误差均小于 8.8%。从图 4.12（a）~（c）所示的不同放大

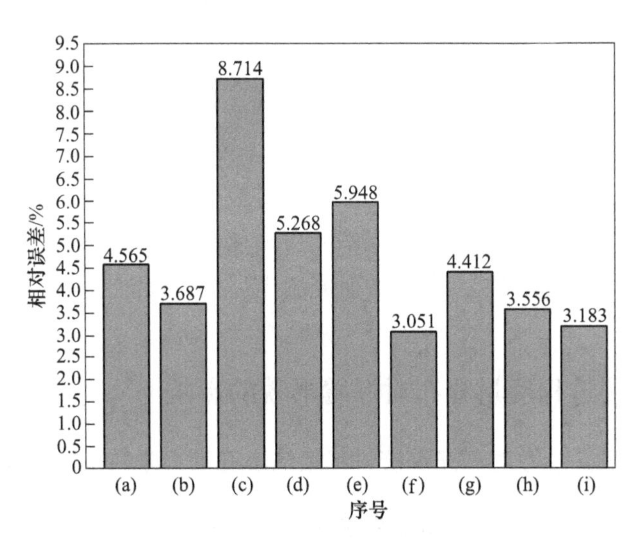

图 4.13 不同放大倍率、角度和视角观测条件下焊缝面积识别值与实验值的相对误差

表 4.3　不同放大倍率、角度和视角观测条件下焊缝面积识别结果及识别值与实验值的相对误差

序号	放大倍率	角度/(°)	视角/(°)	P_w	P_r	A_w/mm^2	相对误差/%
(a)	1.5	0	0	217193	49952	4.348	4.565
(b)	2.0	0	0	419514	88804	4.724	3.687
(c)	2.5	0	0	577149	138756	4.159	8.714
(d)	1.5	30	0	215571	49952	4.316	5.268
(e)	1.5	60	0	214021	49952	4.285	5.948
(f)	1.5	90	0	220628	49952	4.417	3.051
(g)	1.5	0	0	217544	49952	4.355	4.412
(h)	1.5	0	15	212037	49952	4.394	3.556
(i)	1.5	0	30	190807	49952	4.411	3.183

倍率观测条件下焊缝轮廓识别结果中可以看出，焊缝区域所含像素数 P_w 与放大倍率呈正相关，在放大倍率较小的观测条件下的焊缝面积识别值与实验值的相对误差仍较小。当角度不为0°时，焊缝区域与基材区域的灰度值差异明显，焊缝面积识别值与实验值的相对误差仍较小，这与图 4.12（d）~（f）的结果保持一致。当视角发生变化时，焊缝轮廓识别结果依然具有较高的准确性，焊缝面积识别值与实验值的相对误差保持在较低的水平。通过对基于图 4.12 所示的焊缝轮廓识别结果计算得到的焊缝面积进行误差分析，再次验证了所介绍的焊缝形貌特征识别方法的鲁棒性。

综上所述，本节介绍了一种基于图像识别技术的激光焊接焊缝形貌特征识别方法。基于金相显微镜观测获得的焊缝原始图像，经过灰度图像转换、分段线性增强、滤波去噪、ROI 定义等预处理及焊缝轮廓识别和焊缝面积计算，获得了焊缝面积识别结果。通过误差分析，验证了所介绍的焊缝形貌特征识别方法的精度和鲁棒性。相关分析结果表明，所介绍的激光焊接焊缝形貌特征识别方法能够准确识别焊缝轮廓，计算焊缝面积，为研究激光焊接过程能量分布对焊缝形貌的调控提供了支持。

4.2　激光焊接过程能量分布对焊缝形貌的影响

4.2.1　激光束振荡参数对激光焊接过程熔池小孔动力学特征的影响

4.2.1.1　振荡幅度对小孔动力学特征的影响

选用 2.6 节建立的基于高斯锥体热源的顺时针圆形振荡激光焊接动力学模型，选取焊接工艺参数为激光功率 1.5 kW，焊接速度 1.8 m/min，离焦量 0 mm，激光束振荡参数为振荡幅度 0.4 mm、0.8 mm、1.2 mm，振荡频率 100 Hz 的 7N01 铝合金 T 型接头顺时针圆形振荡激光焊接过程进行数值计算，不同振荡幅度条件下所获得的 T 型接头顺时针圆形振荡激光焊接小孔整体形貌如图 4.14 所示。当振荡幅度为 0.4 mm 时，小孔整体宽度较小，形状不规则，呈现出上部较窄而中下部较宽的特征，如图 4.14（a）所示。这种特征易造成小孔失稳，导致焊缝气孔和飞溅缺陷的形成。当振荡幅度从 0.4 mm 增大至 0.8 mm 和 1.2 mm 时，小孔整体宽度增大，形状近似为钟形，呈现出中上部较宽而下部较窄的特征，如图 4.14（b）（c）所示。这种特征可提高激光焊接过程中小孔的稳定性，从而抑制焊缝气孔缺陷的形成。另外，在 T 型接头圆形振荡激光焊接过程中，小孔随激光束在熔池中振荡，能够吞并熔池中的气泡。当小孔整体宽度变窄时，小孔与熔池中熔融金属的接触面积有所减小，从而导致小孔吞并气泡的能力减弱，不利于抑制焊缝气孔缺陷的形成。

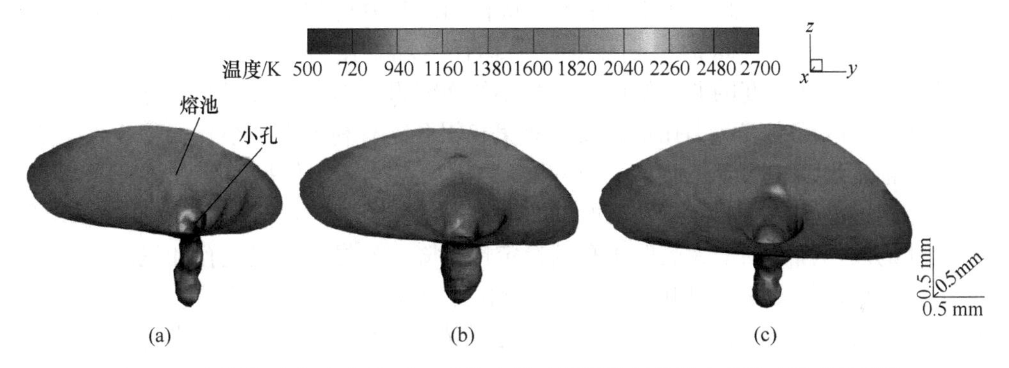

图 4.14 不同振荡幅度条件下 T 型接头顺时针圆形振荡激光焊接小孔整体形貌
（a）振荡幅度 0.4 mm；（b）振荡幅度 0.8 mm；（c）振荡幅度 1.2 mm

图 4.15 所示为不同振荡幅度条件下 T 型接头顺时针圆形振荡激光焊接小孔深度随时间的变化曲线。从图 4.15 中可以看出，不同振荡幅度条件下小孔深度均呈现出先急剧增大、随后在一定范围内波动的趋势，且不同振荡幅度条件下小

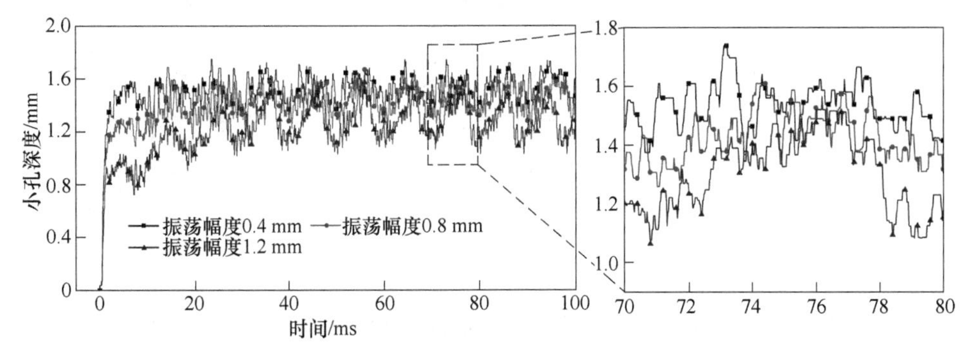

图 4.15 不同振荡幅度条件下 T 型接头顺时针圆形振荡激光焊接小孔深度随时间的变化曲线

孔深度的波动周期基本相同。随着振荡幅度的增大，小孔平均深度逐渐减小，小孔深度的波动幅度先减小后增大。具体来看，随着振荡幅度从 0.4 mm 增大至 0.8 mm，小孔平均深度减小，小孔深度的波动幅度减小，小孔整体宽度明显增大（图 4.14（b）），小孔吞并熔池中气泡的能力增强且小孔的稳定性提高，有利于抑制焊缝气孔和飞溅缺陷的形成。随着振荡幅度继续增大至 1.2 mm，小孔平均深度进一步减小，小孔深度的波动幅度增大，易导致焊缝气孔和飞溅缺陷的形成。

不同振荡幅度条件下 T 型接头顺时针圆形振荡激光焊接小孔开口形貌如图 4.16 所示。从图 4.16 中可以看出，不同振荡幅度条件下小孔开口形状和尺寸存在较大的差异。当振荡幅度为 0.4 mm 和 0.8 mm 时，小孔开口形状较为规则，近似为椭圆形，如图 4.16（a）（b）所示；当振荡幅度为 1.2 mm 时，小孔开口形状不规则，小孔开口边缘不平滑，如图 4.16（c）所示。

提取不同振荡幅度条件下 T 型接头顺时针圆形振荡激光焊接小孔开口尺寸随时间的变化曲线，如图 4.17 所示。从图 4.17 中可以看出，当振荡幅度从 0.4 mm 增大至 0.8 mm 时，小孔开口平均长度和宽度分别增大约 15%和 20%，小孔开口长度和宽度的波动幅度分别减小约 20%和 40%。小孔开口尺寸的增大及其波动幅度的减小表明小孔不易发生坍塌和闭合，有利于提高小孔的稳定性。随着振荡幅度继续增大至 1.2 mm，小孔开口平均宽度基本保持不变，小孔开口长度和宽度的波动幅度相较于振荡幅度0.8 mm 时分别增大约 70%和 130%。小孔开口尺寸的波动幅度的增大表明小孔的稳定性下降，易导致焊缝气孔和飞溅缺陷的形成。当振荡幅度不超过 0.8 mm 时，小孔开口长度与宽度比值的波动幅度约为 0.4，小孔开口尺寸的变化较小。而随着振荡幅度增大至 1.2 mm，小孔开口长度与宽度比值的波动幅度相较于振荡幅度0.8 mm 时增大约 222%，小孔开口尺寸的变化较大。这是因为当振荡幅度较小时，增大振荡幅度能够使得激光焊接过程能

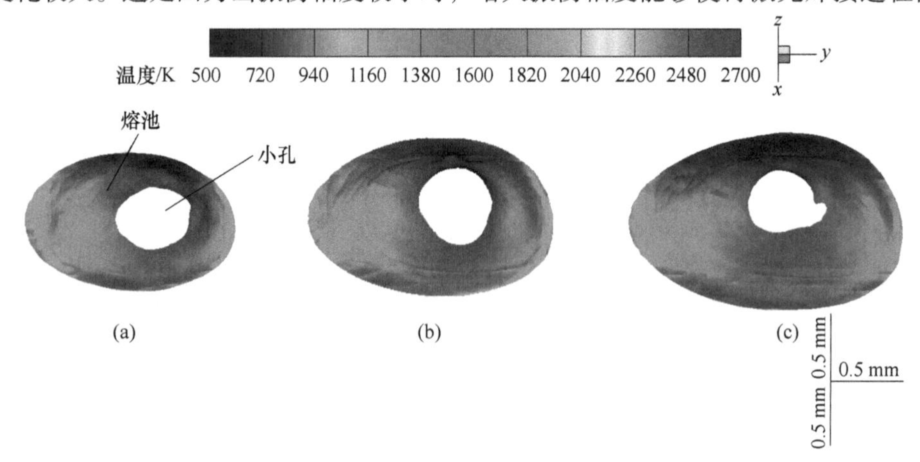

图 4.16　不同振荡幅度条件下 T 型接头顺时针圆形振荡激光焊接小孔开口形貌

（a）振荡幅度 0.4 mm；（b）振荡幅度 0.8 mm；（c）振荡幅度 1.2 mm

量分布的均匀性提高，熔池温度分布更为均匀，小孔开口尺寸差异较小；而随着振荡幅度进一步增大，能量分布均匀性的提高作用有限，激光束线速度的增大导致小孔搅拌作用增强、稳定性降低，小孔开口尺寸存在较大差异。

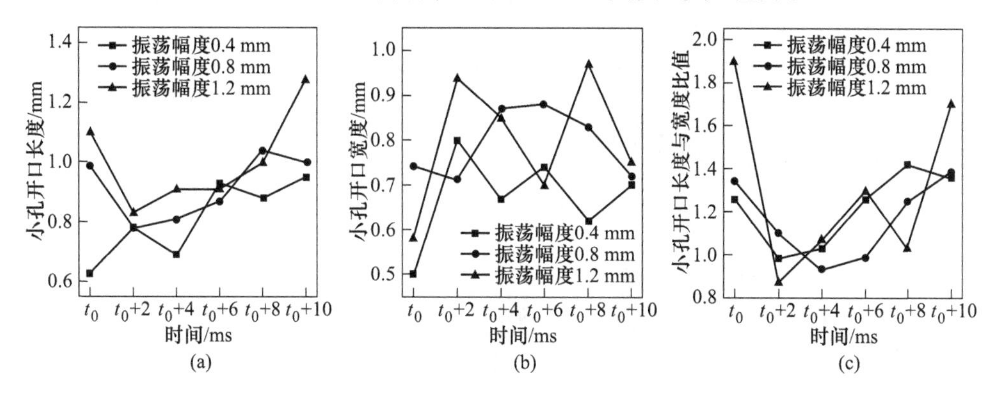

图 4.17 不同振荡幅度条件下 T 型接头顺时针圆形振荡激光焊接小孔开口尺寸随时间的变化曲线

（a）小孔开口长度；（b）小孔开口宽度；（c）小孔开口长度与宽度比值

综上所述，随着振荡幅度从 0.4 mm 增大至 0.8 mm，T 型接头顺时针圆形振荡激光焊接过程中小孔深度减小，开口尺寸增大，小孔深度、开口尺寸的波动幅度减小，小孔的稳定性得到改善，有利于抑制焊缝气孔和飞溅缺陷的形成，能够为高质量焊缝成形创造良好条件；而随着振荡幅度的继续增大，小孔的稳定性降低，易导致焊缝气孔和飞溅缺陷的形成，焊缝成形质量难以保证。

4.2.1.2 振荡幅度对熔池动力学特征的影响

选用 2.6 节建立的基于高斯锥体热源的顺时针圆形振荡激光焊接动力学模型，选取焊接工艺参数为激光功率 1.5 kW，焊接速度 1.8 m/min，离焦量 0 mm，激光束振荡参数为振荡幅度 0.4 mm、0.8 mm、1.2 mm，振荡频率 100 Hz 的 7N01 铝合金 T 型接头顺时针圆形振荡激光焊接过程进行数值计算，所获得的 T 型接头顺时针圆形振荡激光焊接熔池形貌和温度场如图 4.18 所示。从图 4.18 中可以看出，随着振荡幅度的增大，熔池上表面 2000 K 以上的高温区域面积减小，1100 K 以上的区域面积增大，熔池温度分布更为均匀。当振荡幅度增大至 1.2 mm 时，熔池温度梯度减小，这表明激光焊接过程能量分布的均匀性的提高导致熔池温度分布的均匀性随之提高。当振荡幅度从 0.4 mm 增大至 0.8 mm 时，熔池长度和宽度均有所增大，熔池中气体逸出区域的面积增大，改善了熔池的脱气条件，有利于抑制焊缝气孔缺陷的形成。熔池尺寸的增大可从以下两方面进行说明：一方面，随着振荡幅度增大，激光束在熔池中的振荡范围增大，使得熔池长度和宽度增大；另一方面，激光束对熔池重复加热的路径长度随振荡幅度的增大而增大，增加了熔池凝固所需要的时间，使得熔池长度增大。

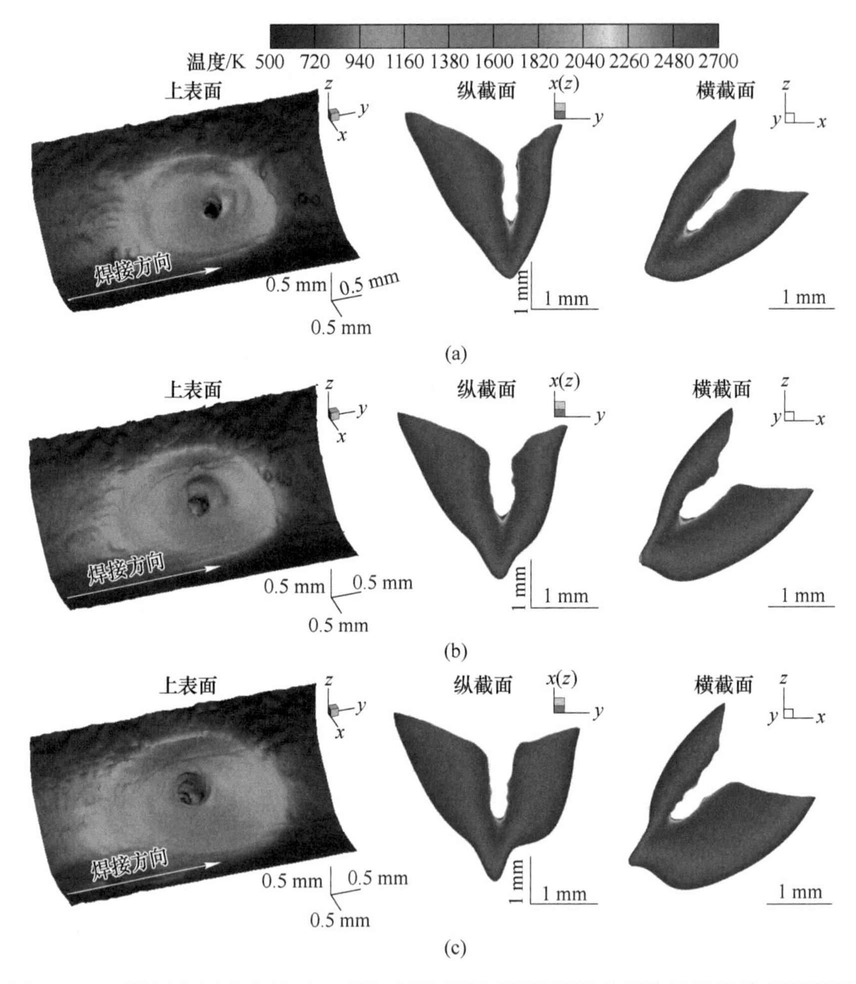

图 4.18　不同振荡幅度条件下 T 型接头顺时针圆形振荡激光焊接熔池形貌和温度场
（a）振荡幅度 0.4 mm；（b）振荡幅度 0.8 mm；（c）振荡幅度 1.2 mm

不同振荡幅度条件下 T 型接头顺时针圆形振荡激光焊接熔池深度随时间的变化曲线如图 4.19 所示。从图 4.19 中可以看出，熔池深度均在焊接开始阶段急剧增大，随后达到稳定状态。随着振荡幅度的增大，熔池平均深度逐渐减小，且熔池深度达到稳定状态所需要的时间增加。振荡幅度为 1.2 mm 时熔池深度达到稳定状态所需要的时间约为振荡幅度为 0.4 mm 时的 2 倍。其主要原因是随着振荡幅度的增大，小孔对熔池的搅拌范围增大，熔池需要更长时间达到稳定状态。当振荡幅度为 0.4 mm 和 0.8 mm 时，熔池深度的波动幅度较小，熔池的稳定性较高。当振荡幅度增大至 1.2 mm 时，熔池深度的波动幅度增大，熔池的稳定性降低。这是因为在振荡幅度较大时，小孔深度的变化较大，从而导致熔池深度的波动幅度增大，熔池的稳定性降低。

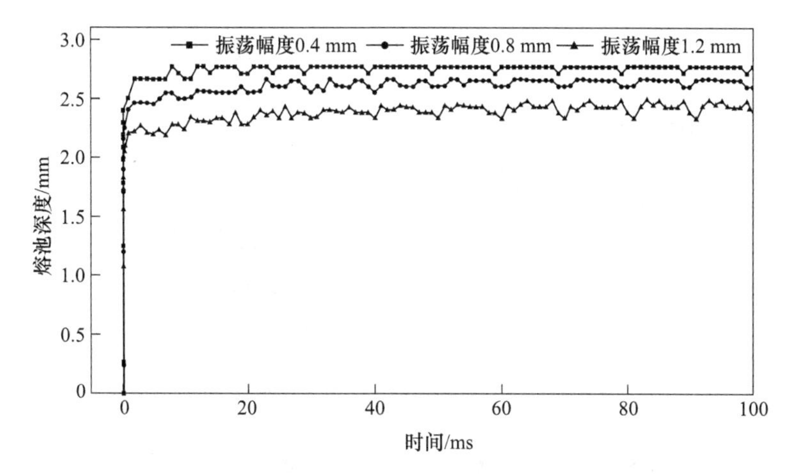

图 4.19 不同振荡幅度条件下 T 型接头顺时针圆形振荡激光焊接熔池深度随时间的变化曲线

不同振荡幅度条件下 T 型接头顺时针圆形振荡激光焊接熔池纵截面和横截面流场如图 4.20 所示。在不同振荡幅度条件下，熔池内部熔融金属的流动行为主要表现为熔池中部小孔壁面附近的熔融金属向上流动，熔池前部和尾部的熔融金属自熔池表面向下流动。当振荡幅度为 0.4 mm 时，熔池上部和小孔壁面附近区域的熔融金属的流速较大，熔池底部的熔融金属的流速较小，熔池底部和小孔前部的熔融金属流动较为紊乱，如图 4.20（a）所示。随着振荡幅度增大至 0.8 mm，熔池纵截面熔融金属流速大于 0.4 m/s 的高流速区域面积减小，熔池流场更为均匀，涡流作用区域面积相较于振荡幅度 0.4 mm 时有所增大，如图 4.20（b）所示。当振荡幅度继续增大至 1.2 mm 时，熔池纵截面前部较大区域的熔融金属的流动方向指向基材内部，导致熔池的脱气条件变差，如图 4.20（c）所示。

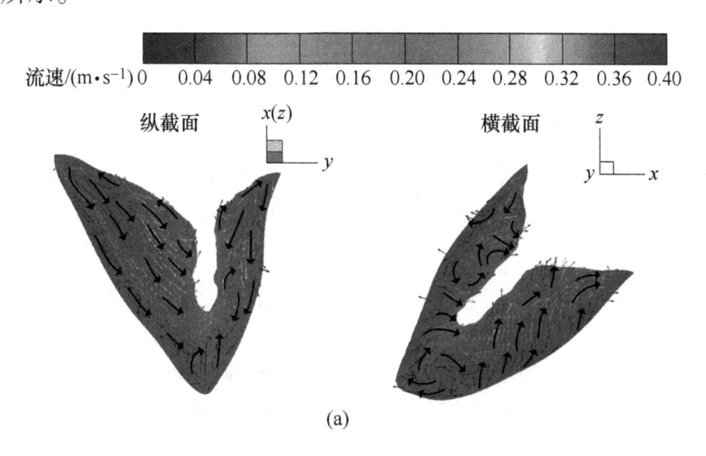

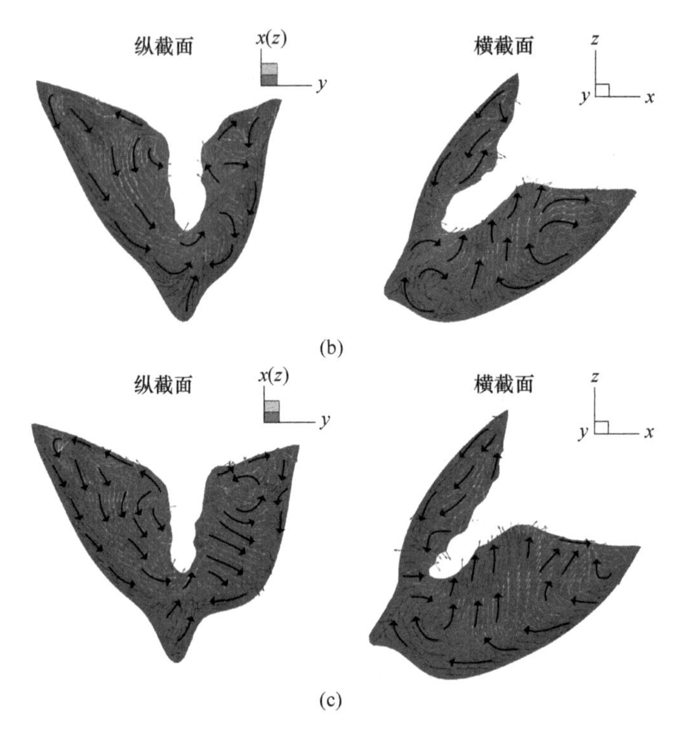

图 4.20　不同振荡幅度条件下 T 型接头顺时针圆形振荡激光焊接熔池纵截面和横截面流场
（a）振荡幅度 0.4 mm；（b）振荡幅度 0.8 mm；（c）振荡幅度 1.2 mm

不同振荡幅度条件下 T 型接头顺时针圆形振荡激光焊接熔池最大流速随时间的变化曲线如图 4.21 所示。从图 4.21 中可以看出，不同振荡幅度条件下熔池最大流速均呈现出在焊接开始阶段波动较大、随着焊接时间的增加而趋于动态稳定的特征，且熔池最大流速达到稳定状态所需要的时间与熔池深度达到稳定状态所

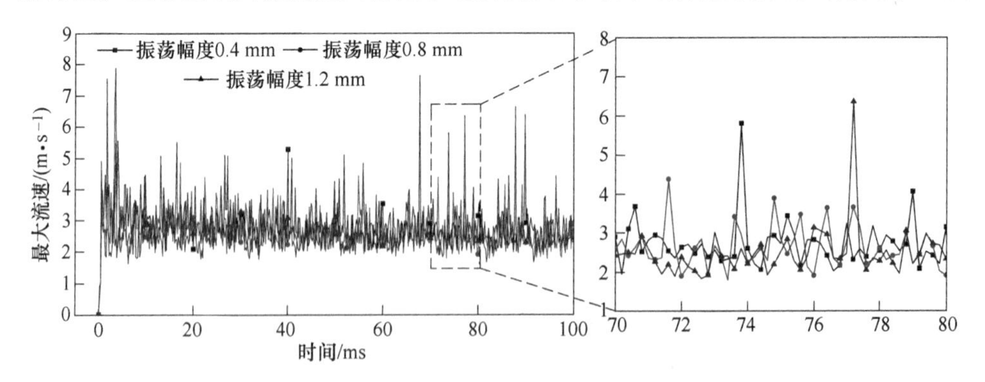

图 4.21　不同振荡幅度条件下 T 型接头顺时针圆形振荡激光焊接熔池最大流速随时间的变化曲线

需要的时间基本相同。随着振荡幅度的增大，熔池最大流速的平均值逐渐减小。当振荡幅度为0.4 mm时，熔池最大流速的波动范围均为1.9~6.6 m/s。当振荡幅度从0.4 mm增大至1.2 mm时，熔池最大流速的波动幅度先减小后增大。从以上分析中可以看出，在一定范围内增大振荡幅度，T型接头顺时针圆形振荡激光焊接过程中熔池的稳定性先提高后降低。

综上所述，当振荡幅度从0.4 mm增大至0.8 mm时，熔池长度和宽度增大，深度减小，温度场和流场的均匀性提高，熔池的稳定性提高，脱气条件得到改善，有利于抑制因熔池不稳定导致的焊缝气孔缺陷的形成，改善焊缝形貌，能够为高质量焊缝成形创造良好条件。而随着振荡幅度继续增大至1.2 mm，熔池的稳定性下降，脱气条件变差，易导致焊缝气孔缺陷的形成，焊缝成形质量难以保证。

4.2.1.3　振荡频率对小孔动力学特征的影响

选用2.6节建立的基于高斯锥体热源的顺时针圆形振荡激光焊接动力学模型，选取焊接工艺参数为激光功率1.5 kW，焊接速度1.8 m/min，离焦量0 mm，激光束振荡参数为振荡幅度0.8 mm，振荡频率60 Hz、100 Hz、140 Hz的7N01铝合金T型接头顺时针圆形振荡激光焊接过程进行数值计算，所获得的不同振荡频率条件下T型接头顺时针圆形振荡激光焊接小孔整体形貌如图4.22所示。当振荡频率为60 Hz和100 Hz时，小孔整体形貌近似为钟形，宽度较为均匀，如图4.22（a）（b）所示。在T型接头顺时针圆形振荡激光焊接过程中，随着激光束在熔池中振荡，小孔具有吞并熔池中气泡的能力，振荡频率增大至140 Hz时，小孔整体形貌从钟形转变为圆锥形，宽度变化较大，小孔底部与熔池中熔融金属的接触面积减小，易导致小孔吞并熔池中气泡的能力减弱，不利于抑制焊缝气孔缺陷的形成，如图4.22（c）所示。

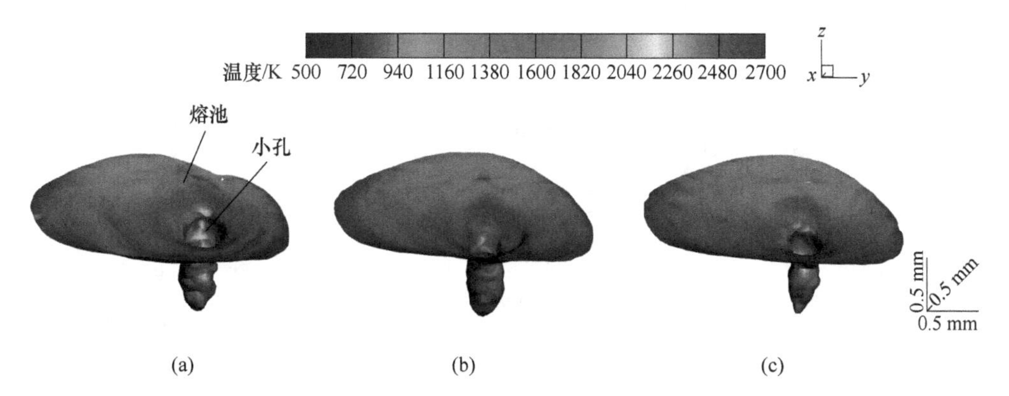

图4.22　不同振荡频率条件下T型接头顺时针圆形振荡激光焊接小孔整体形貌
（a）振荡频率60 Hz；（b）振荡频率100 Hz；（c）振荡频率140 Hz

提取不同振荡频率条件下T型接头顺时针圆形振荡激光焊接小孔深度随时间的变化曲线，如图4.23所示。从图4.23中可以看出，随着振荡频率的增大，小孔平均深度逐渐减小，小孔深度的波动幅度先减小后增大。具体表现为，随着振荡频率从60 Hz增大至100 Hz，小孔平均深度减小，小孔深度的波动幅度减小，表明小孔的稳定性得到了明显提升，有利于抑制焊缝气孔和飞溅缺陷的形成。随着振荡频率继续增大至140 Hz，小孔平均深度进一步减小，小孔深度的波动幅度增大，表明小孔的稳定性降低，易导致焊缝气孔和飞溅缺陷的形成。

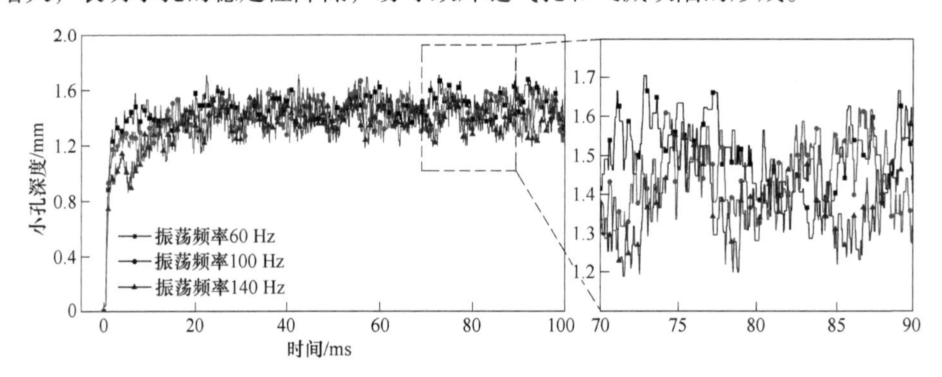

图4.23　不同振荡频率条件下T型接头顺时针圆形振荡激光焊接小孔深度随时间的变化曲线

不同振荡频率条件下T型接头顺时针圆形振荡激光焊接小孔开口形貌如图4.24所示。从图4.24中可以看出，不同振荡频率条件下小孔开口形状和尺寸存在较大的差异。当振荡频率为60 Hz时，小孔开口边缘不平滑，如图4.24（a）所示；当振荡频率增大至100 Hz和140 Hz时，小孔开口形状近似为椭圆形，小孔开口边缘较为平滑，如图4.24（b）（c）所示。

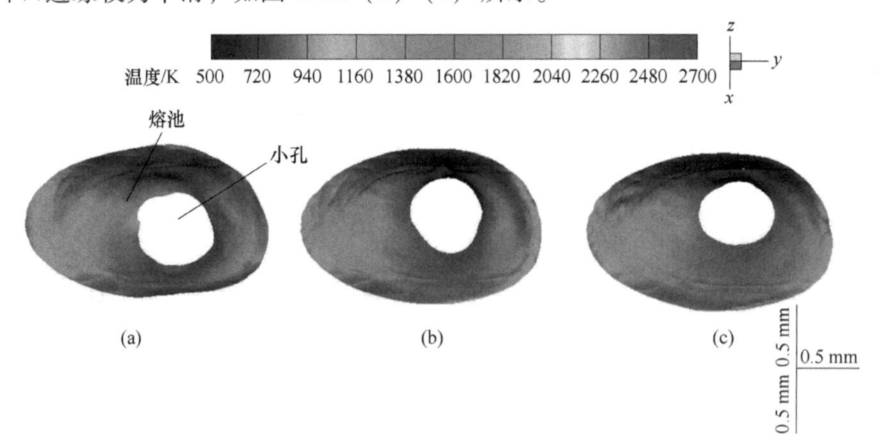

图4.24　不同振荡频率条件下T型接头顺时针圆形振荡激光焊接小孔开口形貌
（a）振荡频率60 Hz；（b）振荡频率100 Hz；（c）振荡频率140 Hz

提取不同振荡频率条件下T型接头顺时针圆形振荡激光焊接小孔开口尺寸随时间的变化曲线，如图4.25所示。从图4.25中可以看出，随着振荡频率从60 Hz增大至100 Hz，小孔开口平均长度和宽度分别增大约20%和8%，小孔开口长度和宽度的波动幅度分别减小约8%和6%，小孔开口尺寸的增大及其波动幅度的减小表明小孔不易发生坍塌和闭合，其稳定性得到提高，有利于抑制焊缝气孔和飞溅缺陷的形成。随着振荡频率继续增大至140 Hz，小孔开口长度和宽度的波动幅度相较于振荡频率100 Hz时分别增大约10%和8%，表明小孔的稳定性有所下降，易导致焊缝气孔和飞溅缺陷的形成。同时，相较于振荡频率为60 Hz和140 Hz时，振荡频率为100 Hz时小孔开口长度与宽度比值的波动幅度分别减小约30%和40%，这表明小孔开口尺寸的波动幅度随振荡频率的增大呈现出先减小后增大的趋势。这是因为振荡频率的增大使得激光焊接过程能量分布和熔池温度分布更为均匀，小孔开口形状和尺寸差异较小；随着振荡频率继续增大，激光束线速度明显增大，使得小孔对熔池的搅拌作用增强，小孔的稳定性下降，小孔开口尺寸差异较大。

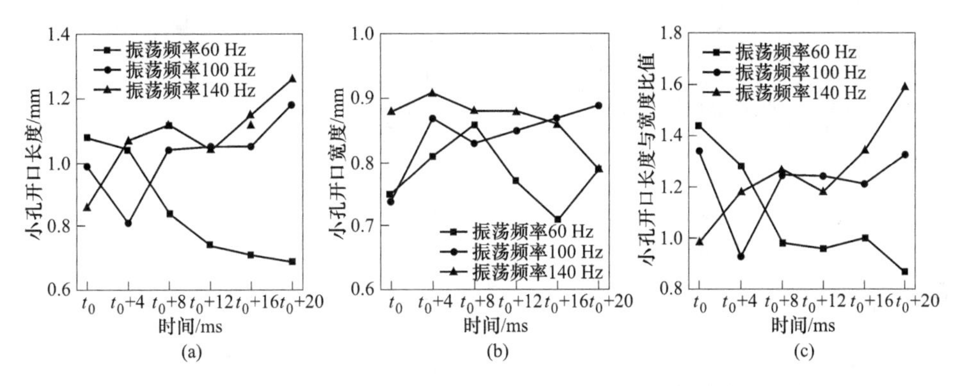

图4.25 不同振荡频率条件下T型接头顺时针圆形振荡激光焊接小孔开口尺寸随时间的变化曲线

(a) 小孔开口长度；(b) 小孔开口宽度；(c) 小孔开口长度与宽度比值

综上所述，随着振荡频率从60 Hz增大至100 Hz，T型接头顺时针圆形振荡激光焊接过程中小孔深度减小，开口尺寸增大，小孔深度和开口尺寸的波动幅度减小，小孔的稳定性得到改善，有利于抑制焊缝气孔和飞溅缺陷的形成，能够为高质量焊缝成形创造良好条件；而随着振荡频率的继续增大，小孔的稳定性下降，易导致焊缝气孔和飞溅缺陷的形成，焊缝成形质量难以保证。

4.2.1.4 振荡频率对熔池动力学特征的影响

选用2.6节建立的基于高斯锥体热源的顺时针圆形振荡激光焊接动力学模型，选取焊接工艺参数为激光功率1.5 kW，焊接速度1.8 m/min，离焦量0 mm，激光束振荡参数为振荡幅度0.8 mm，振荡频率60 Hz、100 Hz、140 Hz的7N01

铝合金 T 型接头顺时针圆形振荡激光焊接过程进行数值计算，所获得的 T 型接头顺时针圆形振荡激光焊接熔池形貌和温度场如图 4. 26 所示。从图 4. 26 中可以看出，随着振荡频率从 60 Hz 增大至 100 Hz，熔池上表面 2000 K 以上的高温区域面积减小，1100 K 以上的区域面积增大，熔池温度分布更为均匀。当振荡频率增大至 140 Hz 时，熔池的温度梯度减小，这表明随着能量分布均匀性的提高，熔池温度分布的均匀性随之提高。随着振荡频率的增大，熔池长度和宽度均先增大后基本保持不变。当振荡频率为 100 Hz 时，熔池长度和宽度相较于振荡频率 60 Hz 时有所增大，改善了熔池的脱气条件，有利于抑制焊缝气孔缺陷的形成。这是因为随着振荡频率增大，相同时间内激光束对熔池的重复加热次数增多，增大了熔池凝固所需要的时间，使得熔池长度和宽度增大。而随着振荡频率从 100 Hz

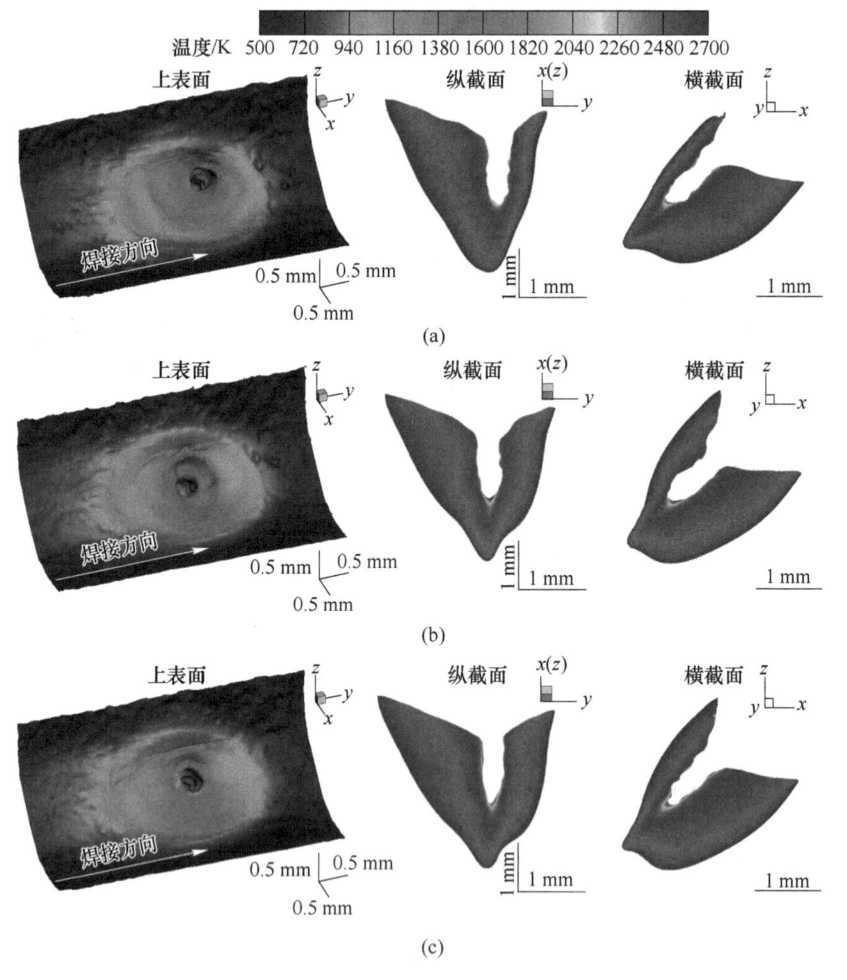

图 4. 26　不同振荡频率条件下 T 型接头顺时针圆形振荡激光焊接熔池形貌和温度场

(a) 振荡频率 60 Hz；(b) 振荡频率 100 Hz；(c) 振荡频率 140 Hz

增大至 140 Hz，激光束对熔池的重复加热作用提升有限，激光束移动路径的增长加剧了熔池表面的散热作用，在这两者的共同作用下，熔池长度和宽度基本保持不变。

不同振荡频率条件下 T 型接头顺时针圆形振荡激光焊接熔池深度随时间的变化曲线如图 4.27 所示。从图 4.27 中可以看出，随着振荡频率的增大，熔池平均深度逐渐减小，熔池深度的波动幅度先减小后增大。在稳定状态下，振荡频率为 60 Hz 时熔池深度约在 2.66 mm 至 2.73 mm 的范围内波动；当振荡频率增大至 100 Hz 时，熔池深度的波动幅度减小；当振荡频率继续增大至 140 Hz 时，熔池深度的波动幅度增大。这表明随着振荡频率的增大，激光焊接过程中熔池的稳定性先提高后降低。这是因为当振荡频率从 60 Hz 增大至 100 Hz 时，小孔的稳定性得到提高，且熔池的温度分布更为均匀，从而提高了熔池的稳定性；随着振荡频率继续增大，小孔的稳定性下降，且振荡激光束对熔池温度分布均匀性的改善作用有限，导致熔池的稳定性降低。

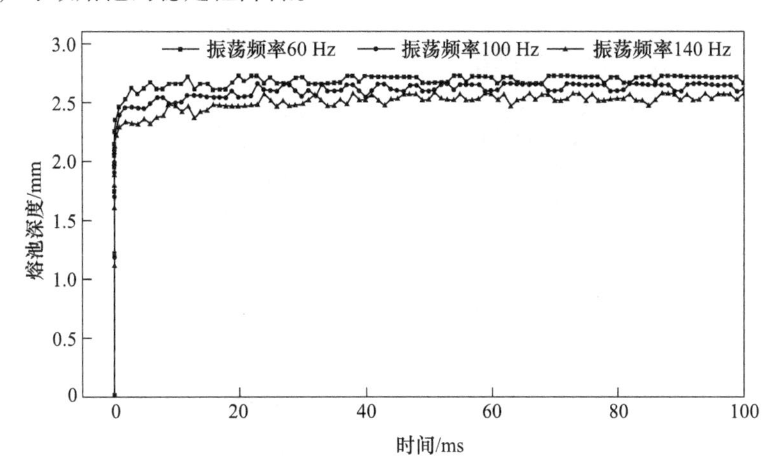

图 4.27 不同振荡频率条件下 T 型接头顺时针圆形振荡激光焊接熔池深度随时间的变化曲线

不同振荡频率条件下 T 型接头顺时针圆形振荡激光焊接熔池纵截面和横截面流场如图 4.28 所示。在不同振荡频率条件下，熔池内部熔融金属的流动行为主要表现为小孔壁面附近的熔融金属向熔池表面流动，熔池其他区域的熔融金属自熔池表面向熔池底部流动。当振荡频率为 60 Hz 时，熔池上部及小孔壁面附近区域的熔融金属的流速较大，熔池底部的熔融金属的流速较小，熔池底部和小孔前部的熔融金属流动较为紊乱，如图 4.28（a）所示。随着振荡频率的增大，熔池纵截面熔融金属流速大于 0.4 m/s 的高流速区域面积减小，熔池流场更为均匀，涡流作用区域面积增大，熔池底部向上流动的熔融金属区域面积明显增大，如图

4.28（b）（c）所示。熔池内部流场均匀性、涡流效应、对流作用和熔池底部熔融金属向上流动趋势增强，为熔池中气泡的逸出提供了良好条件。

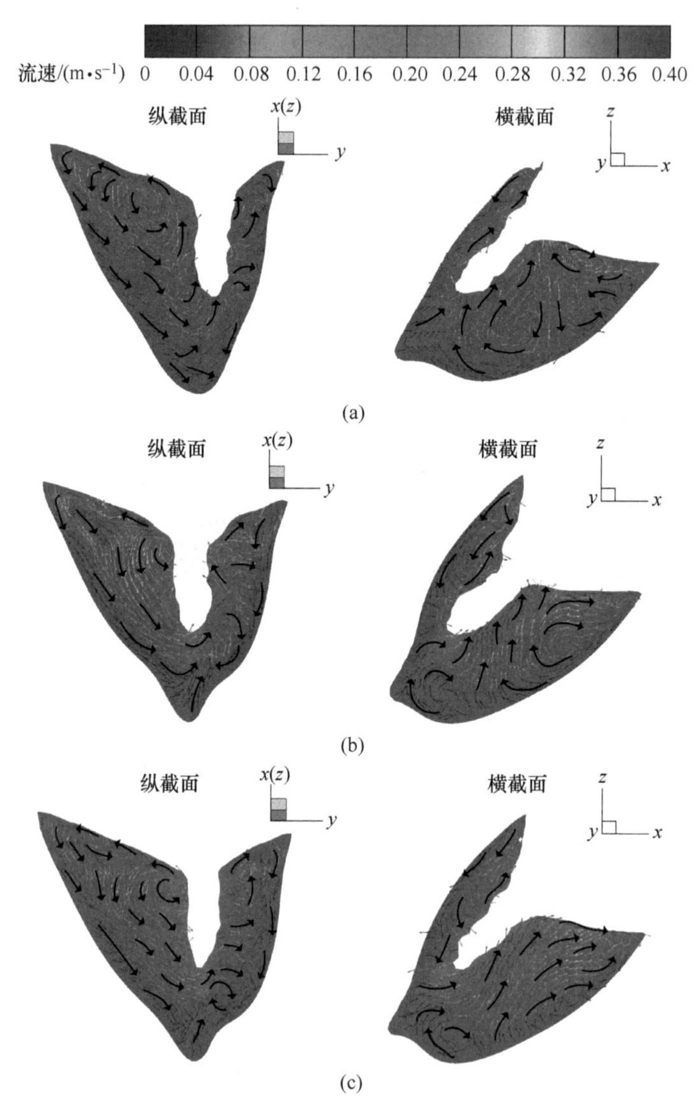

图 4.28　不同振荡频率条件下 T 型接头顺时针圆形振荡激光焊接熔池纵截面和横截面流场

（a）振荡频率 60 Hz；（b）振荡频率 100 Hz；（c）振荡频率 140 Hz

不同振荡频率条件下 T 型接头顺时针圆形振荡激光焊接熔池最大流速随时间的变化曲线如图 4.29 所示。振荡频率为 60 Hz、100 Hz 和 140 Hz 条件下熔池最大流速的平均值分别为 2.64 m/s、2.62 m/s 和 2.60 m/s。这表明随着振荡频率的增大，熔池最大流速的平均值逐渐减小。当振荡频率从 60 Hz 增大至 100 Hz

时，熔池最大流速的波动幅度减小；当振荡频率继续增大至140 Hz时，熔池最大流速的波动幅度增大。这表明激光焊接过程中熔池的稳定性随振荡频率的增大先提高后降低。

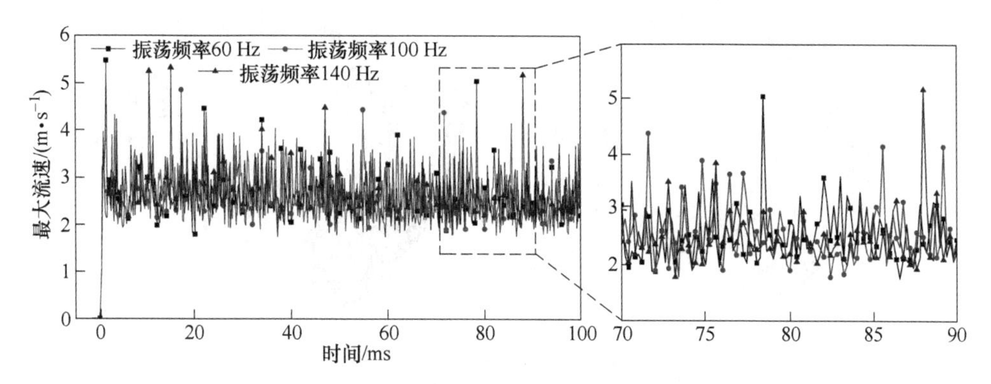

图4.29 不同振荡频率条件下T型接头顺时针圆形振荡激光焊接熔池最大流速随时间的变化曲线

综上所述，当振荡频率从60 Hz增大至100 Hz时，熔池长度和宽度增大，深度减小，温度场和流场均匀性提高，熔池的稳定性提高，脱气条件得到改善，有利于抑制焊缝气孔缺陷的形成，从而改善焊缝形貌，为高质量焊缝成形创造了良好条件。随着振荡频率继续增大至140 Hz，熔池的稳定性下降，易形成气孔和飞溅缺陷，焊缝成形质量难以保证。

4.2.2 激光焊接过程能量分布对焊缝形成过程的影响

4.2.2.1 激光焊接过程能量分布对熔池的影响

选用2.5.4节建立的基于高斯面热源与高斯锥体热源组合热源的熔池动力学模型，选取焊接工艺参数为激光功率6.0 kW、焊接速度1.0 m/min、离焦量0 mm的5A06铝合金T型接头常规激光焊接过程进行数值计算；选用2.6节建立的基于高斯面热源与高斯锥体热源组合热源的顺时针圆形振荡激光焊接动力学模型，选取焊接工艺参数为激光功率6.0 kW、焊接速度1.0 m/min、离焦量0 mm，激光束振荡参数为振荡幅度2.0 mm、振荡频率100 Hz的5A06铝合金T型接头顺时针圆形振荡激光焊接过程进行数值计算。通过对比5A06铝合金T型接头常规激光焊接和圆形振荡激光焊接过程，分析激光焊接过程能量分布对熔池温度分布和流场的影响，获得的熔池和焊接区域温度场分别如图4.30和图4.31所示。

T型接头常规激光焊接熔池呈椭圆形，如图4.30（a）所示。从图4.30（b）（c）中可以看出，在常规激光束的辐射下，T型接头焊接区域温度在焊接中

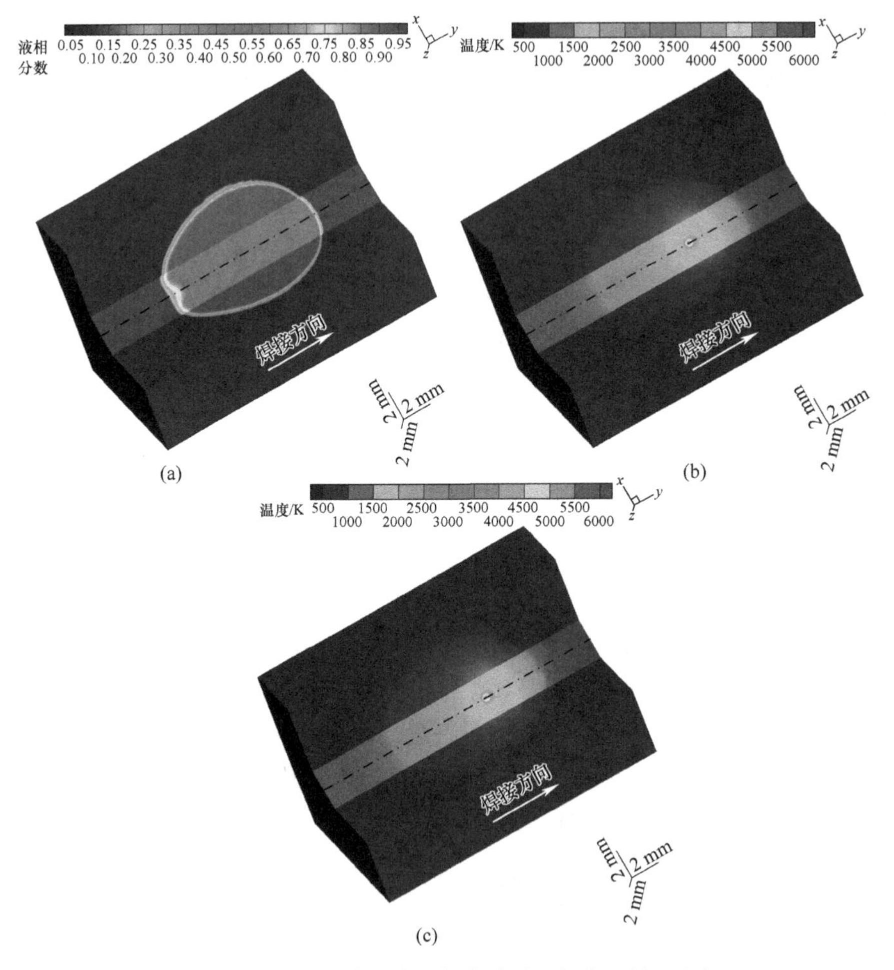

图 4. 30　T 型接头常规激光焊接熔池和焊接区域温度场

（a）0. 4200 s 熔池；（b）0. 4200 s 温度场；（c）0. 4300 s 温度场

心线两侧呈对称分布。这是因为在常规激光焊接过程中，激光束能量在基材表面的分布是以焊接中心线为对称轴对称分布的，导致焊接区域温度分布也呈现出对称的特征。

与 T 型接头常规激光焊接熔池相比，振荡激光焊接熔池也呈椭圆形，熔池面积有所增大，如图 4. 31（a）所示。这是因为在振荡激光焊接过程中，激光束的辐射范围增大，导致能量分布的范围增大，熔池面积增大。从图 4. 31（b）~（f）中可以看出，随着顺时针圆形振荡激光束的移动，T 型接头焊接区域温度分布呈现出周期性变化的特征。在顺时针圆形振荡激光焊接过程中，激光束能量随激光束的振荡辐射在振荡路径附近的基材上，由于激光束的振荡在时间和空间上均具有周期性，使得焊接区域温度分布也呈现出相应的周期性变化特征。

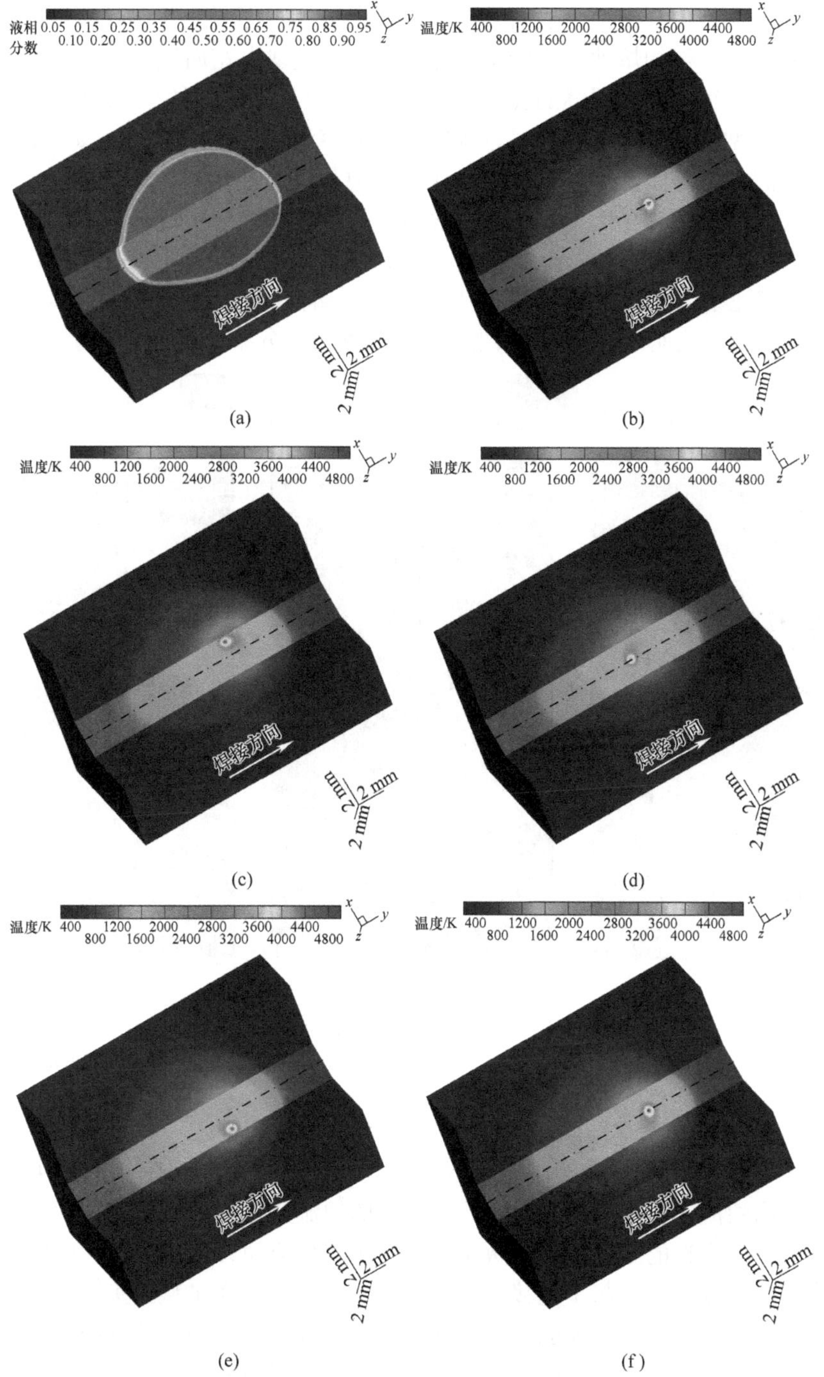

图 4.31 T 型接头顺时针圆形振荡激光焊接熔池及焊接区域温度场

(a) 0.4200 s 熔池；(b) 0.4200 s 温度场；(c) 0.4225 s 温度场；
(d) 0.4250 s 温度场；(e) 0.4275 s 温度场；(f) 0.4300 s 温度场

从 2.6.4 节中的模型验证结果（图 2.33）中可以看出，T 型接头顺时针圆形振荡激光焊接获得的熔池深度较小，宽度较大，呈现出宽而浅的特征，有利于熔池中气泡的逸出，降低焊缝的孔隙率，这些现象与前人的研究结果保持一致[19]。另外，与 T 型接头常规激光焊接过程中形成的熔池相比（图 4.30（a）），T 型接头顺时针圆形振荡激光焊接过程中形成的熔池长度有所增大，如图 4.31（a）所示，较长的熔池有利于熔池中气泡的逸出，从而提高焊接质量[20]。

提取 T 型接头常规激光焊接熔池 z 平面流场，如图 4.32 所示。从图 4.32 中可以看出，熔池中熔融金属的流动行为较为单一，熔池前部熔融金属的流速大于熔池尾部熔融金属的流速，熔池两侧熔融金属的流速大小分布呈现出对称的特征。

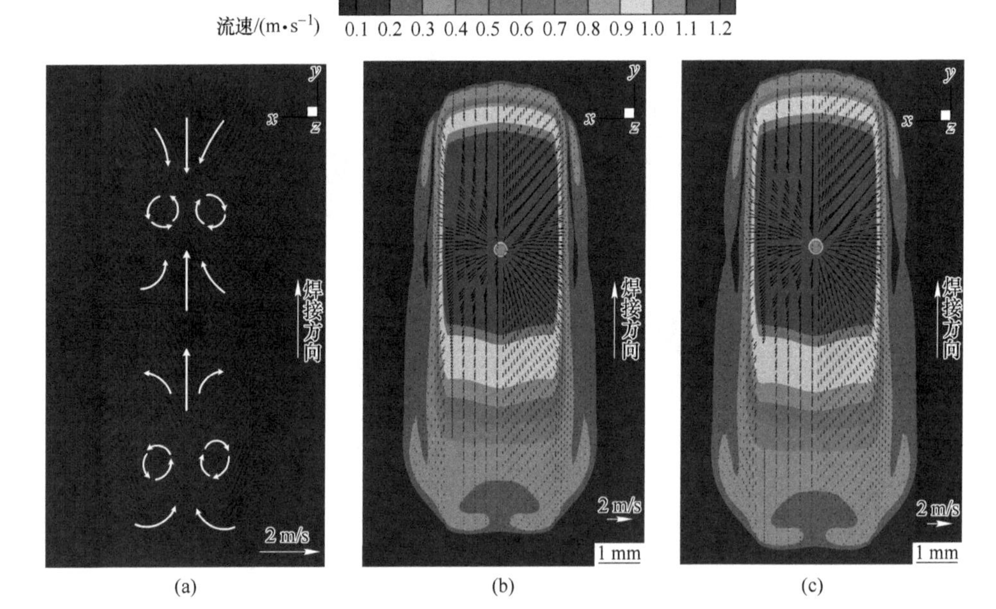

图 4.32　T 型接头常规激光焊接熔池 z 平面流场

（a）$t=0.4200$ s，$z=0.3$ mm；（b）$t=0.4200$ s，$z=0$ mm；（c）$t=0.4300$ s，$z=0$ mm

提取 T 型接头顺时针圆形振荡激光焊接熔池 z 平面流场，如图 4.33 所示。从图 4.33 中可以看出，熔池熔融金属的流动行为较为复杂，振荡激光束附近区域熔融金属的流速明显大于其他区域熔融金属的流速，形成的涡流分散分布在熔池中。激光束附近的熔融金属随激光束的振荡同步流动，形成了较大的涡流。从以上分析中可以看出，与 T 型接头常规激光焊接相比，在 T 型接头顺时针圆形振荡激光焊接过程中，激光束能量随激光束的振荡辐射在振荡路径附近的基材上，激光束的振荡引起的涡流对熔池中熔融金属具有强烈的搅拌作用，导致熔池中的对流作用增强，为熔池中气泡的逸出提供了良好的条件，有利于降低焊缝孔隙率，从而提高焊缝成形质量[20-21]。

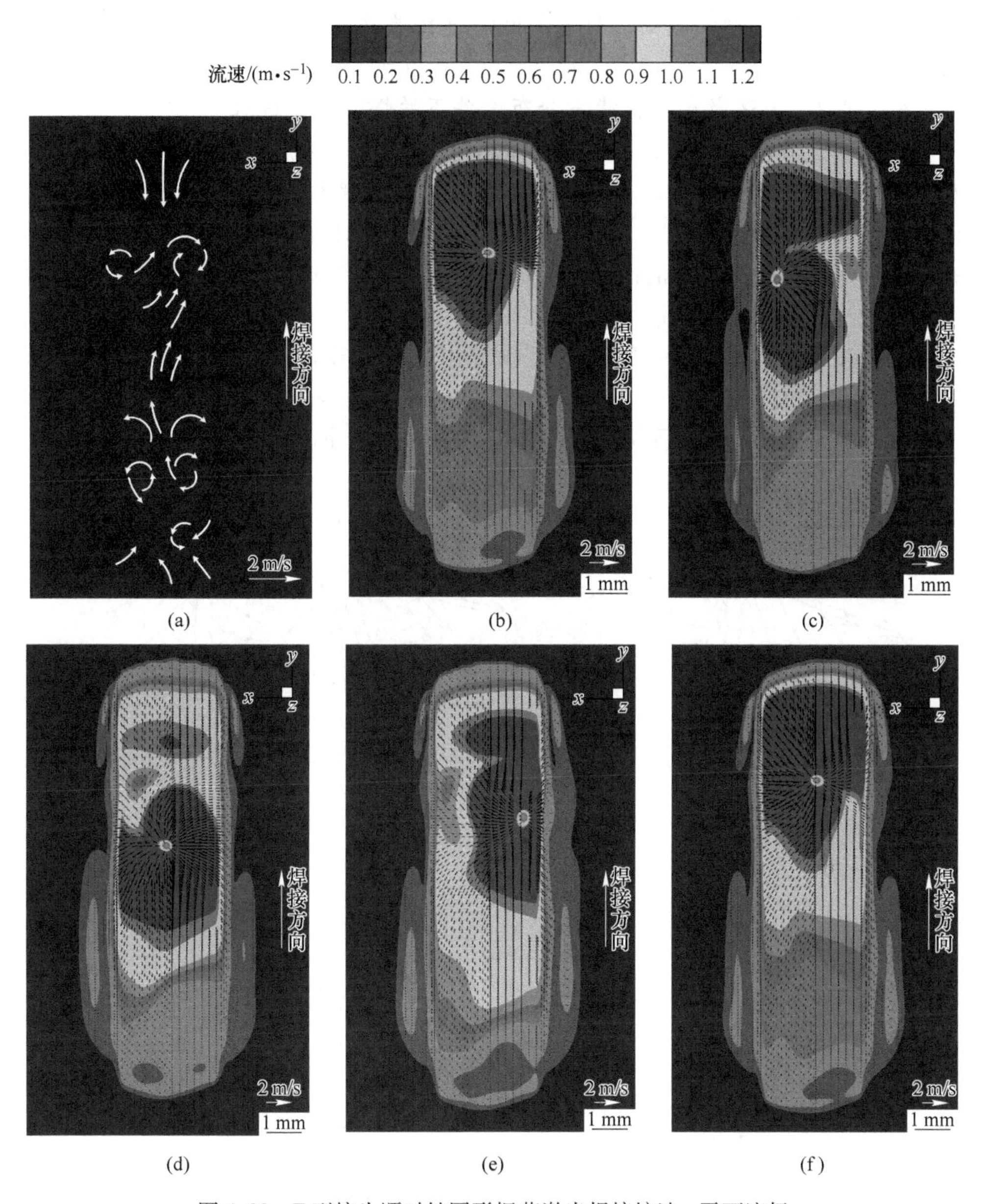

图 4.33　T 型接头顺时针圆形振荡激光焊接熔池 z 平面流场

（a）t=0.4225 s，z=0.3 mm；（b）t=0.4200 s，z=0 mm；（c）t=0.4225 s，z=0 mm；（d）t=0.4250 s，z=0 mm；（e）t=0.4275 s，z=0 mm；（f）t=0.4300 s，z=0 mm

综上所述，相较于 T 型接头常规激光焊接，振荡激光焊接过程中振荡激光束的辐射范围增大，导致能量分布的范围增大，熔池面积增大。激光束能量随激光束的振荡辐射在振荡路径附近的基材上，在熔池中形成了复杂的涡流。这些现象均有利于熔池中气泡的逸出，对于降低焊缝孔隙率、提高焊接质量具有重要的意义。

4.2.2.2　振荡激光焊接能量分布条件下的焊缝形成过程

选用2.6节建立的基于高斯旋转体热源的“∞”形振荡激光焊接动力学模型，选取焊接工艺参数为激光功率2.0 kW、焊接速度3.0 m/min、离焦量0 mm，激光束振荡参数为振荡幅度1.2 mm、振荡频率200 Hz的6061铝合金“∞”形振荡激光焊接过程进行数值计算，分析6061铝合金“∞”形振荡激光焊接开始阶段熔池横截面流场演变过程。

在焊接开始阶段，同一激光束振荡周期内的熔池横截面流场如图4.34所示。

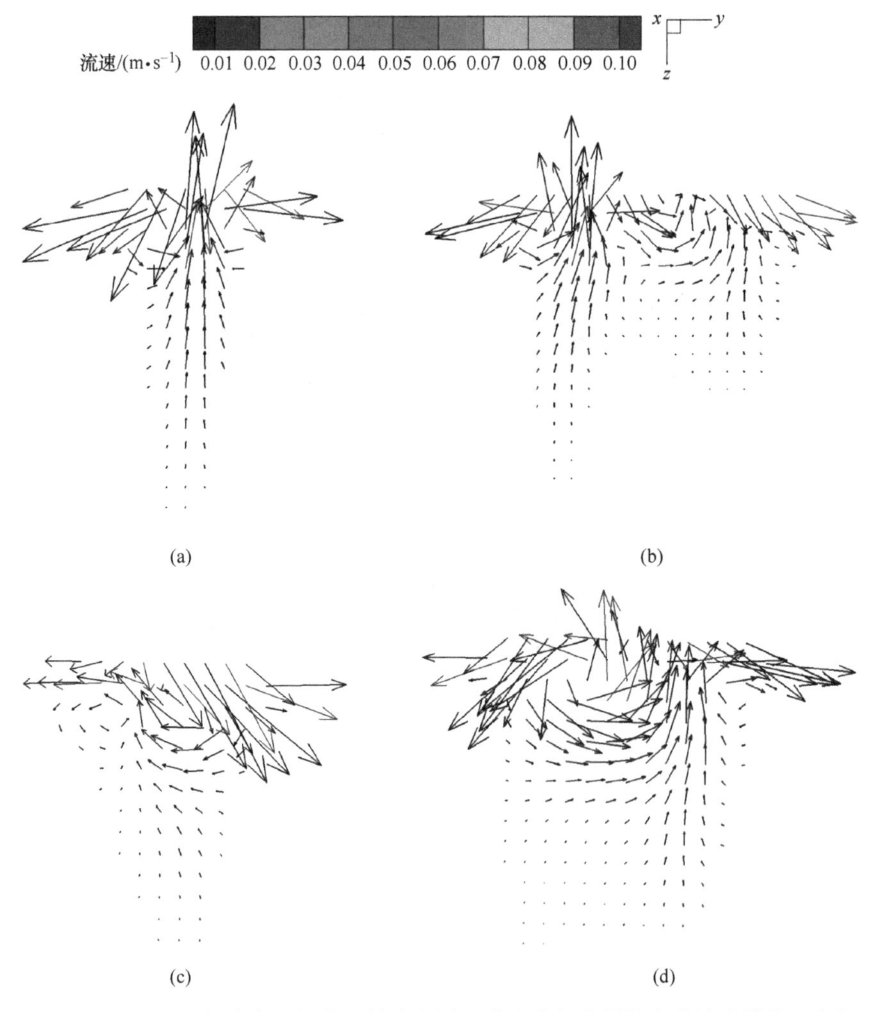

图4.34　“∞”形振荡激光焊接开始阶段同一激光束振荡周期内的熔池横截面流场
(a) 0.001 s；(b) 0.002 s；(c) 0.003 s；(d) 0.004 s

从图 4.34 中可以看出，熔池中熔融金属的流动形成了涡流。在 0.001 s 时刻，根据基材表面能量分布和熔池形貌可知（图 3.8 和图 3.9），焊接中心区域基材表面的能量分布较为集中（图 3.8（a）），熔融金属的流速较大，如图 4.34（a）所示。当激光束位于 y 轴负方向区域时，受激光束辐射一侧的基材表面能量密度峰值增大（图 3.8（b）），y 轴负方向区域的基材开始熔化（图 3.9（b）），熔池对应位置的熔融金属的流速随之增大，如图 4.34（b）所示。当激光束位于 y 轴正方向区域时，y 轴正方向区域熔化的基材增多（图 3.9（c）），形成的熔池体积增大，熔融金属流速大于 0.1 m/s 的高流速区域面积减小，如图 4.34（c）所示。随后，基材表面能量密度峰值近似对称地分布在焊接中心线两侧（图 3.8（d）），能量分布逐渐趋于均匀，熔池流场也趋于均匀，如图 4.34（d）所示。通过对以上同一激光束振荡周期内熔池流场演变过程的分析可知，在 0.001~0.003 s 内，受不均匀的能量分布的影响，所形成的熔池流场的均匀性较低。随着激光焊接过程能量分布的均匀性的提高，熔池流场逐渐趋于均匀。

另外，选用 2.6 节建立的基于高斯旋转体热源的“∞”形振荡激光焊接动力学模型，选取焊接工艺参数为激光功率 3.0 kW、焊接速度 1.8 m/min、离焦量 0 mm，激光束振荡参数为振荡幅度 1.5 mm、振荡频率 220 Hz 的 5052 铝合金“∞”形振荡激光焊接过程进行数值计算，分析 5052 铝合金“∞”形振荡激光焊接稳定阶段熔池横截面形貌和上表面流场的演变过程，所获得的相邻激光束振荡周期内的熔池横截面形貌和同一激光束振荡周期内的熔池上表面流场分别如图 4.35 和图 4.36 所示。在 0.019 s 时刻，振荡激光束位于焊接中心线左侧区域。由于激光束对基材的辐射时间较短，基材吸收的激光束能量较少，所形成的熔池深度较小，如图 4.35（a）所示。当振荡激光束移动至焊接中心线右侧区域时，随着基材对激光束能量的吸收和传递，所形成的熔池横截面右半部分深度大于左半部分深度，且熔池深度整体上有所增大，如图 4.35（b）所示。随着时间的推移，当激光束在下一个激光振荡周期再次位于图 4.35（a）所示的横截面位置时，由于此时激光束辐射在基材左侧，所形成的熔池横截面左半部分深度大于右半部分深度，如图 4.35（c）所示。随后，当激光束再次移动到图 4.35（b）所示的横截面位置时，熔池底部呈现出扁平状的形貌特征，如图 4.35（d）所示。这是因为经过两个激光束振荡周期，基材吸收的激光束能量均匀地分布在焊接中心线两侧，导致所形成的熔池横截面呈现出较为对称的形貌特征，熔池凝固后形成宽而浅的焊缝。

从图 4.36 中可以看出，在激光束振荡路径附近区域，受激光束的直接辐射，能量分布较为集中，导致该区域熔融金属的流速明显高于其他区域。在“∞”形振荡激光焊接过程中，振荡路径拐角处的熔融金属的流速较高，熔池尾部熔融金属的流速较低且较为均匀，这表明熔池尾部流场比熔池前部流场更稳定。随着

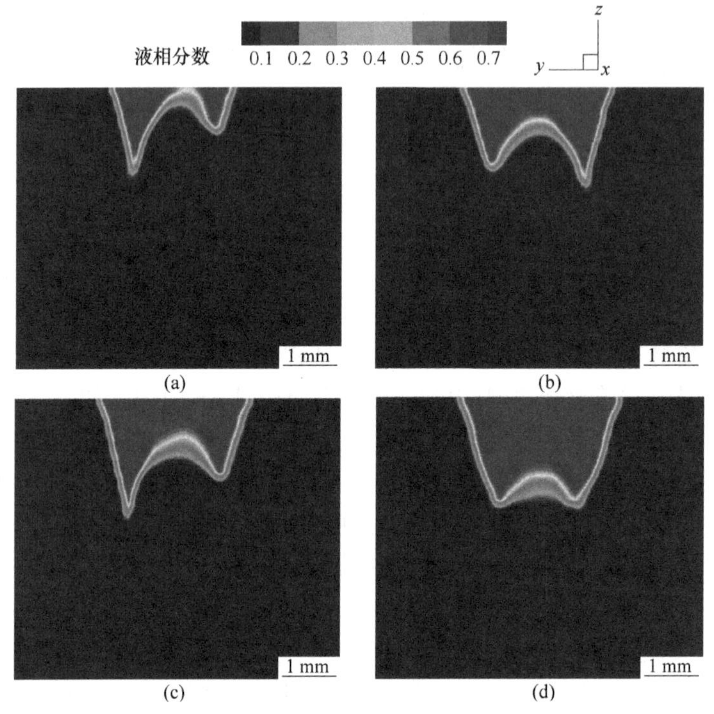

图 4.35　“∞”形振荡激光焊接稳定阶段相邻激光束振荡周期内的熔池横截面形貌

（a）0.019 s；（b）0.023 s；（c）0.036 s；（d）0.040 s

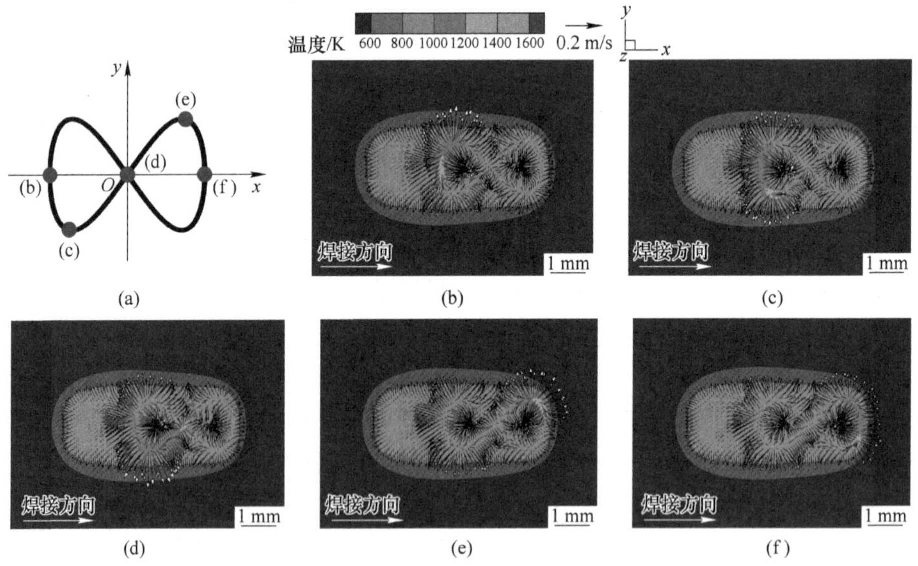

图 4.36　“∞”形振荡激光焊接稳定阶段同一激光束振荡周期内的熔池上表面流场

（a）不同时刻激光束位置示意图；（b）0.1195 s；（c）0.1200 s；

（d）0.1205 s；（e）0.1215 s；（f）0.1220 s

"∞"形振荡激光束沿振荡路径的往返运动，能量分布的均匀性不断提高，形成的熔池在激光束振荡过程中被反复加热，熔池上表面呈现出近似矩形的形貌特征，增加了熔池中熔融金属凝固所需要的时间，为熔池中气泡的逸出提供了良好条件。

综上所述，在"∞"形振荡激光焊接开始阶段，由于能量分布较为集中，熔池流场均匀性较低。随着"∞"形振荡激光焊接的进行，能量分布的均匀性提高，熔池流场逐渐趋于均匀。在"∞"形振荡激光焊接稳定阶段，随着振荡激光束沿振荡路径的往返运动，能量分布的均匀性提高，熔池横截面呈现出较为对称的形貌特征，熔池上表面呈现出近似矩形的形貌特征，熔池尾部流场较为稳定。由于熔池被振荡激光束反复加热，增加了熔池凝固的时间，有利于抑制焊缝气孔缺陷的形成。

4.2.3 激光焊接过程能量分布对焊缝形貌的影响

4.2.3.1 振荡幅度对焊缝形貌的影响

为了分析"∞"形振荡激光焊接中振荡幅度对焊缝形貌的影响，选取焊接工艺参数为激光功率 2.0 kW，焊接速度 3.0 m/min，离焦量 0 mm，激光束振荡参数为振荡幅度 0.2 mm、0.6 mm、1.0 mm、1.4 mm、1.8 mm，振荡频率 120 Hz 的 6061 铝合金"∞"形振荡激光焊接进行实验研究，对比分析焊缝横截面和上表面形貌。

在不同振荡幅度条件下，获得的"∞"形振荡激光焊接焊缝横截面形貌如图 4.37 所示。从图 4.37 中可以看出，当振荡幅度为 0.2 mm 时，由于振荡幅度较小，焊接过程能量分布较为集中，导致焊缝熔深较大，熔宽较小，焊缝横截面形貌呈 V 形。随着振荡幅度从 0.2 mm 增大到 1.8 mm，焊缝熔深逐渐减小，焊缝底部逐渐变得平整，焊缝横截面形貌从 V 形向 U 形转变。这是因为随着振荡幅度的增大，激光束线速度增大，线能量减小，能量分布范围增大且均匀性提高，焊接模式由深熔焊转变为热传导焊。随着振荡幅度的增大，焊缝熔宽呈现出先增大后减小的趋势。当振荡幅度为 1.4 mm 时，熔宽达到最大值，如图 4.38（a）所示。这是因为随着振荡幅度的增大，激光束辐射范围增大，能量分布范围增大，导致焊缝熔宽增大。当振荡幅度大于 1.4 mm 时，激光束线能量不足以使熔融金属蒸发形成小孔，焊接模式由深熔焊转变为热传导焊，激光束辐射范围的增大不足以改变熔宽减小的趋势。总体上看，随着振荡幅度从 0.2 mm 增大到 1.8 mm，焊缝深宽比逐渐减小，如图 4.38（b）所示。

不同振荡幅度条件下"∞"形振荡激光焊接焊缝上表面形貌如图 4.39 所示。从图 4.39 中可以看出，不同振荡幅度条件下获得的焊缝上表面形貌整体上较好。当振荡幅度为 0.2 mm 时，焊缝两侧出现了少量的飞溅，如图 4.39（a）所示。

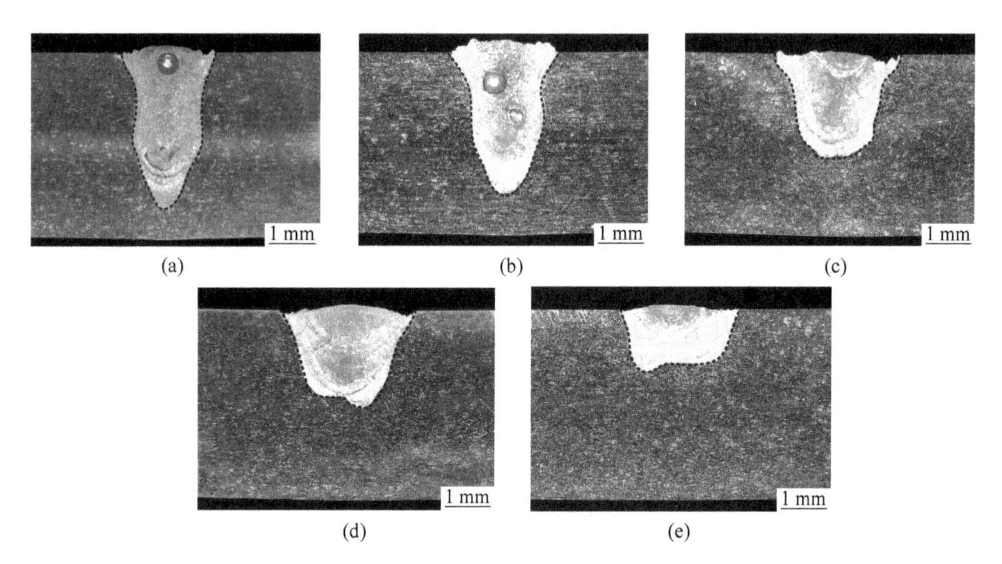

图 4.37　不同振荡幅度条件下“∞”形振荡激光焊接焊缝横截面形貌
（a）振荡幅度 0.2 mm；（b）振荡幅度 0.6 mm；（c）振荡幅度 1.0 mm；
（d）振荡幅度 1.4 mm；（e）振荡幅度 1.8 mm

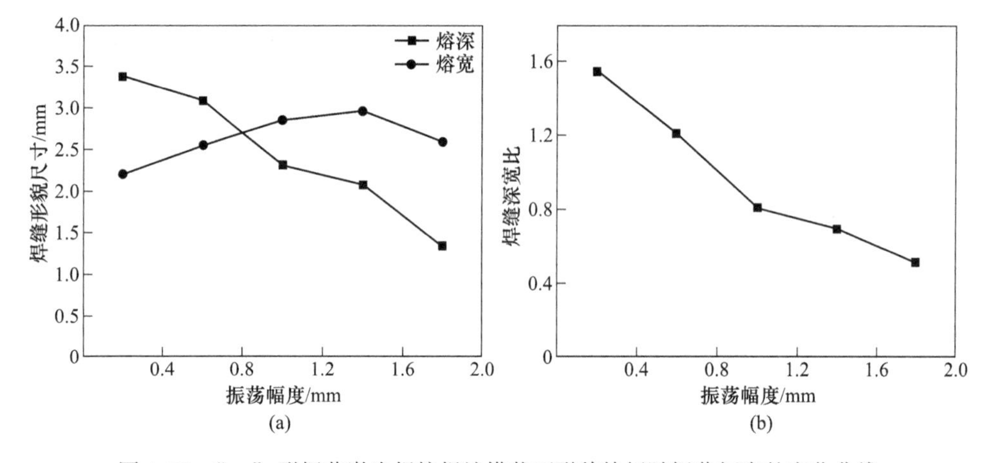

图 4.38　“∞”形振荡激光焊接焊缝横截面形貌特征随振荡幅度的变化曲线
（a）焊缝形貌尺寸；（b）焊缝深宽比

随着振荡幅度的增大，能量分布范围增大且均匀性提高，焊缝上表面均形成了均匀致密的鱼鳞纹，且焊缝上表面较为平整，波纹高度较为均匀，未出现较多的波峰、波谷等形貌特征，无明显飞溅，如图 4.39（b）~（e）所示。当振荡幅度从 0.2 mm 增大到 1.4 mm 时，焊缝上表面宽度逐渐增大；当振荡幅度继续增大到 1.8 mm 时，焊缝上表面宽度减小。焊缝上表面宽度随振荡幅度增大的变化趋势与焊缝横截面熔宽随振荡幅度增大的变化趋势（图 4.38（a））保持一致。因此，通过增大振荡幅度，在一定程度上能够改善焊缝上表面形貌。

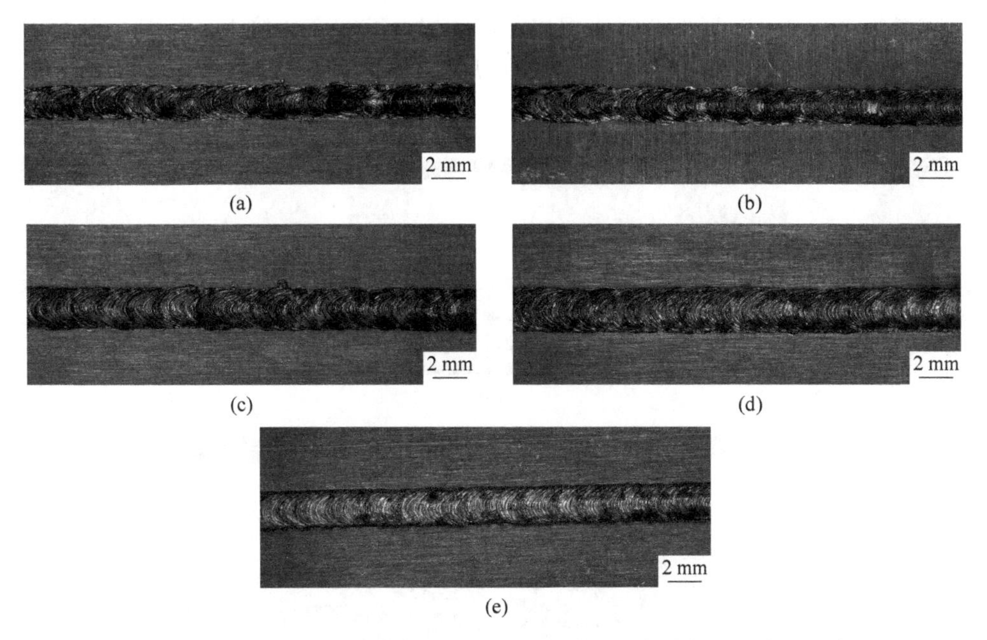

图 4.39　不同振荡幅度条件下“∞”形振荡激光焊接焊缝上表面形貌
(a) 振荡幅度 0.2 mm；(b) 振荡幅度 0.6 mm；(c) 振荡幅度 1.0 mm；
(d) 振荡幅度 1.4 mm；(e) 振荡幅度 1.8 mm

综上所述，随着振荡幅度的增大，激光焊接过程能量分布均匀性提高，焊缝的熔深减小，熔宽先增大后减小，深宽比逐渐减小，焊接模式由深熔焊转变为热传导焊，焊缝横截面形貌从 V 形转变为 U 形，焊缝上表面宽度先增大后减小，飞溅减少，形成了均匀致密的鱼鳞纹。

4.2.3.2　振荡频率对焊缝形貌的影响

振荡频率作为振荡激光焊接中另一个重要的激光束振荡参数，对焊接过程能量分布和焊缝形貌具有重要影响。为了分析“∞”形振荡激光焊接中振荡频率对焊缝形貌的影响，选取焊接工艺参数为激光功率 2.0 kW，焊接速度 3.0 m/min，离焦量 0 mm，激光束振荡参数为振荡幅度 1.2 mm，振荡频率 50 Hz、100 Hz、150 Hz、200 Hz、250 Hz 的 6061 铝合金“∞”形振荡激光焊接进行实验研究，对比分析焊缝横截面和上表面形貌。

在不同振荡频率条件下，获得的“∞”形振荡激光焊接焊缝横截面形貌如图 4.40 所示。从图 4.40 中可以看出，当振荡频率为 50 Hz 时，焊缝熔深最大。随着振荡频率从 50 Hz 增大到 250 Hz，焊缝熔深逐渐减小。这是因为随着振荡频率的增大，激光束线速度增大，线能量减小，能量分布均匀性提高。同时，激光束移动路径的增长加剧了熔池表面的散热作用，导致焊缝熔深逐渐减小。不同振荡频率条件下“∞”形振荡激光焊接获得的焊缝熔宽变化较小，如图 4.41（a）所示。总体上看，当振荡频率从50 Hz 增大到 250 Hz 时，焊缝深宽比逐渐减小，如图 4.41（b）所示。

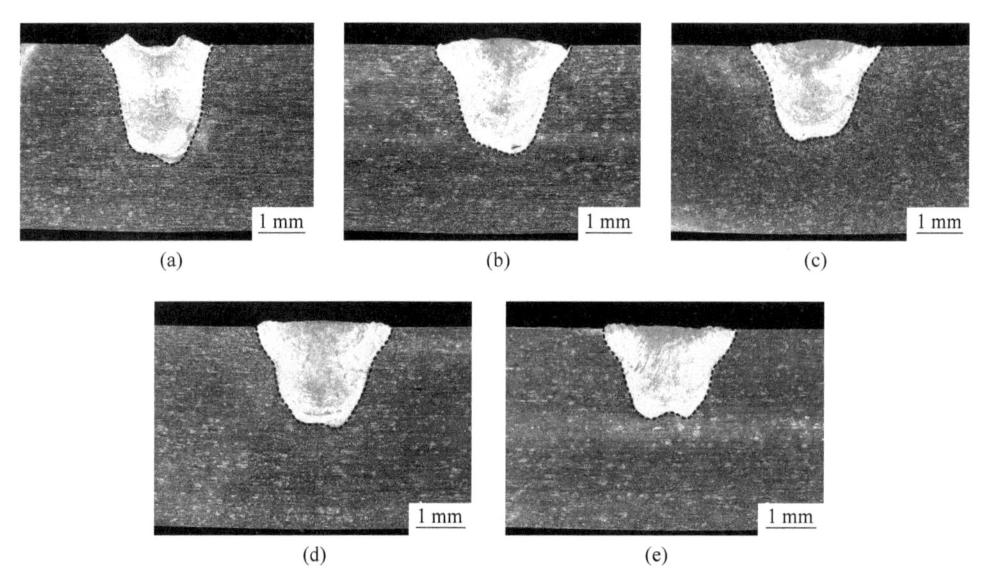

图 4.40　不同振荡频率条件下“∞”形振荡激光焊接焊缝横截面形貌

（a）振荡频率 50 Hz；（b）振荡频率 100 Hz；（c）振荡频率 150 Hz；
（d）振荡频率 200 Hz；（e）振荡频率 250 Hz

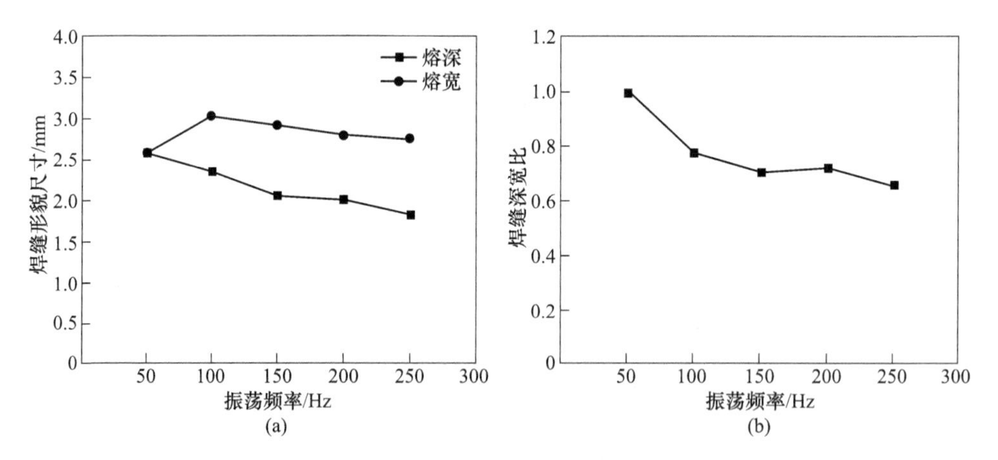

图 4.41　“∞”形振荡激光焊接中焊缝横截面形貌特征随振荡频率的变化曲线

（a）焊缝形貌尺寸；（b）焊缝深宽比

不同振荡频率条件下“∞”形振荡激光焊接获得的焊缝上表面形貌如

图4.42所示。从图4.42中可以看出，不同振荡频率条件下“∞”形振荡激光焊接获得的焊缝上表面无明显飞溅、较为平整，宽度的变化较为平稳。当振荡频率为50 Hz时，焊缝上表面的波纹高度较大，致密性较差，如图4.42（a）所示。随着振荡频率的增大，焊缝上表面的波纹高度降低，形成的鱼鳞纹均匀且致密，如图4.42（b）~（e）所示。这是因为随着振荡频率的增大，激光束线速度增大，线能量减小，焊接过程能量分布更为均匀，使得熔池的稳定性提高，所形成的焊缝上表面波纹高度降低。因此，通过增大振荡频率，在一定程度上能够改善焊缝上表面形貌。

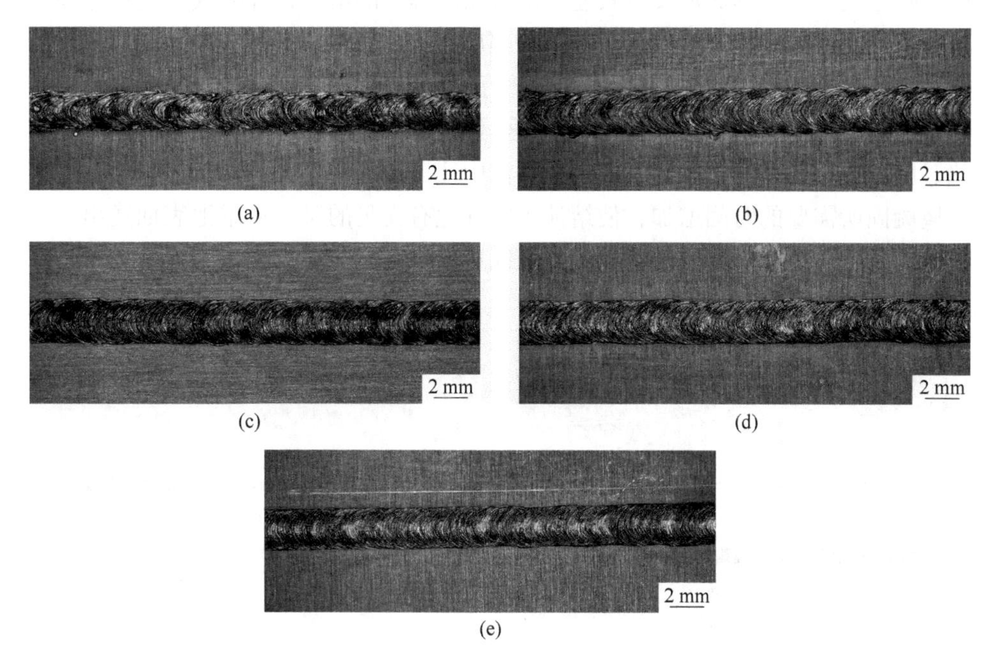

图4.42 不同振荡频率条件下“∞”形振荡激光焊接焊缝上表面形貌

（a）振荡频率50 Hz；（b）振荡频率100 Hz；（c）振荡频率150 Hz；（d）振荡频率200 Hz；（e）振荡频率250 Hz

综上所述，随着振荡频率的增大，激光焊接过程能量分布的均匀性提高，焊缝熔深减小，熔宽变化较小，深宽比逐渐减小，焊缝上表面的波纹高度降低，形成的鱼鳞纹均匀且致密。

4.2.3.3 振荡激光焊接能量分布下的焊缝形貌缺陷

振荡幅度和振荡频率通过改变激光焊接过程能量分布调控焊缝形成过程，最终影响焊缝形貌缺陷的形成。本节以焊缝气孔缺陷作为焊缝形貌缺陷的典型代表，选取焊接工艺参数为激光功率2.0 kW，焊接速度3.0 m/min，离焦量0 mm，激光束振荡参数为振荡幅度 0.2 mm、0.6 mm、1.0 mm、1.4 mm、1.8 mm，振荡频率 120 Hz 的 6061 铝合金“∞”形振荡激光焊接进行实验研究，分析振荡幅度对焊缝气孔缺陷的影响；选取焊接工艺参数为激光功率 2.0 kW，焊接速度 3.0 m/min，离焦量 0 mm，激光束振荡参数为振荡幅度 1.2 mm，振荡频率 50 Hz、100 Hz、150 Hz、200 Hz、250 Hz 的 6061 铝合金“∞”形振荡激光焊接进行实验研究，分析振荡频率对焊缝气孔缺陷的影响。

不同振荡幅度条件下“∞”形振荡激光焊接焊缝纵截面气孔缺陷分布如图 4.43 所示。从图 4.43 中可以看出，当振荡幅度为 0.2 mm 时，焊缝中存在较多的大尺寸气孔，焊缝成形质量较差。随着振荡幅度的增大，焊缝气孔的尺寸逐渐减小，气孔的数量也逐渐减少。当振荡幅度增大到 1.8 mm 时，焊缝中无明显的气孔缺陷。这种现象可从以下两方面进行说明：一方面，在“∞”形振荡激光焊接过程中，激光束沿振荡路径的往返运动使得熔池尾部的熔融金属被反复加热，随着振荡幅度的增大，激光束在熔池中往返运动路径的长度增加，熔池熔融金属凝固所需要的时间增加，使熔池中的气泡有充足的时间从熔池表面逸出；另一方面，随着振荡幅度的增大，激光束线速度增大，线能量减小，能量分布范围

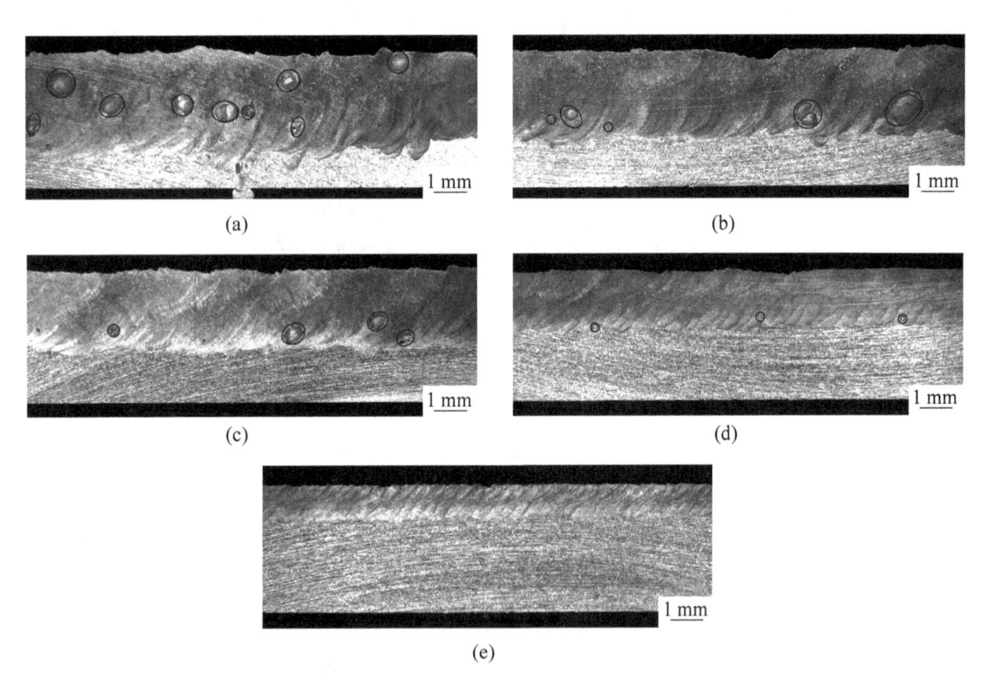

图 4.43　不同振荡幅度条件下“∞”形振荡激光焊接焊缝纵截面气孔缺陷分布

(a) 振荡幅度 0.2 mm；(b) 振荡幅度 0.6 mm；(c) 振荡幅度 1.0 mm；
(d) 振荡幅度 1.4 mm；(e) 振荡幅度 1.8 mm

增大且均匀性提高，导致熔池的深宽比逐渐减小，气泡从宽而浅的熔池中逸出所需要的时间减少。因此，通过增大振荡幅度，在一定程度上能够提高激光焊接过程能量分布的均匀性，增加熔池熔融金属凝固所需要的时间，减少气泡从熔池中逸出所需要的时间，从而减少焊缝气孔缺陷。

不同振荡频率条件下“∞”形振荡激光焊接焊缝纵截面气孔缺陷分布如图 4.44 所示。从图 4.44 中可以看出，随着振荡频率的增大，焊缝中形成的气孔尺寸逐渐减小，气孔的数量逐渐减少，当振荡频率增大到 200 Hz 和 250 Hz 时，焊缝中无明显的气孔缺陷。这种现象可从以下两方面进行说明：一方面，在“∞”形振荡激光焊接过程中，激光束沿振荡路径的往返运动使得熔池尾部的熔融金属被反复加热，随着振荡频率的增大，单位时间内激光束在熔池中往返运动的次数增多，熔池熔融金属凝固所需要的时间增加，使熔池中的气泡有充足的时间从熔池表面逸出；另一方面，随着振荡频率的增大，熔池的深宽比逐渐减小，气泡从宽而浅的熔池中逸出所需要的时间减少。因此，通过增大振荡频率，在一定程度上同样能够提高激光焊接过程能量分布的均匀性，增加熔池熔融金属凝固所需要的时间，减少气泡从熔池中逸出所需要的时间，从而减少焊缝气孔缺陷。

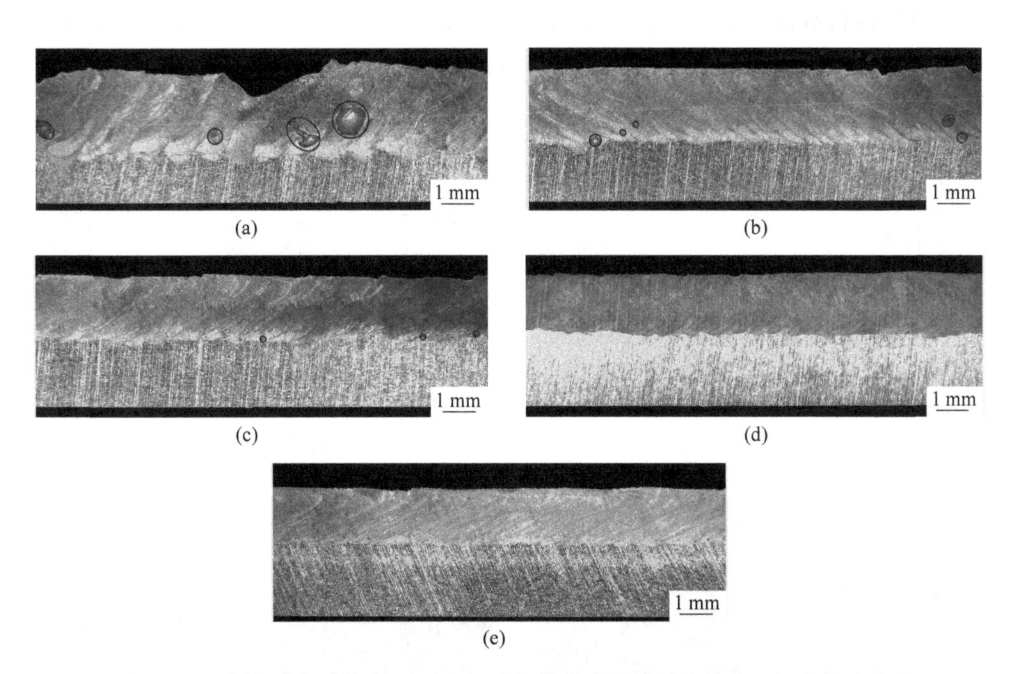

图 4.44 不同振荡频率条件下“∞”形振荡激光焊接焊缝纵截面气孔缺陷分布

(a) 振荡频率 50 Hz；(b) 振荡频率 100 Hz；(c) 振荡频率 150 Hz；
(d) 振荡频率 200 Hz；(e) 振荡频率 250 Hz

综上所述，随着振荡幅度或振荡频率的增大，激光焊接过程能量分布的均匀性提高，焊缝中气孔的尺寸逐渐减小，气孔的数量逐渐减少。当振荡幅度或振荡频率增大到一定程度时，焊缝中未出现明显的气孔缺陷。这表明通过增大振荡幅度或振荡频率，在一定程度上可提高激光焊接过程能量分布的均匀性，进而减少焊缝气孔缺陷。

4.3　激光焊接过程能量分布对焊缝形成过程的调控分析

4.3.1　激光焊接过程能量分布对焊缝形成过程的改善作用

为了深入分析常规激光焊接与振荡激光焊接过程能量分布的差异及其对焊缝形成过程、成形质量的影响，选用 2.5.1 节建立的基于高斯锥体热源的熔池小孔动力学模型（不考虑小孔），选取焊接工艺参数为激光功率 2.0 kW、焊接速度 3.0 m/min、离焦量 0 mm 的 6061 铝合金常规激光焊接过程进行数值计算；选用 2.6 节建立的基于高斯旋转体热源的“∞”形振荡激光焊接动力学模型，选取焊接工艺参数为激光功率 2.0 kW、焊接速度 3.0 m/min、离焦量 0 mm，激光束振荡参数为振荡幅度 1.2 mm、振荡频率 200 Hz 的 6061 铝合金“∞”形振荡激光焊接过程进行数值计算，所获得的常规激光焊接和“∞”形振荡激光焊接基材表面能量分布侧视图、熔池横截面温度场、熔池横截面流场和焊缝横截面形貌如图 4.45 所示。

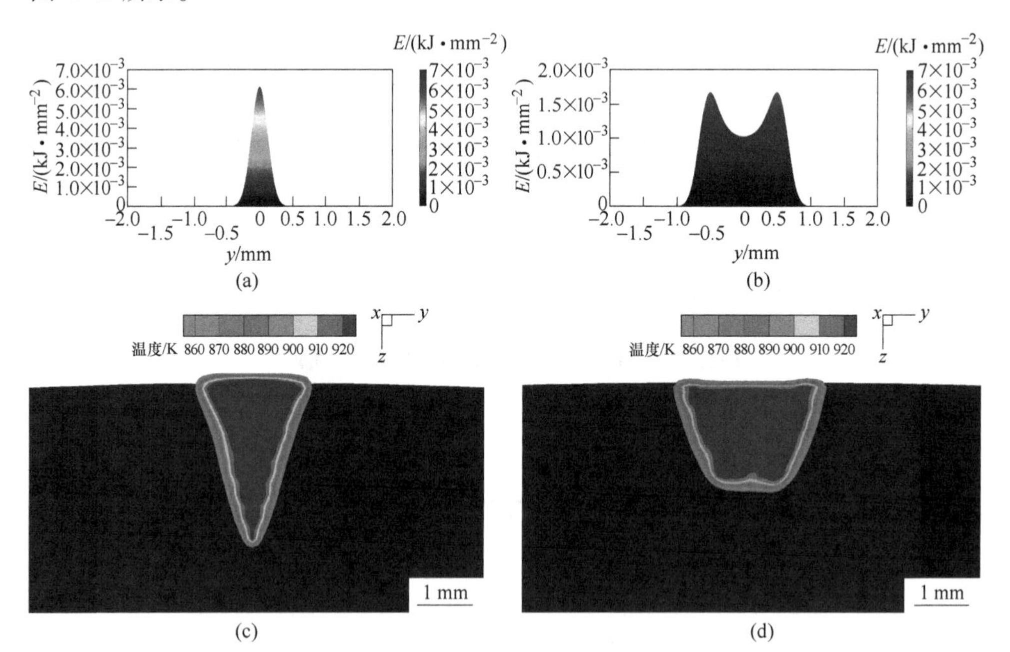

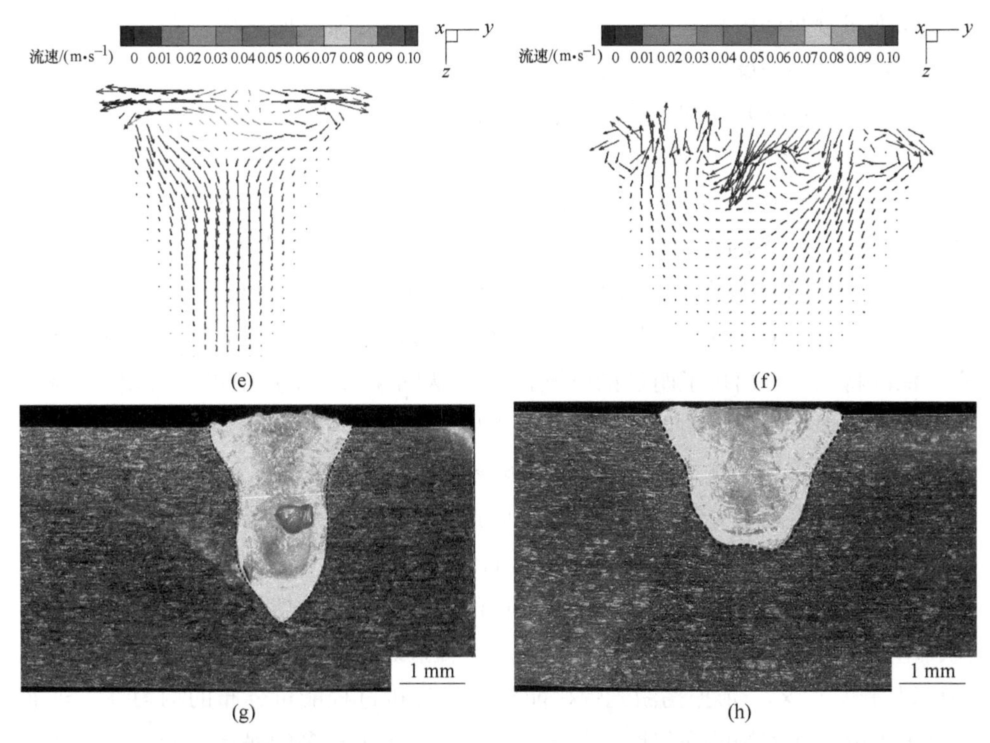

图 4.45 常规激光焊接和“∞”形振荡激光焊接基材表面能量分布侧视图、熔池横截面温度场、熔池横截面流场和焊缝横截面形貌

(a) 常规激光焊接基材表面能量分布侧视图；(b)“∞”形振荡激光焊接基材表面能量分布侧视图；(c) 常规激光焊接熔池横截面温度场；(d)“∞”形振荡激光焊接熔池横截面温度场；(e) 常规激光焊接熔池横截面流场；(f)“∞”形振荡激光焊接熔池横截面流场；(g) 常规激光焊接焊缝横截面形貌；(h)“∞”形振荡激光焊接焊缝横截面形貌

从图 4.45 (a) 中可以看出，常规激光焊接基材表面沿 y 轴方向的能量分布范围约为 1 mm，基材表面能量分布较为集中，主要分布在焊接中心区域，能量密度峰值约为 6.1×10^{-3} kJ/mm²。从图 4.45 (b) 中可以看出，“∞”形振荡激光焊接基材表面沿 y 轴方向的能量分布范围较宽，约为 2 mm，且焊接中心线两侧的能量密度较高，焊接中心线所在位置的能量密度较低，能量密度峰值约为 1.7×10^{-3} kJ/mm²，低于常规激光焊接基材表面能量密度峰值。从以上分析中可以看出，相较于常规激光焊接，“∞”形振荡激光焊接基材表面能量分布更为均匀。

从图 4.45 (c) 中可以看出，在常规激光焊接过程中，熔池横截面温度分布呈现出窄而深的特征。从图 4.45 (d) 中可以看出，“∞”形振荡激光焊接获得的熔池横截面温度分布近似为 U 形，呈现出宽而浅的特征。从以上分析中可以看出，受能量分布的影响，“∞”形振荡激光焊接熔池横截面温度分布比常规激光焊接熔池横截面温度分布更为均匀。

从图 4.45（e）中可以看出，在常规激光焊接过程中，熔池横截面存在熔融金属流速大于 0.1 m/s 的区域。从图 4.45（f）中可以看出，在“∞”形振荡激光焊接过程中，熔池横截面熔融金属的流速基本保持在 0~0.07 m/s 范围内，且形成了较多的涡流。从以上分析中可以看出，受能量分布的影响，“∞”形振荡激光焊接熔池横截面流场比常规激光焊接熔池横截面流场更为均匀。

从图 4.45（g）中可以看出，常规激光焊接所获得的焊缝横截面形貌呈现出窄而深的特征，且出现了明显的气孔缺陷。从图 4.45（h）中可以看出，“∞”形振荡激光焊接所获得的焊缝横截面形貌呈现出宽而浅的特征，无明显的气孔缺陷，焊缝形貌较好。这是因为“∞”形振荡激光束沿振荡路径的往返运动提高了激光焊接过程能量分布的均匀性，进而提高了熔池中温度分布的均匀性。较为均匀的温度分布降低了熔池中熔融金属的流速，形成了较为均匀且稳定的流场，有利于抑制熔池中气泡的产生。在激光束的搅拌作用下，熔池中产生了较多的涡流，增强了熔池中的传热传质过程，有利于促进熔池中气泡的逸出。从以上分析中可以看出，“∞”形振荡激光焊接能够提高焊接过程能量分布的均匀性，进而提高温度分布和流场的均匀性。同时，熔池中产生了较多的涡流，能够有效降低焊缝孔隙率，提高焊缝成形质量。

综上所述，相较于常规激光焊接，“∞”形振荡激光焊接基材表面能量分布更为均匀，提高了熔池中温度分布的均匀性，进而降低了熔融金属的流速，形成了较为均匀且稳定的流场。同时，激光束的搅拌作用使得熔池中产生了较多的涡流。振荡激光束对焊缝形成过程具有明显的改善作用，可抑制熔池中气泡的形成，促进熔池中气泡的逸出，从而降低焊缝孔隙率，提高焊缝成形质量。

4.3.2　激光焊接过程能量分布对焊缝形成过程的调控作用

4.3.2.1　振荡幅度对焊缝形成过程的调控作用

选用 2.6 节建立的基于高斯旋转体热源的“∞”形振荡激光焊接动力学模型，选取焊接工艺参数为激光功率 3.0 kW，焊接速度 1.8 m/min，离焦量 0 mm，激光束振荡参数为振荡幅度 0.9 mm、1.2 mm、1.5 mm，振荡频率 220 Hz 的 5052 铝合金“∞”形振荡激光焊接过程进行数值计算，所获得的熔池横截面、纵截面温度场和流场如图 4.46 所示。从图 4.46 中可以看出，在“∞”形振荡激光焊接过程中，由于受到激光束的搅拌作用，熔池中形成了复杂的涡流，有利于促进熔池中气泡的逸出，这与 Li 等[20]的研究结果一致。随着振荡幅度的增大，熔池宽度明显增大，深度逐渐减小。这是因为随着振荡幅度的增大，激光束在基材表面的辐射范围增大，激光焊接过程能量分布的范围增大，导致熔池宽度增大。同时，激光束线速度增大，线能量减小，使得熔池深度减小。“∞”形振荡激光焊接中形成的熔池具有宽而浅的形貌特征，在一定程度上减少了气泡从熔池中逸出所需要的时间，从而降低焊缝孔隙率。

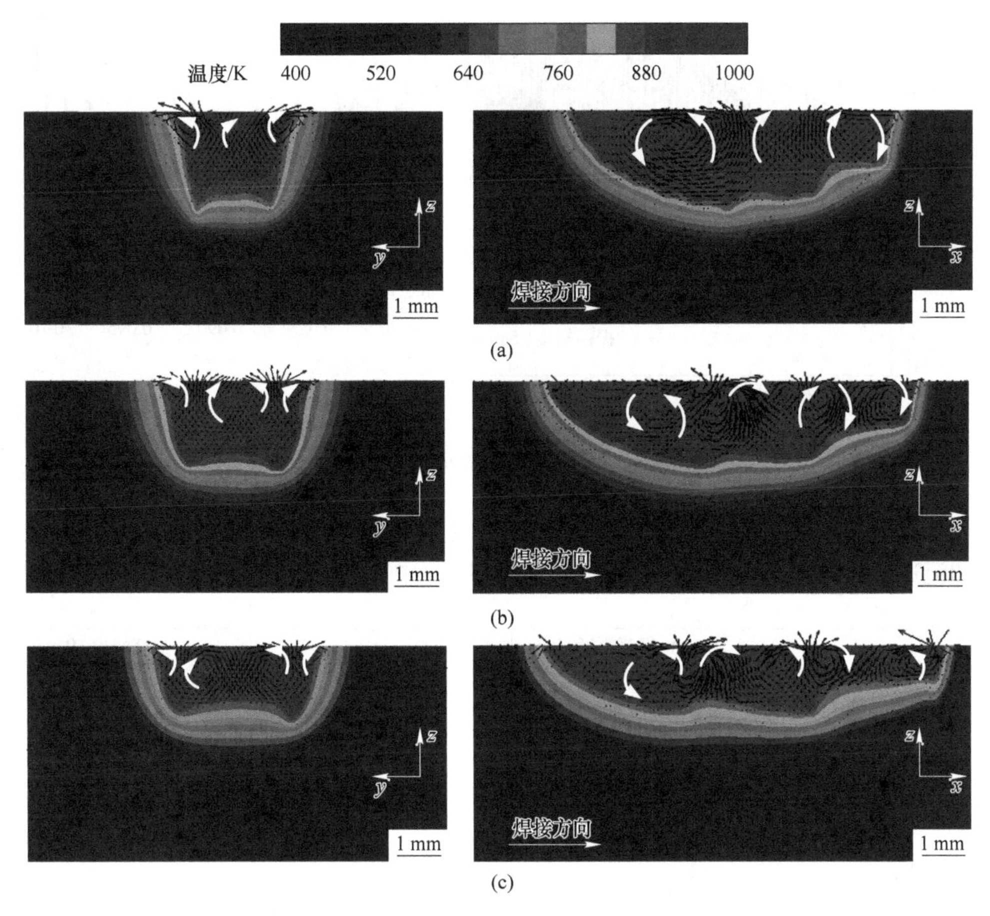

图 4.46 不同振荡幅度条件下“∞”形振荡激光焊接熔池横截面、纵截面温度场和流场

(a) 振荡幅度 0.9 mm；(b) 振荡幅度 1.2 mm；(c) 振荡幅度 1.5 mm

振荡幅度通过调节激光焊接过程能量分布进而影响熔池温度场和流场。不同振荡幅度条件下“∞”形振荡激光焊接熔池最大温度随时间的变化曲线如图 4.47 所示。从图 4.47 中可以看出，在振荡幅度 0.9 mm 条件下，由于激光焊接

过程能量分布较为集中，熔池最大温度在短时间内急剧升高。随着振荡幅度从 0.9 mm 增大至 1.5 mm，激光焊接过程能量分布的范围增大。同时，激光束线速度增大，线能量减小，导致熔池最大温度的增长速度下降。在“∞”形振荡激光焊接稳定阶段，随着振荡幅度的增大，激光焊接过程能量分布更为均匀，熔池最大温度减小。不同振荡幅度条件下熔池最大温度均呈现出周期性波动的特征，且不同振荡幅度条件下熔池最大温度的波动周期大致相同。

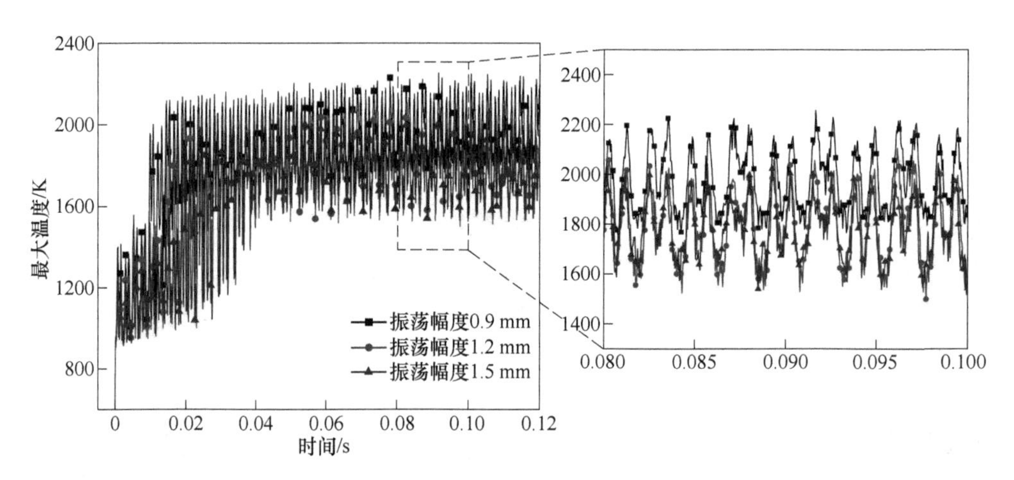

图 4.47　不同振荡幅度条件下“∞”形振荡激光焊接熔池最大温度随时间的变化曲线

提取不同振荡幅度条件下“∞”形振荡激光焊接中心线上的温度分布曲线和流速分布曲线，如图 4.48 所示。从图 4.48 中可以看出，随着振荡幅度的增

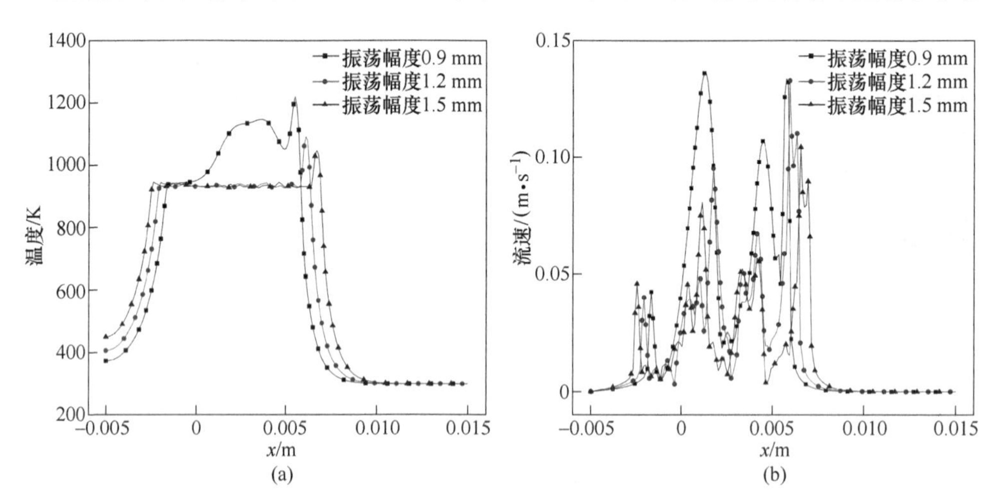

图 4.48　不同振荡幅度条件下“∞”形振荡激光焊接中心线上的温度分布曲线和流速分布曲线

（a）温度分布曲线；（b）流速分布曲线

大，焊接中心线上的温度分布曲线和流速分布曲线的波动幅度均逐渐减小。这是因为随着振荡幅度的增大，激光焊接过程能量分布更为均匀，熔池的稳定性提高。

不同振荡幅度条件下“∞”形振荡激光焊接熔池最大流速随时间的变化曲线如图 4.49 所示。从图 4.49 中可以看出，在振荡幅度 0.9 mm、1.2 mm 和 1.5 mm 条件下，振荡幅度 0.9 mm 时熔池最大流速最先达到稳定状态。在“∞”形振荡激光焊接稳定阶段，随着振荡幅度的增大，熔池最大流速逐渐减小。不同振荡幅度条件下熔池最大流速均呈现出周期性波动特征，且不同振荡幅度条件下熔池最大流速的波动周期大致相同。在较大的振荡幅度条件下，激光焊接过程能量分布更为均匀，易获得更为稳定的低流速熔池，有利于降低焊缝孔隙率，这与 Chen 等[21]的实验结果保持一致。

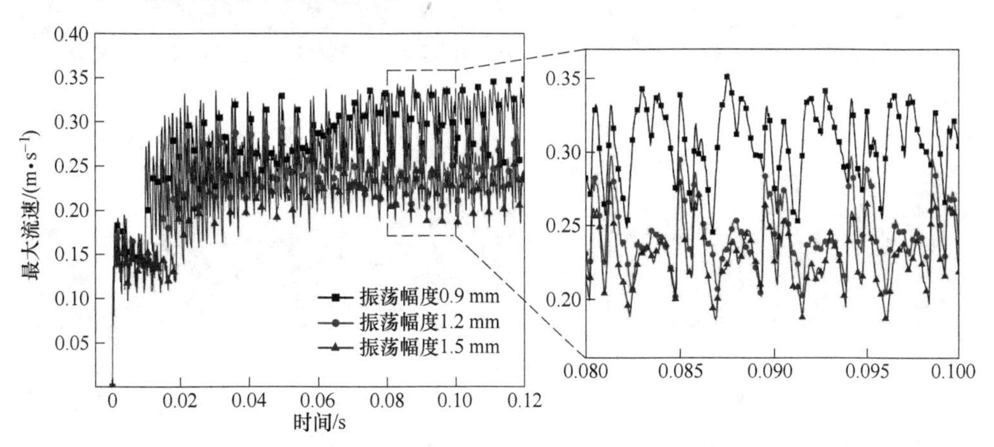

图 4.49 不同振荡幅度条件下“∞”形振荡激光焊接熔池最大流速随时间的变化曲线

综上所述，在一定范围内增大振荡幅度，激光焊接过程能量分布的范围增大，激光束线速度增大，线能量减小，导致熔池宽度增大，深度减小，能量分布更为均匀，熔池最大温度和最大流速减小，焊接中心线上的温度分布曲线和流速分布曲线的波动幅度减小，熔池的稳定性增强。因此，为了提高焊缝形成过程的稳定性和焊缝成形质量，可以通过在适当范围内采取增大振荡幅度的方式调节激光焊接过程能量分布的均匀性。

4.3.2.2 振荡频率对焊缝形成过程的调控作用

选用 2.6 节建立的基于高斯旋转体热源的“∞”形振荡激光焊接动力学模型，选取焊接工艺参数为激光功率 3.0 kW，焊接速度 1.8 m/min，离焦量 0 mm，激光束振荡参数为振荡幅度 1.5 mm，振荡频率 60 Hz、140 Hz、220 Hz 的 5052 铝合金“∞”形振荡激光焊接过程进行数值计算，所获得的熔池横截面、纵截面温度场和流场如图 4.50 所示。从图 4.50 中可以看出，在“∞”形振荡激光焊接过程中，激光束的搅拌作用使得熔池中形成了复杂的涡流，有利于促进熔池中气泡的逸出。随着振荡频率的增大，激光束线速度增大，线能量减小，熔池深度逐渐减小，进而减少了气泡从熔池中逸出所需要的时间，有利于降低焊缝孔隙率。在不同振荡频率条件下，“∞”形振荡激光焊接所形成的熔池宽度基本相同，这表明振荡频率对熔池宽度的影响较小。

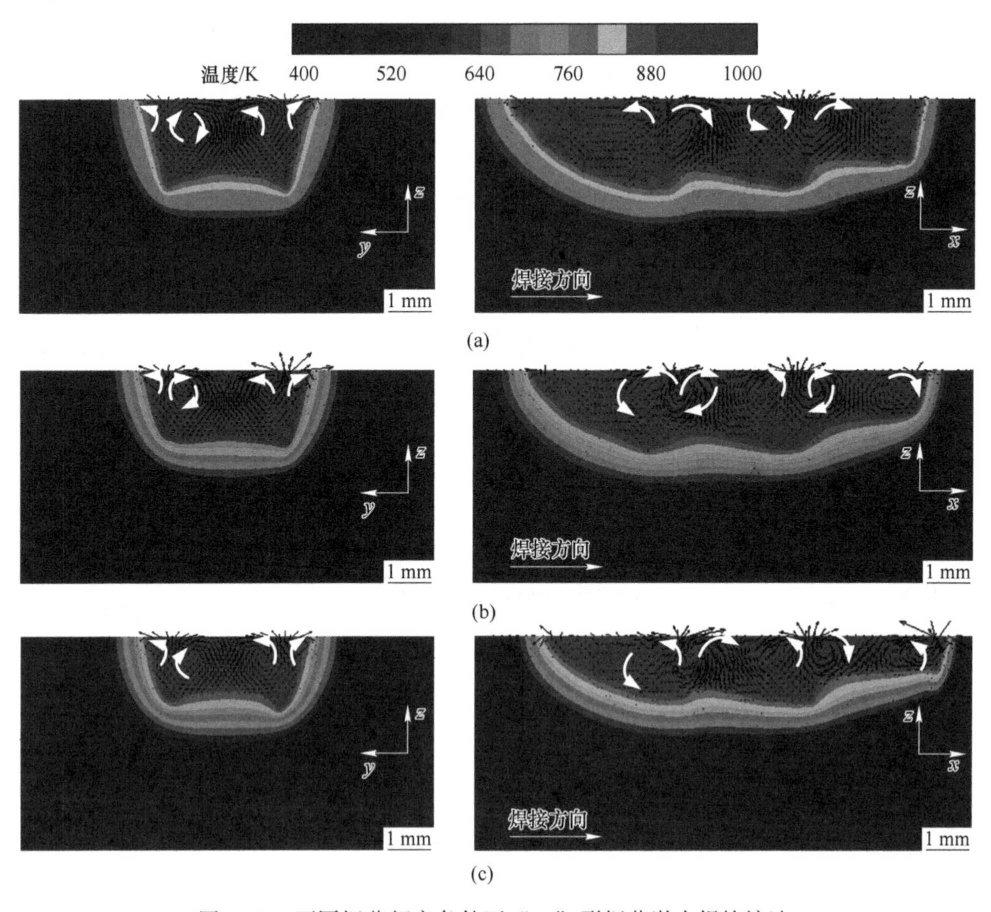

图 4.50　不同振荡频率条件下“∞”形振荡激光焊接熔池横截面、纵截面温度场和流场

（a）振荡频率 60 Hz；（b）振荡频率 140 Hz；（c）振荡频率 220 Hz

振荡频率通过调节激光焊接过程能量分布进而影响熔池温度场和流场。不同振荡频率条件下“∞”形振荡激光焊接熔池最大温度随时间的变化曲线如图 4.51 所示。从图 4.51 中可以看出，在不同振荡频率条件下，熔池最大温度几乎同时达到稳定状态。焊接稳定阶段，随着振荡频率的增大，激光焊接过程能量分布的均匀性提高，导致熔池最大温度下降。不同振荡频率条件下熔池最大温度均呈现出周期性波动的特征，且熔池最大温度的波动周期差异较大，熔池最大温度

的波动周期随着振荡频率的增大而减小。

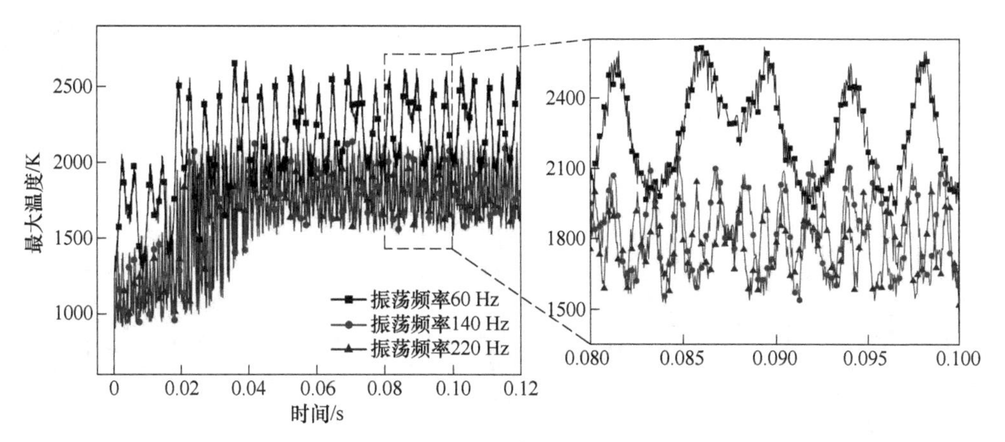

图 4.51 不同振荡频率条件下“∞”形振荡激光焊接熔池最大温度随时间的变化曲线

提取不同振荡频率条件下“∞”形振荡激光焊接中心线上的温度分布曲线和流速分布曲线，如图 4.52 所示。从图 4.52 中可以看出，随着振荡频率的增大，焊接中心线上的温度分布曲线和流速分布曲线的波动幅度均逐渐减小。这是因为随着振荡频率的增大，激光焊接过程能量分布更为均匀，熔池的稳定性提高。

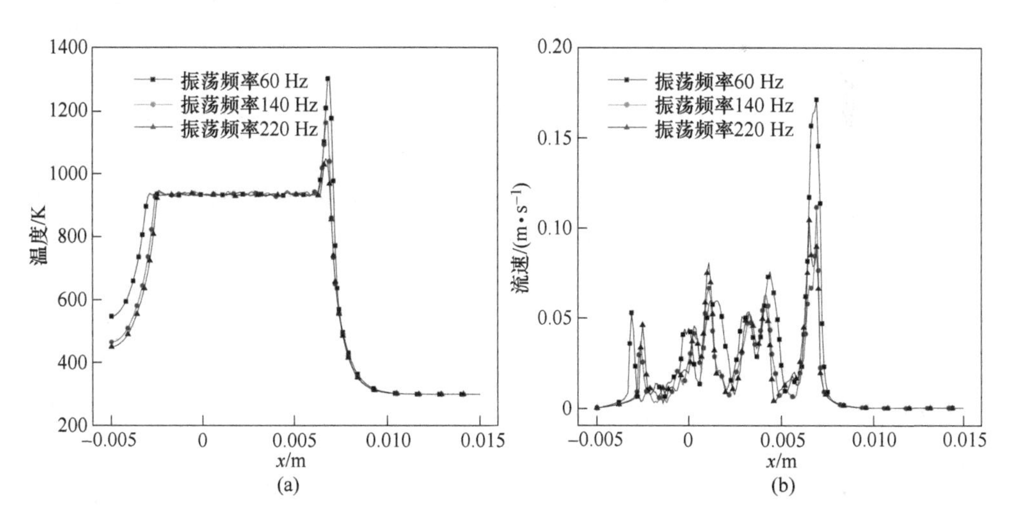

图 4.52 不同振荡频率条件下“∞”形振荡激光焊接中心线上的温度分布曲线和流速分布曲线
(a) 温度分布曲线；(b) 流速分布曲线

不同振荡频率条件下“∞”形振荡激光焊接熔池最大流速随时间的变化曲线如图 4.53 所示。从图 4.53 中可以看出，在“∞”形振荡激光焊接稳定阶段，随着振荡频率的增大，熔池最大流速逐渐减小。不同振荡频率条件下熔池最大流速均呈现周期性波动的特征，且熔池最大流速的波动周期差异较大。在较大的振荡频率条件下，激光焊接过程能量分布更为均匀，易获得更为稳定的低流速熔池，有利于降低焊缝孔隙率，这与 Liu 等[22]的研究结果保持一致。

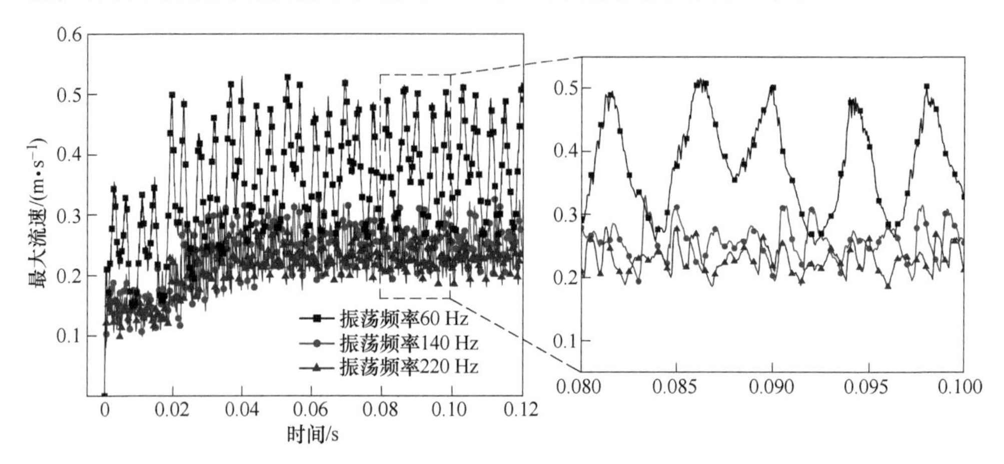

图 4.53　不同振荡频率条件下“∞”形振荡激光焊接熔池最大流速随时间的变化曲线

综上所述，在一定范围内，随着振荡频率的增大，激光束线速度增大，线能量减小，熔池深度减小，激光焊接过程能量分布更为均匀，熔池最大温度和最大流速减小，焊接中心线上的温度分布曲线和流速分布曲线的波动幅度减小，熔池的稳定性提高。因此，可以通过在适当范围内采取增大振荡频率的方式调节激光焊接过程能量分布的均匀性，进而改善焊缝形成过程的稳定性和焊缝成形质量。

4.3.2.3　激光焊接过程能量分布对焊缝形成过程的调控分析

从以上研究中可以看出，随着振荡幅度的增大，激光焊接过程能量分布的范围增大，激光束线速度增大，线能量减小，导致熔池宽度增大，深度减小，熔池呈现出宽而浅的形貌特征，有利于气泡的逸出和焊缝孔隙率的降低。激光焊接过程能量分布的均匀性提高，熔池最大温度和最大流速减小，温度和流速的波动幅度减小，有利于获得稳定的熔池。由此可知，通过在适当范围内增大振荡幅度，能够提高激光焊接过程能量分布的均匀性，易获得温度分布均匀的低流速熔池，有利于气泡的逸出，提高焊缝形成过程的稳定性和焊缝成形质量。

随着振荡频率的增大，激光束线速度增大，线能量减小，导致熔池深度减小，有利于气泡的逸出和焊缝孔隙率的降低。激光焊接过程能量分布的均匀性提高，熔池最大温度和最大流速减小，温度和流速的波动幅度减小，有利于获得稳定的熔池。由此可知，通过在适当范围内增大振荡频率，能够提高激光焊接过程能量分布的均匀性，易获得温度分布均匀的低流速熔池，有利于气泡的逸出，提高焊缝形成过程的稳定性和焊缝成形质量。

参 考 文 献

[1] CASALINO G, MORTELLO M, PEYRE P. Yb-YAG laser offset welding of AA5754 and T40 butt joint [J]. Journal of Materials Processing Technology, 2015, 223: 139-149.

[2] ROSSINI M, SPENA P, CORTESE L, et al. Investigation on dissimilar laser welding of advanced high strength steel sheets for the automotive industry [J]. Materials Science and Engineering: A, 2015, 628: 288-296.

[3] INDHU R, MANISH T, VIJAYARAGHAVAN L, et al. Microstructural evolution and its effect on joint strength during laser welding of dual phase steel to aluminium alloy [J]. Journal of Manufacturing Processes, 2020, 58: 236-248.

[4] RUSSO F. Piecewise linear model-based image enhancement [J]. EURASIP Journal on Advances in Signal Processing, 2004, 12: 1861-1869.

[5] RAKSHIT S, GHOSH A, SHANKAR B. Fast mean filtering technique (FMFT) [J]. Pattern Recognition, 2007, 40 (3): 890-897.

[6] NING C, LIU S, QU M. Research on removing noise in medical image based on median filter method [C]//2009 IEEE International Symposium on IT in Medicine & Education. Jinan: IEEE, 2009, 1: 384-388.

[7] SALAZAR-COLORES S, RAMOS-ARREGUÍN J, ECHEVERRI C, et al. Image dehazing using morphological opening, dilation and Gaussian filtering [J]. Signal, Image and Video Processing, 2018, 12: 1329-1335.

[8] TOMASI C, MANDUCHI R. Bilateral filtering for gray and color images [C]//Sixth International Conference on Computer Vision. Bombay: IEEE, 1998: 839-846.

[9] ZENG J, CAO G, PENG Y, et al. A weld joint type identification method for visual sensor based on image features and SVM [J]. Sensors, 2020, 20 (2): 1-20.

[10] BHARGAVI K, JYOTHI S. A survey on threshold based segmentation technique in image processing [J]. International Journal of Innovative Research and Development, 2014, 3 (12): 234-239.

[11] LAMBORA A, GUPTA K, CHOPRA K. Genetic algorithm-A literature review [C]//2019 International Conference on Machine Learning, Big Data, Cloud and Parallel Computing. Faridabad: IEEE, 2019: 380-384.

[12] AI Y, JIANG P, SHAO X, et al. A defect-responsive optimization method for the fiber laser butt welding of dissimilar materials [J]. Materials & Design, 2016, 90: 669-681.

[13] CUI C, LI B, HUANG F, et al. Genetic algorithm-based form error evaluation [J]. Measurement Science and Technology, 2007, 18 (7): 1818-1822.

[14] BANIMELHEM O, YAHYA Y. Multi-thresholding image segmentation using genetic algorithm [C]//Proceedings of the International Conference on Image Processing, Computer Vision, and Pattern Recognition. Las Vegas, 2011: 1009-1014.

[15] KANSAL S, JAIN P. Automatic seed selection algorithm for image segmentation using region

growing [J]. International Journal of Advances in Engineering & Technology, 2015, 8 (3): 362-367.

[16] KANG C, WANG W, KANG C. Image segmentation with complicated background by using seeded region growing [J]. AEU-International Journal of Electronics and Communications, 2012, 66 (9): 767-771.

[17] IKONOMATAKIS N, PLATANIOTIS K, ZERVAKIS M, et al. Region growing and region merging image segmentation [C]//Proceedings of 13th International Conference on Digital Signal Processing. Santorini: IEEE, 1997, 1: 299-302.

[18] GOTHWAL R, GUPTA S, GUPTA D, et al. Color image segmentation algorithm based on RGB channels [C]//Proceedings of 3rd International Conference on Reliability, Infocom Technologies and Optimization. Noida: IEEE, 2014: 1-5.

[19] WANG Z, OLIVEIRA J, ZENG Z, et al. Laser beam oscillating welding of 5A06 aluminum alloys: Microstructure, porosity and mechanical properties [J]. Optics & Laser Technology, 2019, 111: 58-65.

[20] LI L, GONG J, XIA H, et al. Influence of scan paths on flow dynamics and weld formations during oscillating laser welding of 5A06 aluminum alloy [J]. Journal of Materials Research and Technology, 2021, 11: 19-32.

[21] CHEN G, WANG B, MAO S, et al. Research on the "∞"-shaped laser scanning welding process for aluminum alloy [J]. Optics & Laser Technology, 2019, 115: 32-41.

[22] LIU T, MU Z, HU R, et al. Sinusoidal oscillating laser welding of 7075 aluminum alloy: Hydrodynamics, porosity formation and optimization [J]. International Journal of Heat and Mass Transfer, 2019, 140: 346-358.

5　激光焊接过程能量分布对微观组织特征的调控

在激光焊接过程中，焊接工艺参数和激光束振荡参数对能量分布具有显著影响。本章分析的焊接工艺参数主要包括激光功率、焊接速度和离焦量，激光束振荡参数主要包括振荡幅度和振荡频率。不同焊接工艺参数和激光束振荡参数条件下的激光焊接过程能量分布不同，导致所形成的焊缝微观组织特征存在较大的差异，从而影响焊接接头的力学性能。因此，调节激光焊接过程能量分布对于改善焊缝微观组织特征和提高焊接质量具有重要意义。本章常规激光焊接选择 TC4 钛合金作为基材，振荡激光焊接选择 IN718 镍基合金作为基材，分别选用 2. 5. 5 节和 2. 6 节建立的基于双锥体组合热源的熔池动力学模型和基于高斯锥体热源的顺时针圆形振荡激光焊接动力学模型，求解获得了常规激光焊接过程和振荡激光焊接过程的温度场仿真结果。基于温度场仿真结果，通过构建激光焊接过程熔池瞬态凝固条件模型，求解获得了熔池瞬态凝固条件（包括温度梯度和凝固速度）。熔池的温度梯度和凝固速度对焊缝微观组织类型和尺寸等特征具有显著影响。通过构建激光焊接过程焊缝微观组织演变模型，求解获得了激光焊接过程焊缝微观组织的演变，将焊缝微观组织形貌数值仿真结果与实验结果进行对比，验证了模型的有效性。基于激光焊接过程能量分布对焊缝微观组织特征的影响，通过改变焊接工艺参数和激光束振荡参数调节激光焊接过程能量分布，进而对焊缝微观组织特征进行调控。

5.1　激光焊接过程熔池瞬态凝固条件模型

5.1.1　激光焊接过程熔池瞬态凝固条件模型建立

随着激光焊接过程熔池的凝固，焊缝微观组织动态生长过程如图 5.1 所示。从图 5.1 中可以看出，随着激光束的移动，熔池同步向前推进，熔池后部逐渐凝固，焊缝微观组织随着熔合线位置的变化逐渐向熔池中心生长。前人研究[1-2]表明，熔池的温度梯度和凝固速

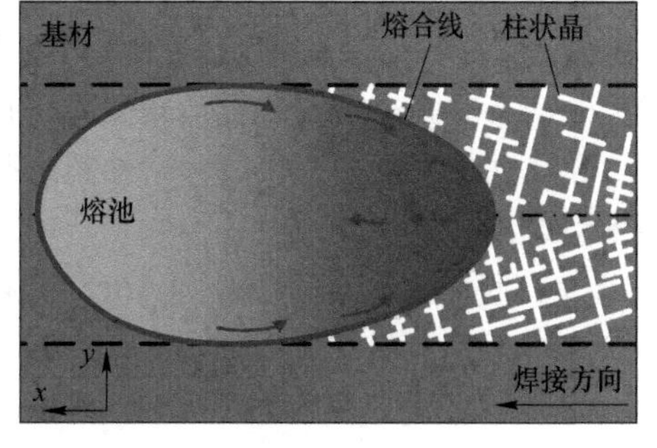

图 5.1　激光焊接过程焊缝微观组织动态生长过程示意图

度对焊缝微观组织形貌和演变过程具有重要的影响。

通过求解激光焊接过程熔池瞬态凝固条件模型，可以获得焊接过程熔池的温度梯度和凝固速度，作为求解激光焊接过程焊缝微观组织演变模型的基础数据。本节将分别介绍常规激光焊接过程熔池瞬态凝固条件模型和振荡激光焊接过程熔池瞬态凝固条件模型，其中振荡激光焊接过程中激光束的振荡路径为顺时针圆形。常规激光焊接中选取分析熔池的上表面建立常规激光焊接过程熔池瞬态凝固条件模型，振荡激光焊接中选取分析熔池的纵截面建立振荡激光焊接过程熔池瞬态凝固条件模型。

5.1.1.1　常规激光焊接过程熔池瞬态凝固条件模型建立

在常规激光焊接过程中，稳定后的熔池上表面呈现出类“椭圆”的特征，且以该形状沿焊接方向逐渐向前推进，如图 5.2 所示。本节基于稳定后的熔池建立常规激光焊接过程熔池瞬态凝固条件模型。在图 5.2 中，以穿过激光入射点 O 的 y 轴为分割线，将稳定后的熔池划分为两个椭圆弧，将前椭圆弧 ADC 称为熔化半椭圆，后椭圆弧 ABC 称为凝固半椭圆，基材的熔化主要发生在熔化半椭圆区域，而熔池的凝固主要发生在凝固半椭圆区域[3]。

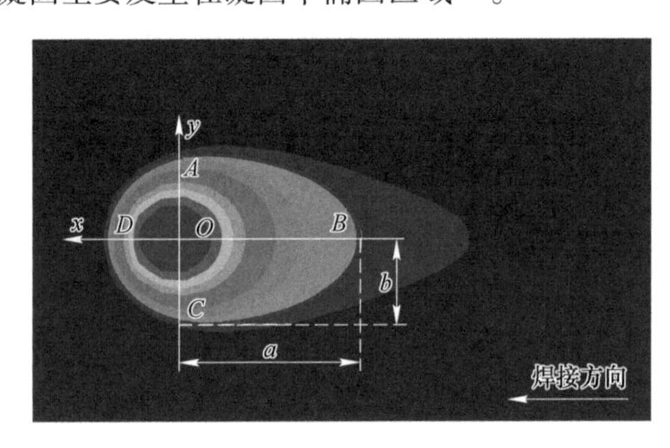

图 5.2　常规激光焊接过程中稳定后的熔池

在常规激光焊接熔池凝固过程中，熔合线上的温度梯度和凝固速度随熔池的向前推进处于瞬态变化中。常规激光焊接熔池凝固过程如图 5.3 所示，针对熔合线上的动态凝固过程，分析常规激光焊接过程熔池瞬态凝固条件。

在建立常规激光焊接过程熔池瞬态凝固条件模型时，为了简化模型，作出了如下假设：

（1）假设熔池凝固半椭圆 ABC 在凝固过程中以椭圆弧的形式向前推进，且形状大小不发生改变；

（2）熔合线上的瞬态温度梯度用激光入射点 O 与熔合线之间的平均温度梯度表示；

（3）将激光入射点 O 作为熔池上表面最高温度的位置；

（4）熔池稳定后的最高温度在整个熔池凝固过程中不发生改变。

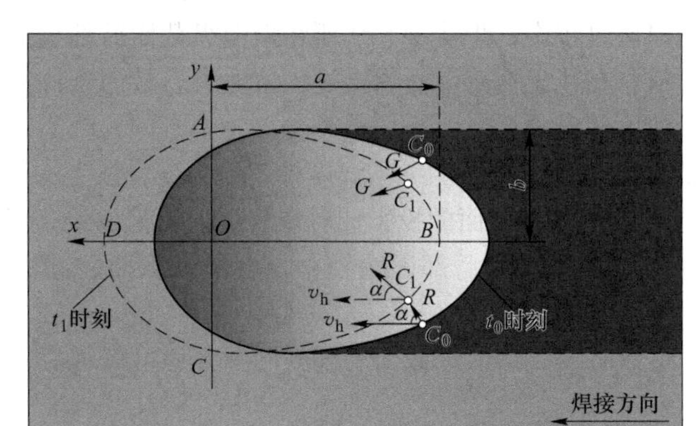

图 5.3 常规激光焊接熔池凝固过程

从图 5.3 中可以看出，熔池沿焊接方向不断地向前推进，t_0 时刻熔池凝固半椭圆 ABC 上点 C_0 经过时间（t_1-t_0）移动到点 C_1，其温度梯度和凝固速度发生了相应的变化。

以 t_1 时刻的点 O 为原点，焊接方向为 x 轴正方向，垂直焊接方向向上为 y 轴正方向，建立 t_1 时刻下的坐标系，如图 5.3 所示。t_1 时刻熔池凝固半椭圆 ABC 上任意一点的温度梯度 G 和凝固速度 R 可表示为[4]：

$$G = \frac{T_{\max} - T_l}{l} \tag{5.1}$$

$$R = v_h \cos\alpha \tag{5.2}$$

式中，$T_{\max}$ 为常规激光焊接过程熔池的最高温度；T_l 为液相线温度；l 为该点与激光入射点 O 之间的距离；v_h 为焊接速度；α 为凝固速度与焊接速度之间的夹角。

t_1 时刻熔池凝固半椭圆 ABC 的方程如下[3]：

$$\frac{x^2}{a^2} + \frac{y^2}{b^2} = 1(-a \leqslant x \leqslant 0, -b \leqslant y \leqslant b) \tag{5.3}$$

式中，a 为凝固半椭圆长半轴的长度；b 为凝固半椭圆短半轴的长度。

t_1 时刻点 $C_1(x, y)$ 处的 $\cos\alpha$ 可表示为[3]：

$$\cos\alpha = \frac{|bx|}{\sqrt{a^4 + x^2(b^2 - a^2)}} \tag{5.4}$$

因此，点 $C_1(x, y)$ 处的温度梯度和凝固速度可表示为[5]：

$$G = \frac{T_{\max} - T_l}{\sqrt{x^2 + y^2}} \tag{5.5}$$

$$R = v_h \frac{|bx|}{\sqrt{a^4 + x^2(b^2 - a^2)}} \tag{5.6}$$

5.1.1.2　振荡激光焊接过程熔池瞬态凝固条件模型建立

在振荡激光焊接过程中，焊接中心线所在熔池纵截面后部呈四分之一椭圆形状，如图 5.4 所示。在建立振荡激光焊接过程熔池瞬态凝固条件模型时，为了简化模型，作出了如下假设：

（1）将最高温度点到熔合线的平均温度梯度设为熔合线上的温度梯度；

（2）将激光入射点在纵截面的投影位置作为熔池纵截面最高温度的位置；

（3）激光束对熔池纵截面后部影响较小，熔池纵截面后部保持为四分之一椭圆形状。

从图 5.4 中可以看出，熔池纵截面后部的椭圆方程可表示为[6]：

$$\frac{x^2}{a_f^2}+\frac{z^2}{b_f^2}=1(-a_f\leqslant x\leqslant 0,-b_f\leqslant z\leqslant 0)\tag{5.7}$$

式中，a_f 为熔池纵截面后部的长度；b_f 为熔池纵截面后部的深度。

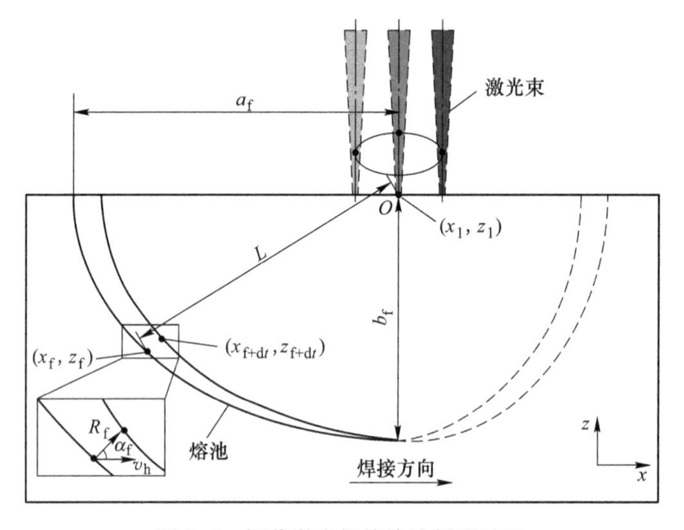

图 5.4　振荡激光焊接熔池凝固过程

熔合线上的温度梯度可表示为[7]：

$$G(t)=\frac{T_{max}(t)-T_s}{L}\tag{5.8}$$

式中，$T_{max}(t)$ 为随时间变化的熔池纵截面最高温度；T_s 为固相线温度；L 为熔合线上的点到最高温度点间的距离，可表示为：

$$L=\sqrt{(x_1-x_f)^2+(z_1-z_f)^2}$$

$$x_1=A\sin\left(2\pi ft-\frac{\pi}{2}\right)$$

$$x_{f+dt}=x_f-v\mathrm{d}t+v_h(\cos\alpha_f)^2\mathrm{d}t$$

x_1 和 z_1 分别为最高温度点的 x 坐标和 z 坐标；x_f 和 z_f 分别为 t_i 时刻熔合线上任意一点的 x 坐标和 z 坐标；x_{f+dt} 为 $t_i + dt$ 时刻熔合线上任意一点的 x 坐标；α_f 为焊接方向和熔合线法线方向间的夹角，可表示为[8]：

$$\cos\alpha_f = \sqrt{\frac{b_f^2 x_f^2}{a_f^4 + x_f^2(b_f^2 - a_f^2)}}$$

凝固速度可表示为[9]：

$$R_f = v_h \cos\alpha_f \tag{5.9}$$

通过求解以上构建的常规激光焊接过程熔池瞬态凝固条件模型和振荡激光焊接过程熔池瞬态凝固条件模型，可以获取常规激光焊接过程和振荡激光焊接过程熔池的瞬态温度梯度和凝固速度，为数值求解激光焊接过程焊缝微观组织演变模型获得微观组织演变过程提供基础数据。

5.1.2 激光焊接过程熔池瞬态凝固条件模型求解

5.1.2.1 常规激光焊接过程熔池瞬态凝固条件模型求解

选用 2.5.5 节建立的基于双锥体组合热源的熔池动力学模型，选取焊接工艺参数如表 5.1 所示的 TC4 钛合金常规激光焊接过程进行数值计算，获得常规激光焊接过程熔池上表面形状参数和温度场参数。然后，将熔池上表面形状参数和温度场参数输入常规激光焊接过程熔池瞬态凝固条件模型，对该模型进行求解可获得常规激光焊接过程中的熔池瞬态温度梯度与凝固速度。

表 5.1 常规激光焊接工艺参数

序号	激光功率/W	焊接速度/(m · min^{-1})	离焦量/mm
1	900	4.0	0
2	1000	4.0	0
3	1100	4.0	0
4	1200	4.0	0
5	1200	3.0	0
6	1200	5.0	0
7	1200	6.0	0

5.1.2.2 振荡激光焊接过程熔池瞬态凝固条件模型求解

选用 2.6 节建立的基于高斯锥体热源的顺时针圆形振荡激光焊接动力学模型，选取焊接工艺参数和激光束振荡参数如表 5.2 所示的 IN718 镍基合金振荡激光焊接过程进行数值计算，获得振荡激光焊接过程熔池纵截面形状参数和温度场参数。然后，将熔池纵截面形状参数和温度场参数输入振荡激光焊接过程熔池瞬态凝固条件模型，对该模型进行求解可获得振荡激光焊接过程中的熔池瞬态温度梯度与凝固速度。

表 5.2　振荡激光焊接工艺参数和激光束振荡参数

序号	激光功率/W	焊接速度/(m · min^{-1})	离焦量/mm	振荡幅度/mm	振荡频率/Hz
1	350	0.18	0	0.9	30
2	400	0.18	0	0.9	30
3	450	0.18	0	0.9	30
4	350	0.21	0	0.9	30
5	350	0.24	0	0.9	30
6	350	0.18	0	1.0	30
7	350	0.18	0	1.1	30
8	350	0.18	0	0.9	40
9	350	0.18	0	0.9	50

5.2　激光焊接过程焊缝微观组织演变模型

通过构建激光焊接过程焊缝微观组织演变模型，对其进行数值求解获得了焊缝微观组织演变数值仿真结果，将数值仿真结果与实验结果进行对比，验证了所建立的激光焊接过程焊缝微观组织演变模型的有效性。

5.2.1　激光焊接过程焊缝微观组织演变模型建立

针对常规激光焊接和振荡激光焊接过程，本节均采用 Echebarria 等[10]提出的相场模型模拟焊接过程焊缝微观组织的演变。该模型主要由相场方程和溶质场方程组成，其中常规激光焊接考虑了熔融金属的流动作用并对溶质场方程、N-S 方程和连续性方程进行了修正。

相场方程可表示为[10]：

$$a(\hat{n})^2\left(1-(1-k)\frac{Y-\int_0^t \tilde{R}(t')\mathrm{d}t'}{\tilde{l}_\mathrm{T}}\right)\frac{\partial\phi}{\partial t}=\nabla\cdot\left[a(\hat{n})^2\nabla\phi\right]+$$
$$\frac{\partial}{\partial x}\left[|\nabla\phi|^2 a(\hat{n})\frac{\partial a(\hat{n})}{\partial(\partial_x\phi)}\right]+\frac{\partial}{\partial y}\left[|\nabla\phi|^2 a(\hat{n})\frac{\partial a(\hat{n})}{\partial(\partial_y\phi)}\right]+ \tag{5.10}$$
$$\phi-\phi^3-\lambda(1-\phi^2)^2\left[U+\frac{Y-\int_0^t \tilde{R}(t')\mathrm{d}t'}{\tilde{l}_\mathrm{T}}\right]$$

溶质场方程可表示为[10]：

$$\left(\frac{1+k}{2}-\frac{1-k}{2}\phi\right)\frac{\partial U}{\partial t}=\nabla\cdot\left(\tilde{D}\cdot\frac{1-\phi}{2}\nabla U\right)+\nabla\cdot\left\{\frac{1}{2\sqrt{2}}[1+(1-k)U]\frac{\partial\phi}{\partial t}\frac{\nabla\phi}{|\nabla\phi|}\right\}+\frac{1}{2}\frac{\partial\phi}{\partial t}[1+(1-k)U] \tag{5.11}$$

式中，ϕ 为相场变量，$\phi=+1$ 为固相，$\phi=-1$ 为液相，在固液界面，相场变量 ϕ 以双曲正切函数平滑过渡，如图 5.5 所示[11]；$a(\hat{n})$ 为各向异性，表示为 $a(\hat{n})=1+\varepsilon_4\cos4\theta$，$\varepsilon_4$ 为各向异性强度，θ 为界面法线与固定晶轴之间的夹角；k 为溶质平衡分配系数；Y 为平行于柱状晶生长方向的轴；λ 为耦合因子，表示为 $\lambda=a_1W/d_0$，$a_1=5\sqrt{2}/8$，W 为扩散界面的宽度；d_0 为毛细长度，表示为 $d_0=\Gamma/[|m|c_\infty(1/k-1)]$，$\Gamma$ 为 Gibbs-Thomson 系数，m 为液相线斜率，c_∞ 为合金的溶质浓度（质量分数）；$\tilde{R}$、$\tilde{l}_T$、$\tilde{D}$ 和 U 分别为无量纲凝固速度、无量纲热长度、无量纲液相扩散系数和无量纲过饱和度。

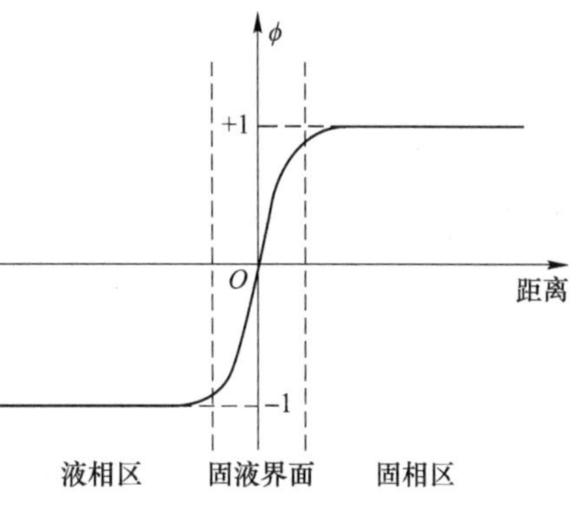

图 5.5 相场变量 ϕ 的变化[11]

这些无量纲参数可表示为[12]：

$$\tilde{R}=\frac{R\tau_0}{W} \tag{5.12}$$

$$\tilde{l}_T=\frac{l_T}{W}=\frac{|m|c_\infty(1-k)}{WkG} \tag{5.13}$$

$$\tilde{D}=\frac{D\tau_0}{W^2} \tag{5.14}$$

$$U=\frac{1}{1-k}\left\{\frac{2kc}{c_\infty[1-\phi+k(1+\phi)]}-1\right\} \tag{5.15}$$

式中，D 为液相扩散系数；c 为溶质场变量。

焊接过程中熔池的凝固除了受动态变化温度场的影响外，熔池内熔融金属的流动对焊缝微观组织的演变过程也具有显著的影响。因此，在焊缝微观组织演变仿真过程中，考虑熔池熔融金属的流动作用对于准确计算焊缝微观组织的演变过程具有重要的意义。本节通过对溶质场方程、N-S 方程和连续性方程进行修正，获得了耦合熔池熔融金属流动的激光焊接过程焊缝微观组织演变模型[12-13]。

溶质场方程修正为：

$$\left(\frac{1+k}{2}-\frac{1-k}{2}\phi\right)\frac{\partial U}{\partial t}=\nabla\cdot\left(\tilde{D}\frac{1-\phi}{2}\nabla U\right)+\nabla\cdot\left\{\frac{1}{2\sqrt{2}}[1+(1-k)U]\frac{\partial\phi}{\partial t}\frac{\nabla\phi}{|\nabla\phi|}\right\}+$$

$$\frac{1}{2}\frac{\partial\phi}{\partial t}[1+(1-k)U]-(1-\psi)\boldsymbol{v}_1\cdot\nabla U \tag{5.16}$$

N-S 方程修正为：

$$\frac{\partial}{\partial t}[(1-\psi)\boldsymbol{v}_1]+(1-\psi)\boldsymbol{v}_1\cdot\nabla\boldsymbol{v}_1=-(1-\psi)\nabla\frac{p}{\rho}+\nabla\cdot\{\nu\nabla[(1-\psi)\boldsymbol{v}_1]\}+\boldsymbol{M}_1^{\mathrm{d}} \tag{5.17}$$

$$\boldsymbol{M}_1^{\mathrm{d}}=-\nu\frac{2h\psi^2(1-\psi)}{W^2}\boldsymbol{v}_1 \tag{5.18}$$

连续性方程修正为：

$$\nabla\cdot[(1-\psi)\boldsymbol{v}_1]=0 \tag{5.19}$$

式中，$\boldsymbol{v}_1$ 为流速；$\psi=\frac{1+\phi}{2}\in[0,1]$ 为固相率；ν 为运动黏度；h 为常数。

5.2.2　激光焊接过程焊缝微观组织演变模型求解

基于 5.2.1 节建立的激光焊接过程焊缝微观组织演变模型，通过数值求解可获得熔池凝固过程的焊缝微观组织形貌。在数值求解过程中，通过设置初始条件与边界条件及构建网格模型，对相场、溶质场方程进行离散，迭代计算后获得焊接过程的相场、溶质场结果，并对相场、溶质场结果进行可视化处理，获得激光焊接过程焊缝微观组织的演变。本章中选取相场结果分析常规激光焊接过程焊缝微观组织的演变，选取溶质场结果分析振荡激光焊接过程焊缝微观组织的演变。

激光焊接过程微观组织相场仿真的网格模型中采用交错的二维正方形网格，沿 x 和 y 方向的空间步长相等，$\Delta x=\Delta y$，网格节点的布置如图 5.6 所示。在设置计算域边界条件时，相场、溶质场均选用零通量边界条件，可表示为：

$$\frac{\partial\phi}{\partial x}=\frac{\partial\phi}{\partial y}=\frac{\partial c}{\partial x}=\frac{\partial c}{\partial y}=0 \tag{5.20}$$

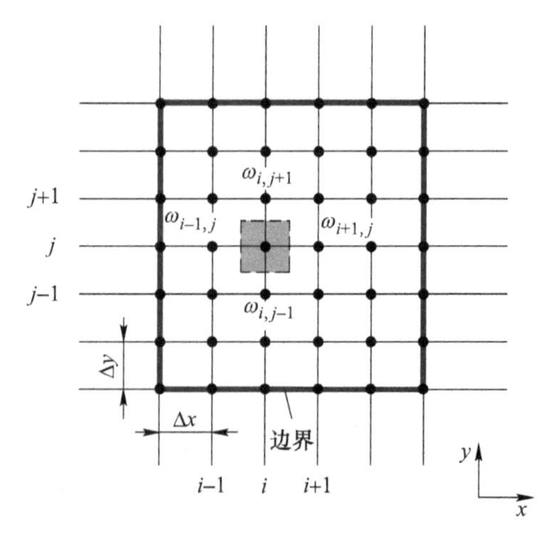

图 5.6　网格模型中网格节点的布置

目前，数值求解中常用的离散方法包括有限差分法、有限体积法和有限元法等。本节选取有限差分法作为相场方程和溶质场方程的离散方法。

相场方程的离散分为时间离散和空间离散。对于时间离散，选取了显式差分进行，可表示为[12]：

$$\frac{\partial \phi}{\partial t} = \frac{\phi_{i,j}^{n+1} - \phi_{i,j}^{n}}{\Delta t} \tag{5.21}$$

式中，Δt 为时间步长。

在空间离散中，针对相场变量 ϕ 的 x 和 y 方向的一阶、二阶及混合偏导可表示为[12]：

$$\frac{\partial \phi}{\partial x} = \frac{\phi_{i+1,j}^{n} - \phi_{i-1,j}^{n}}{2\Delta x} \tag{5.22}$$

$$\frac{\partial \phi}{\partial y} = \frac{\phi_{i,j+1}^{n} - \phi_{i,j-1}^{n}}{2\Delta y} \tag{5.23}$$

$$\frac{\partial^2 \phi}{\partial x^2} = \frac{\phi_{i+1,j}^{n} - 2\phi_{i,j}^{n} + \phi_{i-1,j}^{n}}{\Delta x^2} \tag{5.24}$$

$$\frac{\partial^2 \phi}{\partial y^2} = \frac{\phi_{i,j+1}^{n} - 2\phi_{i,j}^{n} + \phi_{i,j-1}^{n}}{\Delta y^2} \tag{5.25}$$

$$\frac{\partial^2 \phi}{\partial x \partial y} = \frac{\phi_{i+1,j+1}^{n} - \phi_{i-1,j+1}^{n} - \phi_{i+1,j-1}^{n} + \phi_{i-1,j-1}^{n}}{4\Delta x \Delta y} \tag{5.26}$$

对于相场方程中的 Laplace 算子，采用九点格式离散，可表示为[5]：

$$\nabla^2 \phi = [2(\phi_{i+1,j} + \phi_{i-1,j} + \phi_{i,j+1} + \phi_{i,j-1}) + \frac{1}{2}(\phi_{i+1,j+1} + \phi_{i-1,j+1} + \phi_{i+1,j-1} + \phi_{i-1,j-1}) - 10\phi_{i,j}]/[3(\Delta x)^2] \tag{5.27}$$

溶质场方程的时间与空间离散过程与相场方程类似，可表示为[14]：

$$\frac{\partial c}{\partial t} = \frac{c_{i,j}^{n+1} - c_{i,j}^{n}}{\Delta t} \tag{5.28}$$

$$\frac{\partial c}{\partial x} = \frac{c_{i+1,j}^{n} - c_{i-1,j}^{n}}{2\Delta x} \tag{5.29}$$

$$\frac{\partial c}{\partial y} = \frac{c_{i,j+1}^{n} - c_{i,j-1}^{n}}{2\Delta y} \tag{5.30}$$

$$\frac{\partial^2 c}{\partial x^2} = \frac{c_{i+1,j}^{n} - 2c_{i,j}^{n} + c_{i-1,j}^{n}}{\Delta x^2} \tag{5.31}$$

$$\frac{\partial^2 c}{\partial y^2} = \frac{c_{i,j+1}^{n} - 2c_{i,j}^{n} + c_{i,j-1}^{n}}{\Delta y^2} \tag{5.32}$$

$$\frac{\partial^2 c}{\partial x \partial y} = \frac{c_{i+1,j+1}^{n} - c_{i-1,j+1}^{n} - c_{i+1,j-1}^{n} + c_{i-1,j-1}^{n}}{4\Delta x \Delta y} \tag{5.33}$$

5.2.3　激光焊接过程焊缝微观组织演变模型验证

5.2.3.1　常规激光焊接过程焊缝微观组织演变模型验证

选用5.2.1节建立的激光焊接过程焊缝微观组织演变模型，选取焊接工艺参数为激光功率1200 W、焊接速度4.0 m/min、离焦量0 mm的TC4钛合金常规激光焊接过程进行数值计算，并与实验结果进行对比，所获得的实验结果与数值仿真结果如图5.7所示。从图5.7中可以看出，仿真获得的焊缝微观组织形貌与实验结果吻合良好。因此，所建立的常规激光焊接过程焊缝微观组织演变模型的有效性得到了验证。

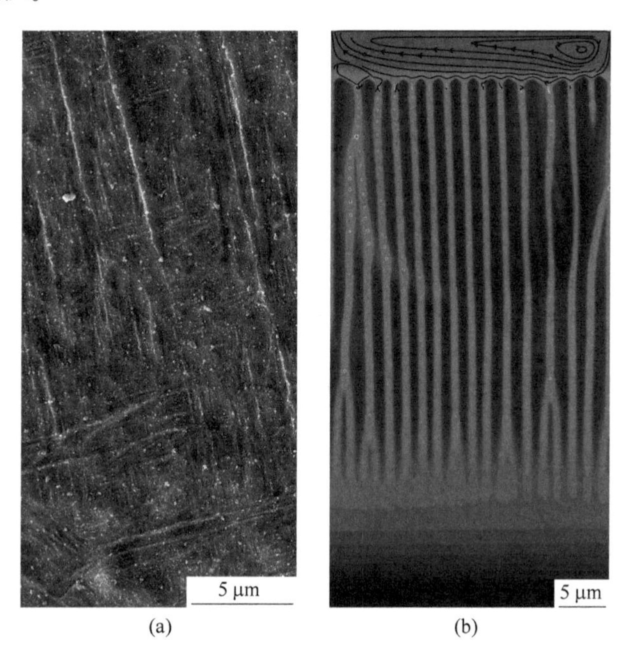

图5.7　常规激光焊接过程焊缝微观组织演变模型验证
（a）实验结果；（b）数值仿真结果

5.2.3.2　振荡激光焊接过程焊缝微观组织演变模型验证

选用5.2.1节建立的激光焊接过程焊缝微观组织演变模型，选取焊接工艺参数为激光功率350 W、焊接速度0.18 m/min、离焦量0 mm，激光束振荡参数为振荡幅度0.9 mm、振荡频率30 Hz的IN718镍基合金振荡激光焊接过程进行数值计算，并与实验结果进行对比，实验结果[15]与数值仿真结果如图5.8所示。从图5.8中可以看出，仿真获得的焊缝微观组织形貌与实验结果吻合较好，验证了所建立的振荡激光焊接过程焊缝微观组织演变模型的有效性。

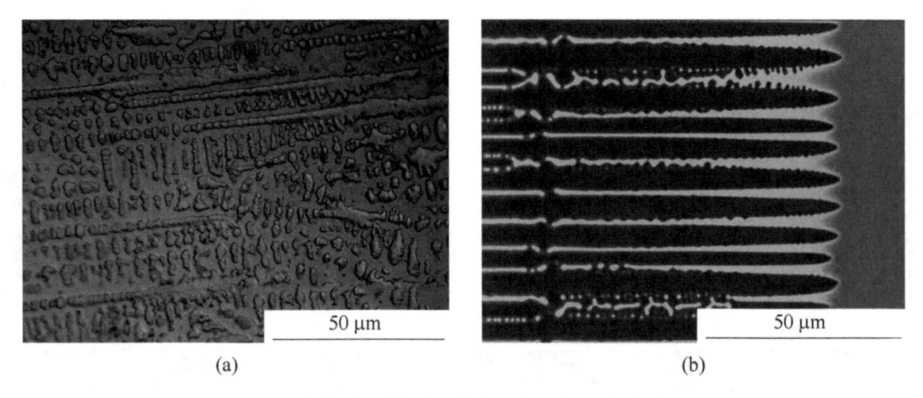

(a) (b)

图 5.8 振荡激光焊接过程焊缝微观组织演变模型验证
（a）实验结果[15]；（b）数值仿真结果

5.3 激光焊接过程能量分布对焊缝微观组织特征的影响

基于 5.2.1 节建立的激光焊接过程焊缝微观组织演变模型，分别计算常规激光焊接过程和振荡激光焊接过程中焊缝微观组织的演变，获得不同焊接工艺参数和激光束振荡参数条件下的焊缝微观组织特征，分析激光焊接过程能量分布对焊缝微观组织特征的影响。本节以 TC4 钛合金常规激光焊接过程为例，分析了常规激光焊接过程能量分布对焊缝微观组织特征的影响；以 IN718 镍基合金顺时针圆形振荡激光焊接过程为例，分析了振荡激光焊接过程能量分布对焊缝微观组织特征的影响。

5.3.1 常规激光焊接过程焊缝微观组织的演变

5.3.1.1 常规激光焊接过程温度场演变

选用 2.5.5 节建立的基于双锥体组合热源的熔池动力学模型，选取焊接工艺参数为激光功率 900 W、焊接速度 4.0 m/min、离焦量 0 mm 的 TC4 钛合金常规激光焊接过程进行数值计算，所获得的温度场演变结果如图 5.9 所示。从图 5.9 中可以看出，TC4 钛合金常规激光焊接过程中温度场处于动态变化中。在焊接的初始阶段，由于激光束辐射时间短，激光束能量不足以使基材熔化形成熔池，温度场呈圆形分布，如图 5.9（a）所示。随着激光束辐射时间的增加，基材开始熔化形成熔池，且在激光束向前移动的过程中，熔池逐渐被拉长，如图 5.9（b）（c）所示。随着激光束继续向前移动，熔池达到稳定状态，其形状几乎保持不变，并不断向前推进，如图 5.9（d）所示。

5.3.1.2 常规激光焊接过程熔池瞬态凝固条件

选用 5.1.1.1 节建立的常规激光焊接过程熔池瞬态凝固条件模型，选取焊接

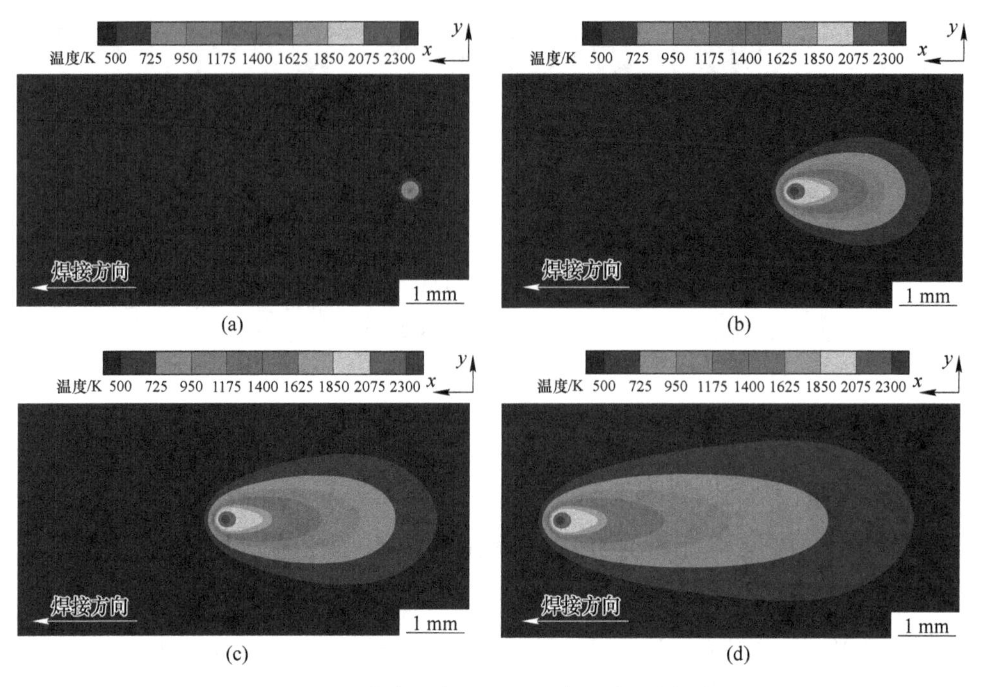

图 5.9　TC4 钛合金常规激光焊接过程温度场演变
（a）0.001 s；（b）0.030 s；（c）0.050 s；（d）0.090 s

工艺参数为激光功率 1200 W、焊接速度 4.0 m/min、离焦量 0 mm 的 TC4 钛合金常规激光焊接过程进行数值计算，所获得的熔池的温度梯度和凝固速度如图 5.10 所示。其中，时间间隔 Δt_0 代表熔池凝固时间。从图 5.10 中可以看出，在熔池凝固的初始时刻，熔池温度梯度最大，凝固速度为 0 mm/s。这是因为在熔池凝固初始时刻，凝固速度与焊接速度之间的夹角 α 为 90°。另外，激光束入射点 O 与熔合线之间的距离最小（图 5.2），导致温度梯度最大。随着熔池凝固时间的增加，激光束逐渐向前移动，凝固速度与焊接速度之间的夹角 α 从 90°减小至 0°，而激光束入射点 O 与熔合线的距离逐渐增大，因此凝固速度逐渐增大而温度梯度逐渐降低，与实际焊接熔池凝固过程保持一致。

选用 5.1.1.1 节建立的常规激光焊接过程熔池瞬态凝固条件模型，选取焊接工艺参数如表 5.1 所示的 TC4 钛合金常规激光焊接过程进行数值计算，所获得的不同激光功率和焊接速度条件下熔池的温度梯度和凝固速度分别如图 5.11 和图 5.12 所示。随着熔池凝固时间的增加，熔池的温度梯度逐渐减小，达到最小值后基本保持不变，而熔池的凝固速度逐渐增大，达到最大值后基本保持不变。从图 5.11（a）中可以看出，在表 5.1 中的第 1~4 组焊接工艺参数条件下，随着激光功率的增大，熔池的整体温度梯度逐渐增大，温度梯度的最小值逐渐增大，且

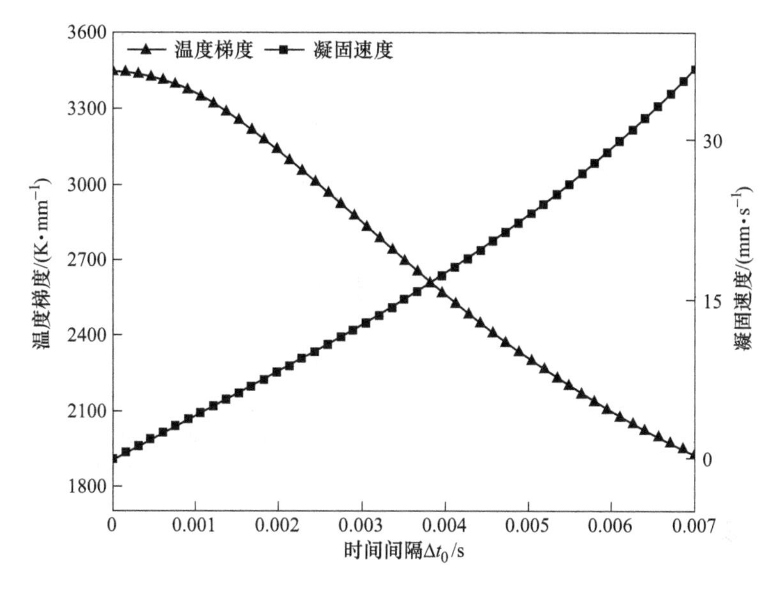

图 5.10 熔池的温度梯度和凝固速度

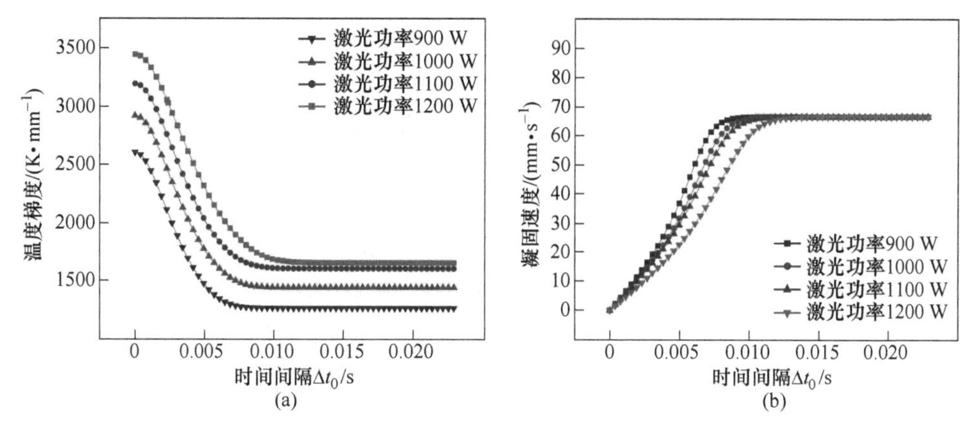

图 5.11 不同激光功率条件下熔池的温度梯度和凝固速度

（a）温度梯度；（b）凝固速度

温度梯度达到最小值所需要的时间逐渐增加。从图 5.11（b）中可以看出，在表 5.1 中的第 1~4 组焊接工艺参数条件下，随着激光功率的增大，熔池的整体凝固速度逐渐减小，凝固速度的最大值受激光功率的影响较小，凝固速度达到最大值所需要的时间逐渐增加。从图 5.12（a）中可以看出，在表 5.1 中的第 4~7 组焊接工艺参数条件下，随着焊接速度的增大，熔池的温度梯度逐渐减小，温度梯度的最小值也逐渐减小，且温度梯度达到最小值所需要的时间逐渐减少。从图 5.12（b）中可以看出，在表 5.1 中的第 4~7 组焊接工艺参数条件下，随着焊接速度的增大，熔池的凝固速度逐渐增大，凝固速度的最大值也逐渐增大，且凝固速度达到最大值所需要的时间逐渐减少。

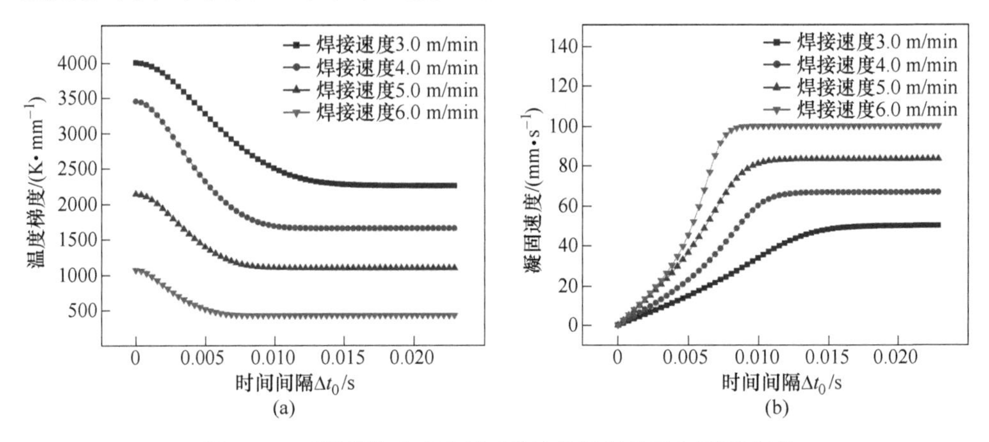

图 5.12　不同焊接速度条件下熔池的温度梯度和凝固速度

（a）温度梯度；（b）凝固速度

5.3.1.3　常规激光焊接过程焊缝微观组织相场结果

选用 5.1.1.1 节建立的常规激光焊接过程熔池瞬态凝固条件模型，选取焊接工艺参数为激光功率 1200 W、焊接速度 4.0 m/min、离焦量 0 mm 的 TC4 钛合金常规激光焊接过程进行数值计算，获得了熔池的温度梯度和凝固速度随时间的变化过程，将其输入 5.2.1 节建立的激光焊接过程焊缝微观组织演变模型中。通过对该模型进行数值求解，获得了常规激光焊接过程焊缝微观组织相场结果，对比分析了无流场作用下和瞬态流场作用下常规激光焊接过程焊缝微观组织的演变。

无流场作用下常规激光焊接过程焊缝微观组织的演变如图 5.13 所示。从图 5.13 中可以看出，柱状晶从熔合线向熔池中心生长。在熔池凝固的初始阶段，由于熔池的温度梯度较大，凝固速度较小，微观组织以平面晶的形式缓慢生长，这一阶段称为平面晶生长阶段，如图 5.13（a）（b）所示。随着熔池凝固过程的进行，固液界面上的扰动增大，初始界面的稳定性下降，固液界面上开始出现很多突起，这一阶段称为界面失稳阶段，如图 5.13（c）（d）所示。固液界面上的小突起继续生长，逐渐演变为柱状晶。随着熔池凝固过程的进行，熔池温度梯度进一步降低，凝固速度增大，柱状晶的生长速度加快且开始出现竞争生长，其中生长速度慢的柱状晶尖端生长空间小，其生长受到抑制，如图 5.13（d）中的 A 和 B 所示。随着柱状晶的生长，相邻柱状晶之间形成竞争生长，生长速度快的柱状晶继续生长直到形成稳定的一次枝晶序列，这一阶段称为竞争生长阶段，如图 5.13（d）（e）所示。经过竞争生长阶段后，柱状晶的生长速度达到了一个相对稳定的状态，柱状晶一次枝晶臂间距在一定时间内基本保持不变，这一阶段称为相对稳定生长阶段，如图 5.13（e）（f）所示。

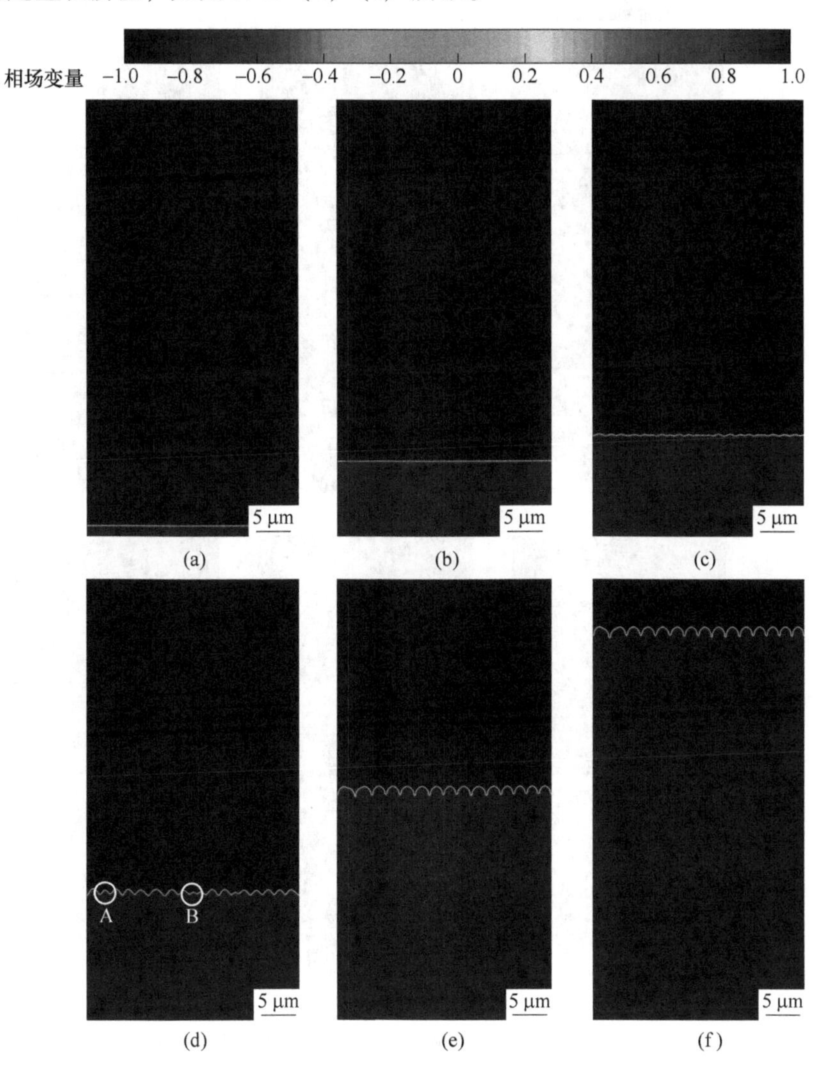

图 5.13 无流场作用下常规激光焊接过程焊缝微观组织的演变

（a）t_0；（b）t_0+2.29 ms；（c）t_0+2.66 ms；

（d）t_0+2.95 ms；（e）t_0+3.91 ms；（f）t_0+5.02 ms

瞬态流场作用下常规激光焊接过程焊缝微观组织的演变如图 5.14 所示。从图 5.13 与图 5.14 中可以看出，瞬态流场作用下与无流场作用下的焊缝微观组织的演变过程存在明显的差异，熔池中瞬态变化的流场对焊缝微观组织形貌产生了显著的影响。从图 5.14 中可以看出，熔池内的流场处于瞬态变化中。在液相中，流场从计算域顶部到底部的分布呈现出涡流状特征。在靠近固相时，液相流动受

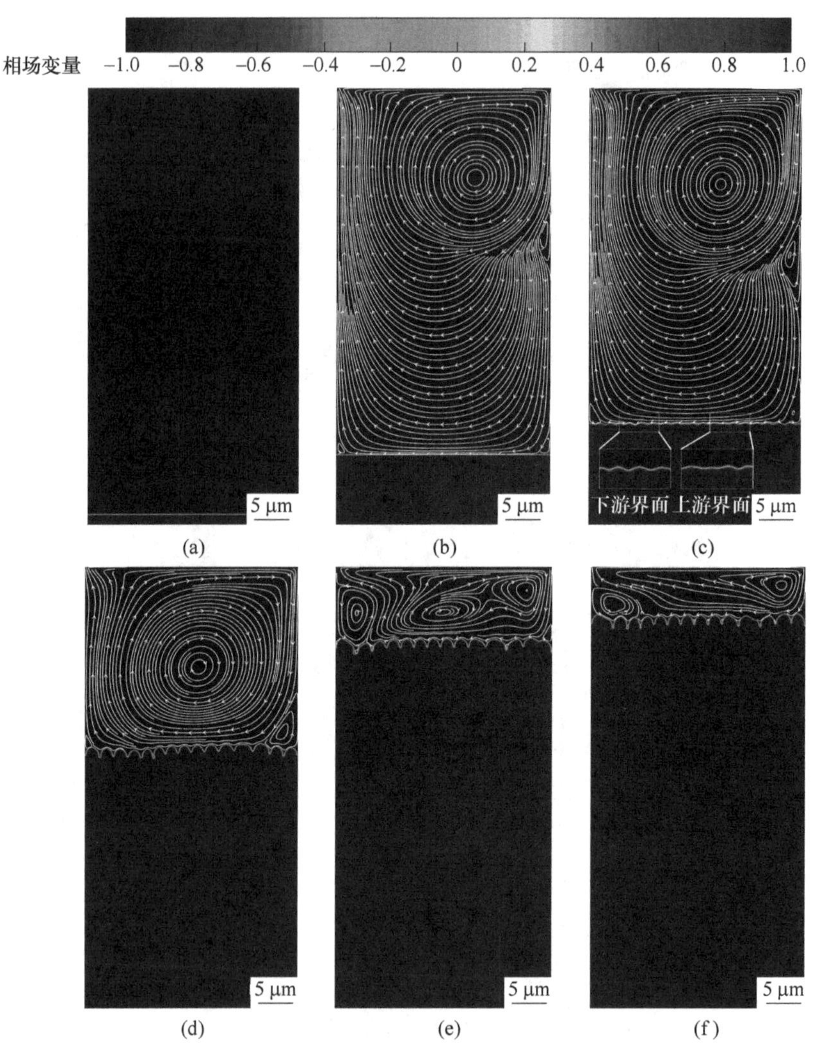

图 5.14　瞬态流场作用下常规激光焊接过程焊缝微观组织的演变

(a) t_0; (b) t_0+2.22 ms; (c) t_0+2.66 ms;

(d) t_0+4.14 ms; (e) t_0+4.87 ms; (f) t_0+5.02 ms

到固相的阻碍作用，流速逐渐趋于0。在平面晶生长阶段，固液界面前沿形成的涡流从水平方向上作用于初始界面，如图5.14（b）所示。由于此时固液界面处瞬态流场对焊缝微观组织的影响较小，微观组织仍然以平面晶的形式缓慢生长。随着熔池逐渐凝固，固液界面处瞬态流场对焊缝微观组织的影响增大。在t_0+2.66 ms时刻，固液界面发生失稳，熔池瞬态变化的流场对界面不同位置的失稳产生了较大的影响，下游界面的失稳程度明显大于上游界面的失稳程度，如

图 5.14（c）所示。在竞争生长阶段，由于瞬态流场的作用，处在下游的柱状晶生长被抑制，其生长速度滞后于上游柱状晶。因此，竞争生长阶段的柱状晶尖端呈现出“左低右高”的形貌特征，如图 5.14（d）所示。经过竞争生长阶段后，瞬态流场对焊缝微观组织演变过程的影响逐渐减弱，焊缝微观组织进入了相对稳定生长阶段，如图 5.14（e）（f）所示。

5.3.2 常规激光焊接过程焊缝微观组织特征

为了分析常规激光焊接过程焊缝微观组织特征，选用 5.2.1 节建立的激光焊接过程焊缝微观组织演变模型，选取焊接工艺参数为激光功率 1200 W、焊接速度 4.0 m/min、离焦量 0 mm 的 TC4 钛合金常规激光焊接过程进行数值计算，获得了常规激光焊接过程焊缝微观组织溶质场结果。平面晶生长作为焊缝微观组织演变过程中时间较长的阶段，在该阶段固液界面处溶质浓度对后续的界面失稳和柱状晶生长具有重要的影响。所提取的平面晶生长阶段固液界面处溶质浓度分布和平面晶生长阶段固液界面不同位置的溶质浓度分布分别如图 5.15 和图 5.16 所示。

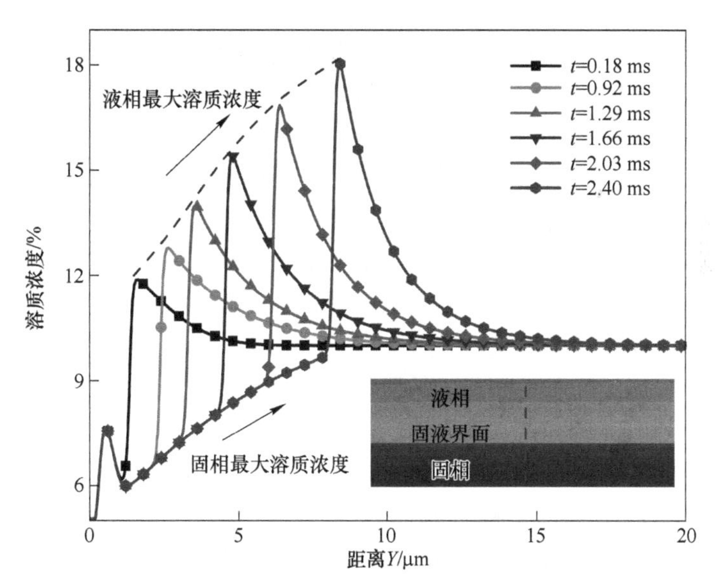

图 5.15 平面晶生长阶段固液界面处溶质浓度分布

在图 5.15 中，距离 Y 表示溶质浓度监测线上监测点到计算域底端的距离。从图 5.15 中可以看出，在平面晶生长阶段，不同时刻溶质浓度分布曲线呈现出先缓慢增大然后迅速增大到峰值，随后逐渐降低并收敛的变化趋势。形成这种变化趋势的主要原因为：析出平面晶的溶质浓度具有时间相关性，先析出平面晶的溶质浓度比后析出平面晶的溶质浓度低；当监测点穿出固液界面进入固液界面前

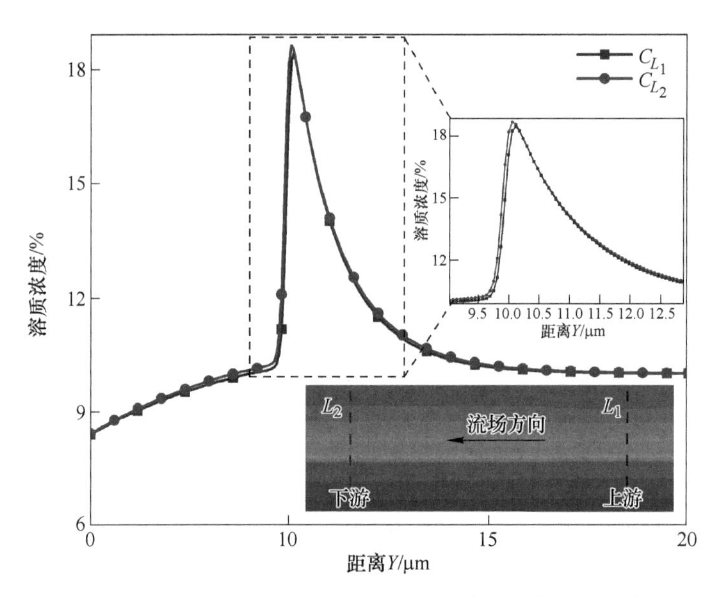

图 5.16　平面晶生长阶段固液界面不同位置的溶质浓度分布

沿的溶质富集层时，溶质浓度迅速上升至液相最大溶质浓度；当监测点远离固液界面前沿进入液相时，溶质浓度逐渐降低，并收敛至液相平衡溶质浓度。

从图 5.15 所示的不同时刻的溶质浓度分布曲线中可以看出，不管是在固相还是液相中，最大溶质浓度均随时间逐渐增大。这表明平面晶生长阶段，固液界面前沿的溶质未能得到有效扩散，导致液相最大溶质浓度逐渐增大。同时，平面晶从高溶质浓度液相中析出，固相最大溶质浓度也逐渐增大。不同时刻的溶质浓度分布曲线均从峰值逐渐下降，并收敛至液相平衡溶质浓度，且随着熔池凝固进程的进行，收敛速度逐渐增大。

为了研究瞬态流场对平面晶生长阶段固液界面不同位置的溶质浓度分布影响的差异，在流场的上游和下游分别提取监测线 L_1 和 L_2 处的溶质浓度分布曲线 C_{L_1} 和 C_{L_2}，如图 5.16 所示。从图 5.16 中可以看出，监测线 L_1 和 L_2 处的溶质浓度均随着监测点到计算域底端的距离的增加先缓慢增大，然后迅速增大至峰值，随后逐渐降低并收敛至液相平衡溶质浓度，下游监测线 L_2 处的溶质浓度略高于上游监测线 L_1 处的溶质浓度。这是因为在平面晶生长阶段，固液界面受到瞬态流场的作用，上游的溶质不断被带至下游发生沉积，使得下游的溶质浓度略高于上游的溶质浓度。由于固液界面处瞬态流场对溶质浓度分布的影响较小，上游和下游溶质浓度的差异较小。

相对稳定生长阶段处于熔池凝固的后期，通过研究相对稳定生长阶段的焊缝微观组织可以获得焊缝微观组织溶质浓度分布的空间特征，进而分析瞬态流场对不同位置处的焊缝微观组织特征的影响。由于相对稳定生长阶段焊缝微观组织溶质浓度随时间的变化趋势不明显，但其溶质浓度在柱状晶横向与纵向、柱状晶间隙等不同位置的分布存在明显差异，因此提取如图 5.17 所示的监测线 L_3 至 L_7 处的溶质浓度分布曲线 C_{L_3} 至 C_{L_7}，用于研究相对稳定生长阶段柱状晶不同位置的溶质浓度分布情况，如图 5.18 ~ 图 5.20 所示。

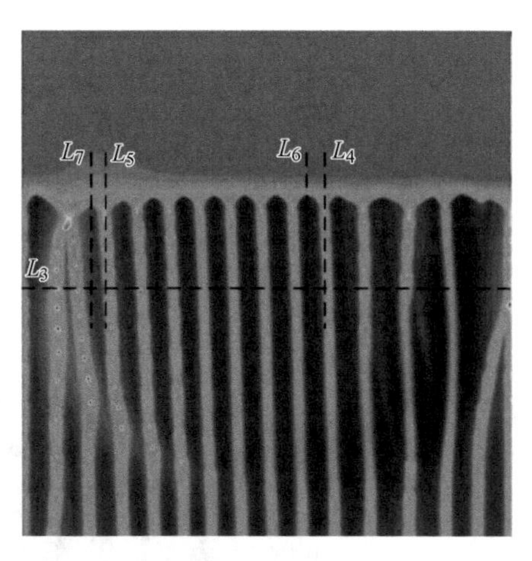

图 5.17 溶质浓度监测位置示意图

根据 L_3 处的溶质浓度分布曲线 C_{L_3} 分析相对稳定生长阶段柱状晶序列中的横向溶质浓度分布，如图 5.18 所示，其中距离 X 表示溶质监测线上的监测点到计算域左端的距离。从图 5.18 中可以看出，溶质浓度分布呈现出周期性的 W 形。在监测线 L_3 上，从柱状晶间隙进入柱状晶内部的过程中，溶质浓度迅速降低。这是因为柱状晶间隙中的液相区域溶质富集程度高，间隙所跨越的横向距离较小，短距离内穿过高溶质浓度的液相区域进入固相区域导致了溶质浓度的迅速降低。在柱状晶内部，从柱状晶的边缘到中心，溶质浓度缓慢下降，柱状晶中心的溶质浓度最低，这说明柱状晶内部溶质浓度并不均匀。随后从柱状晶内部进入柱状晶间隙，溶质浓度再次升高。因此，在穿过若干个柱状晶组成的序列后，其溶质浓度分布曲线呈现出周期性的 W 形。总体来看，W 形的高度平整性较差，这说明瞬态流场导致了柱状晶序列中的横向溶质浓度分布不均匀，下游柱状晶间隙和柱状晶内部的最大溶质浓度值均大于上游柱状晶间隙和柱状晶内部的最大溶质浓度值。另外，由于监测线 L_3 穿过了柱状晶间隙中的溶质富集液滴，W 形的顶部存在个别溶质浓度较高现象，如图 5.18 中 Ⅰ 和 Ⅱ 所示。

提取监测线 L_4 和 L_5（图 5.17）处的溶质浓度分布曲线 C_{L_4} 和 C_{L_5}，分析相对稳定生长阶段不同位置柱状晶间隙中的纵向溶质浓度分布，如图 5.19 所示。其中，距离 Y 表示溶质浓度监测线上监测点到计算域底端的距离。从图 5.19 中可以看出，柱状晶间隙形成了狭长的液相通道，上游与下游的液相通道中的溶质浓度存在显著差异。上游液相通道中的溶质富集液滴数量较少，液滴中的溶质富集程度较低，而下游液相通道中的溶质富集液滴数量较多，液滴中的溶质富集程度较高。对比监测线 L_4 和 L_5 处的溶质浓度分布曲线 C_{L_4} 和 C_{L_5} 可以发现，当监测点从液相区域进入柱状晶间隙的液相通道时，由于经过柱状晶尖端附近的溶质富集区域，溶质浓度快速上升，C_{L_4} 上的最大溶质浓度明显小于 C_{L_5} 上的最大溶质浓度。进入液相通道后，C_{L_4} 和 C_{L_5} 上的溶质浓度迅速下降，但液相通道中的溶质浓度仍高于液相区域的溶质浓度。沿监测线 L_5 继续向下，依次穿入穿出一系列

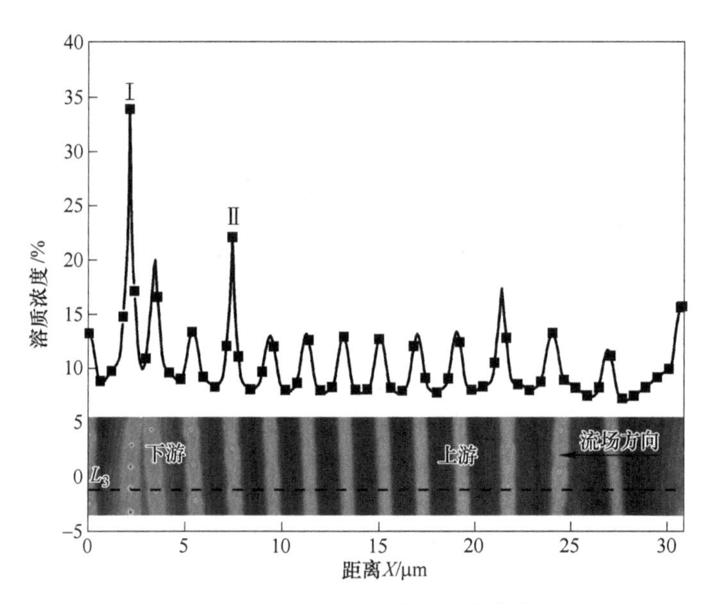

图 5.18　相对稳定生长阶段柱状晶序列中的横向溶质浓度分布

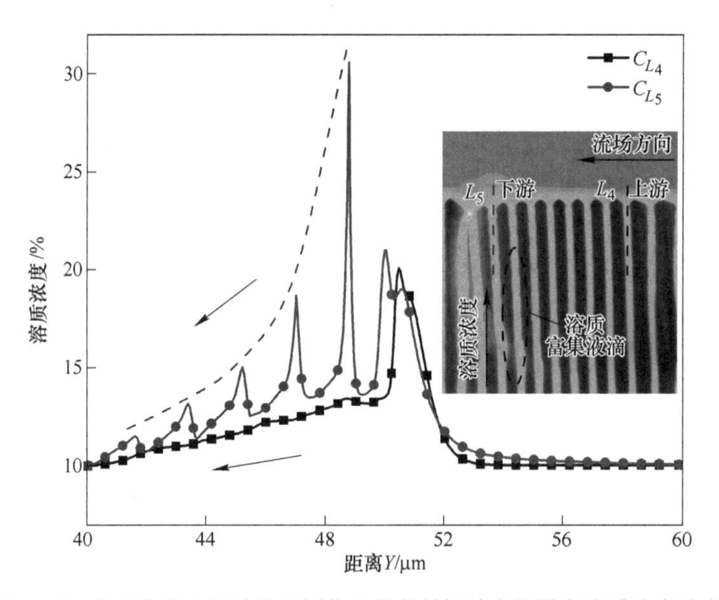

图 5.19　相对稳定生长阶段不同位置柱状晶间隙中的纵向溶质浓度分布

溶质富集液滴，其溶质浓度分布曲线 C_{L_5} 在波动中逐渐降低，而监测线 L_4 所在液相通道的溶质富集液滴较少，其溶质浓度分布曲线 C_{L_4} 较为平稳地降低。这表明下游液相通道相比于上游液相通道更容易产生溶质富集液滴，且越靠近液相通道底部，溶质浓度越低。这是因为瞬态流场对溶质驱动作用的大小与熔池流速呈正相关，熔池凝固前期的流动速度较大，驱动作用较强，故越靠近液相通道底部，溶质浓度越低。熔池凝固后期流动速度较小，溶质更容易沉积形成溶质富集液滴，故越靠近液相通道顶部，溶质浓度越高。瞬态流场对溶质的驱动和沉积作用，导致下游液相通道更容易产生溶质富集液滴，溶质的空间分布呈现不均匀特征。

提取监测线 L_6 和 L_7（图 5.17）处的溶质浓度分布曲线 C_{L_6}和 C_{L_7}，分析相对稳定生长阶段不同位置柱状晶内部的纵向溶质浓度分布，如图 5.20 所示。其中，距离 Y 表示溶质浓度监测线上监测点到计算域底端的距离。从图 5.20 中可以看出，在相对稳定生长阶段，不同位置柱状晶内部的纵向溶质浓度存在显著差异。在沿监测线 L_6 和 L_7 从固相区域穿过固液界面进入液相区域的过程中，溶质浓度先迅速增加然后逐渐下降并收敛，但监测线 L_7 处的溶质浓度比监测线 L_6 处的溶质浓度提前达到峰值，这说明监测线 L_7 处的下游柱状晶尖端生长落后于监测线 L_6 处的上游柱状晶尖端生长。另外，监测线 L_7 处的溶质浓度收敛速度较慢，且整体上高于监测线 L_6 处的溶质浓度。这是因为瞬态流场对溶质具有驱动作用，导致下游柱状晶尖端所形成的溶质富集层比上游柱状晶尖端所形成的溶质富集层厚，下游的柱状晶从溶质浓度较高的液相区域中析出，因此其固相区域的溶质浓度整体较高。

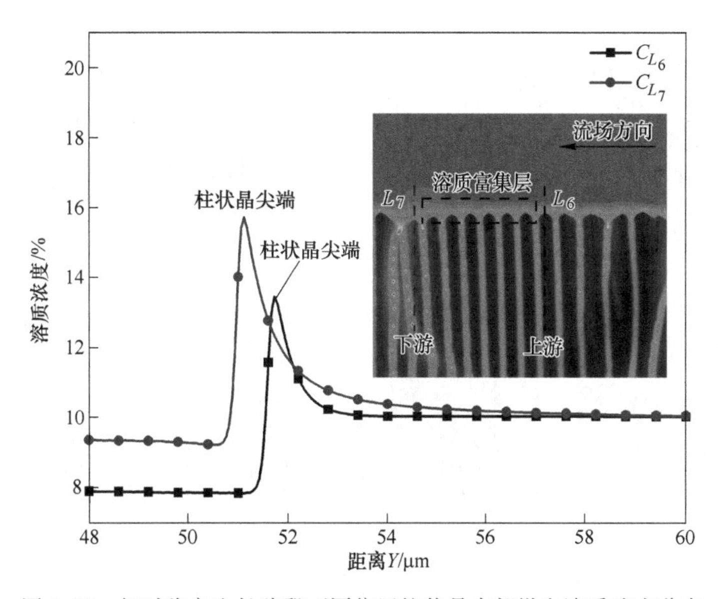

图 5.20 相对稳定生长阶段不同位置柱状晶内部纵向溶质浓度分布

5.3.3 常规激光焊接过程能量分布对焊缝微观组织特征的影响

不同的焊接工艺参数对常规激光焊接过程能量分布具有较大影响。其中，激光功率和焊接速度是影响常规激光焊接过程能量分布的重要参数。本节选用 5.2.1 节建立的激光焊接过程焊缝微观组织演变模型，选取焊接工艺参数如表 5.1 所示的 TC4 钛合金常规激光焊接过程进行数值计算，获得了常规激光焊接过程焊缝微观组织相场结果。另外，分析了常规激光焊接过程中不同激光功率和焊接速度条件下的焊缝微观组织形貌，研究了常规激光焊接过程能量分布对焊缝微观组织特征的影响。

表 5.1 中的第 1~4 组不同激光功率条件下焊缝微观组织形貌如图 5.21 所示。通过对比不同激光功率条件下焊缝微观组织形貌可以看出，焊缝微观组织均以柱状晶形式生长，一次枝晶臂间距随着激光功率的增大先减小后增大。另外，在常规激光焊接过程中激光功率的增大对柱状晶的长度的影响较小。这是因为随着激光功率的增大，凝固速度的变化较小，且不同激光功率条件下凝固速度收敛后的值基本相等（图 5.11（b））。表 5.1 中第 4~7 组不同焊接速度条件下焊缝微观组织形貌如图 5.22 所示。从图 5.22 中可以看出，随着焊接速度的增大，一次枝晶臂间距逐渐增大。

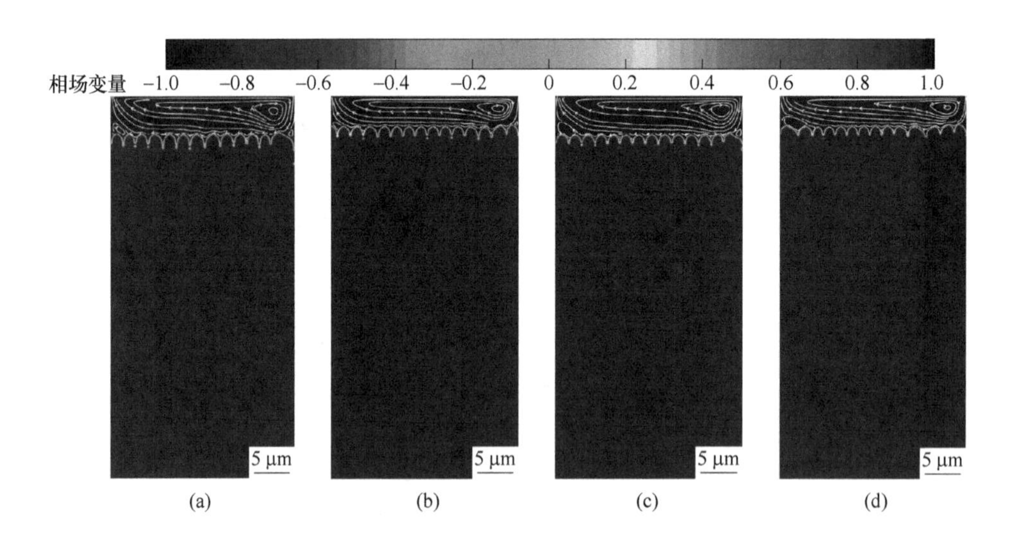

图 5.21 不同激光功率条件下焊缝微观组织形貌

（a）激光功率 900 W；（b）激光功率 1000 W；（c）激光功率 1100 W；（d）激光功率 1200 W

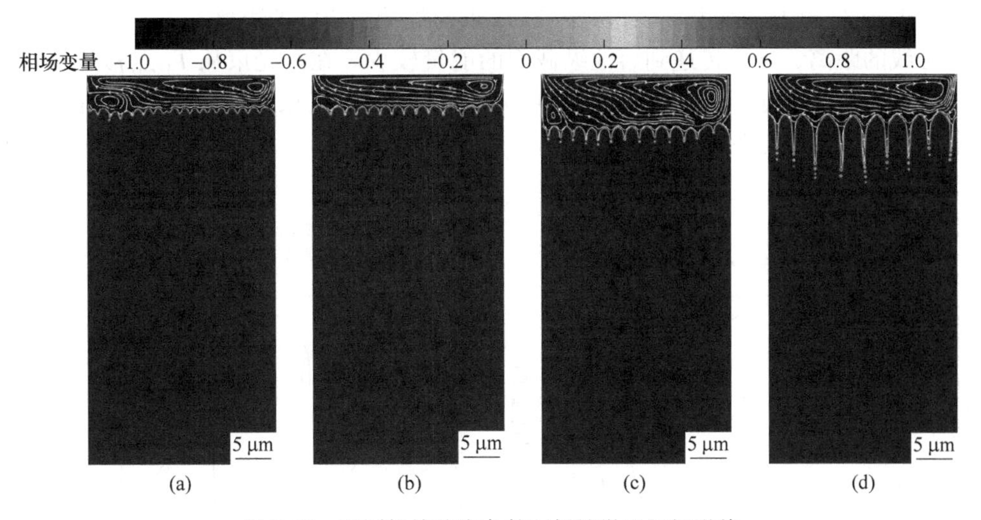

图 5.22 不同焊接速度条件下焊缝微观组织形貌

(a) 焊接速度 3.0 m/min；(b) 焊接速度 4.0 m/min；(c) 焊接速度 5.0 m/min；(d) 焊接速度 6.0 m/min

5.3.4 振荡激光焊接过程焊缝微观组织的演变

为了探究能量分布对激光焊接过程焊缝微观组织的演变的影响，本节对不同焊接工艺参数和激光束振荡参数条件下的振荡激光焊接过程进行了仿真（不考虑流场作用），分析了焊接工艺参数和激光束振荡参数对焊缝微观组织演变过程的影响。

5.3.4.1 振荡激光焊接过程温度场演变

选用 2.6 节建立的基于高斯锥体热源的顺时针圆形振荡激光焊接动力学模型，选取焊接工艺参数为激光功率 350 W、焊接速度 0.18 m/min、离焦量 0 mm，激光束振荡参数为振荡幅度 0.9 mm、振荡频率 30 Hz 的 IN718 镍基合金振荡激光焊接过程进行数值计算，所获得的振荡激光焊接过程熔池在焊接中心线所在纵截面最高温度的演变如图 5.23 所示。图 5.23（a）为不同时刻激光束辐射位置示意图。从图 5.23 中可以看出，在一个振荡周期内，当激光束位于 T_0 点时，熔池纵截面的最高温度达到 2862 K。随着激光束与焊接中心线之间的距离逐渐增大，熔池纵截面的最高温度逐渐下降。当激光束位于 T_1 点时，熔池纵截面的最高温度下降到谷值 1966 K。当激光束逐渐靠近焊接中心线，熔池纵截面的最高温度开始升高。当激光束到达 T_2 点时，熔池纵截面的最高温度达到峰值 2598 K，且 T_2 点的最高温度低于 T_0 点的最高温度。这是因为在激光束从 T_0 点移动到 T_2 点的过程中，激光束的能量主要用于基材的熔化，可用于熔池温度升高的能量较少。当激光束位于 T_3 点时，熔池纵截面的最高温度降低到谷值 1856 K，且 T_3 点的最高

温度低于 T_1 点的最高温度。这是因为 T_3 点与焊接中心线的距离大于 T_1 点与焊接中心线的距离，导致传递到熔池纵截面的能量较少。在激光束从 T_3 点移动到 T_4 点的过程中，熔池纵截面的最高温度迅速增加。当激光束位于 T_4 点时，熔池纵截面的最高温度达到峰值 2864 K。

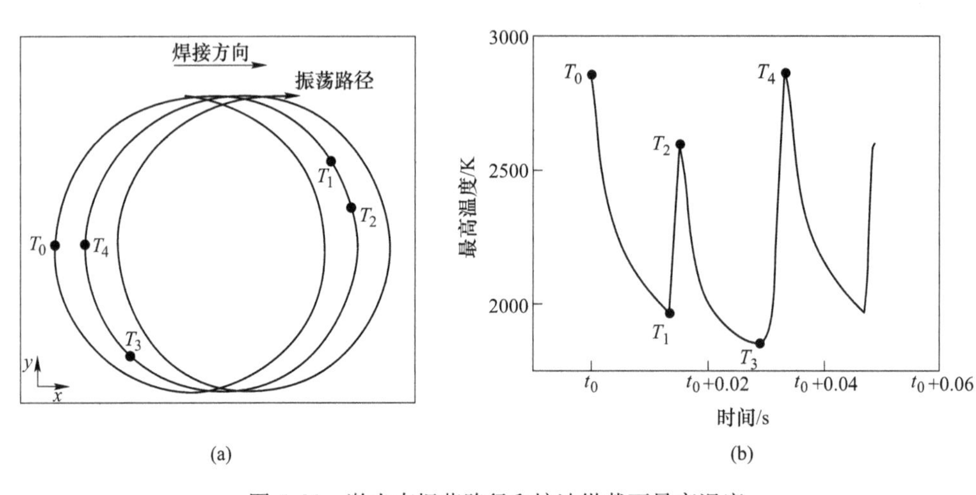

图 5.23　激光束振荡路径和熔池纵截面最高温度

（a）不同时刻激光束辐射位置示意图；（b）熔池纵截面最高温度

5.3.4.2　振荡激光焊接过程熔池瞬态凝固条件

选用 5.1.1.2 节建立的振荡激光焊接过程熔池瞬态凝固条件模型，选取焊接工艺参数和激光束振荡参数如表 5.2 所示的 IN718 镍基合金振荡激光焊接过程进行数值计算，获得不同焊接工艺参数和激光束振荡参数条件下熔池的瞬态凝固条件。不同焊接工艺参数和激光束振荡参数条件下熔池的温度梯度如图 5.24 所示。从图 5.24 中可以看出，在振荡激光焊接过程中，由于受振荡激光束的辐射，熔池的温度梯度随时间不断变化。

从图 5.24（a）中可以看出，在激光功率 350 W 条件下，熔池的温度梯度呈波动变化，最大值为 1269 K/mm，最小值为 257 K/mm。在 t_0 时刻，激光束位于熔池后部的 T_0 点（图 5.23（a）），熔池纵截面最高温度达到峰值，且最高温度点与熔合线之间的距离最小，因此温度梯度达到峰值。随着激光束在 T_0 ～ T_1 点的范围内远离焊接中心线，熔池纵截面最高温度减小，最高温度点与熔合线之间的距离增大，导致温度梯度逐渐减小。当激光束在 T_1 ～ T_2 点的范围内靠近焊接中心线时，熔池纵截面最高温度增大，最高温度点与熔合线之间的距离增大，且最高温度的增大幅度大于最高温度点到熔合线之间距离的增大幅度，因此温度梯度达到峰值 633 K/mm。当激光束从 T_2 点移动到 T_3 点，温度梯度先逐渐减小，然

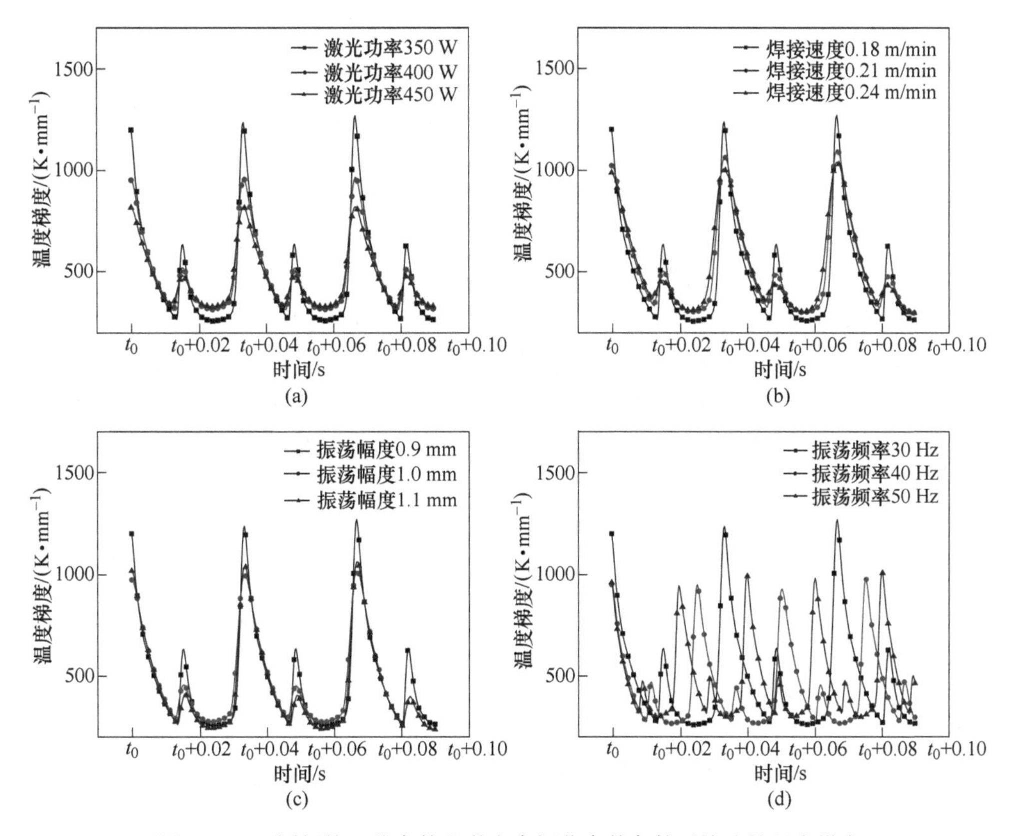

图 5.24 不同焊接工艺参数和激光束振荡参数条件下熔池的温度梯度

(a) 不同激光功率条件下的温度梯度；(b) 不同焊接速度条件下的温度梯度；(c) 不同振荡幅度条件下的温度梯度；(d) 不同振荡频率条件下的温度梯度

后基本保持不变。这是由于熔池纵截面的最高温度先迅速减小，然后缓慢减小，最高温度点与熔合线之间的距离逐渐减小。当激光束在 T_3 ~ T_4 点范围内靠近焊接中心线时，熔池纵截面最高温度增大，最高温度点与熔合线之间的距离减小，导致温度梯度迅速增大。

从图 5.24 (a) 中可以看出，在表 5.2 中的第 1、2、3 组焊接工艺参数和激光束振荡参数条件下，随着激光功率的增大，温度梯度的峰值逐渐减小，温度梯度的谷值逐渐增大，温度梯度的变化幅度逐渐减小。在表 5.2 中的第 1、4、5 组焊接工艺参数和激光束振荡参数条件下，随着焊接速度的增大，温度梯度的峰值逐渐减小，温度梯度的谷值逐渐增大，温度梯度的变化幅度逐渐减小，如图 5.24 (b) 所示。从图 5.24 (c) 中可以看出，在表 5.2 中的第 1、6、7 组焊接工艺参数和激光束振荡参数条件下，当激光束位于振荡路径上的 T_2 点（图 5.23 (a)）时，随着振荡幅度的增大，温度梯度的峰值逐渐减小；当激光束位

于振荡路径上的 T_4 点（图 5.23（a））时，随着振荡幅度的增大，温度梯度的峰值先减小后增大。从图 5.24（d）中可以看出，在表 5.2 中第 1、8、9 组焊接工艺参数和激光束振荡参数条件下，随着振荡频率的增大，温度梯度的变化频率增大，与振荡频率基本保持一致。当振荡频率为 30 Hz 时，温度梯度的变化幅度最大。当振荡频率增大到 40 Hz 和 50 Hz 时，温度梯度的变化幅度减小。

不同焊接工艺参数和激光束振荡参数（表 5.2）条件下熔池的凝固速度如图 5.25 所示。由于焊接方向和熔合线法线方向的夹角随时间的增加而减小，熔池的凝固速度随时间的增加而增大。从图 5.25（a）中可以看出，在表 5.2 中的第 1、2、3 组焊接工艺参数和激光束振荡参数条件下，随着激光功率的增大，凝固速度先减小后增大。从图 5.25（b）中可以看出，在表 5.2 中的第 1、4、5 组焊接工艺参数和激光束振荡参数条件下，随着焊接速度的增大，凝固速度逐渐减

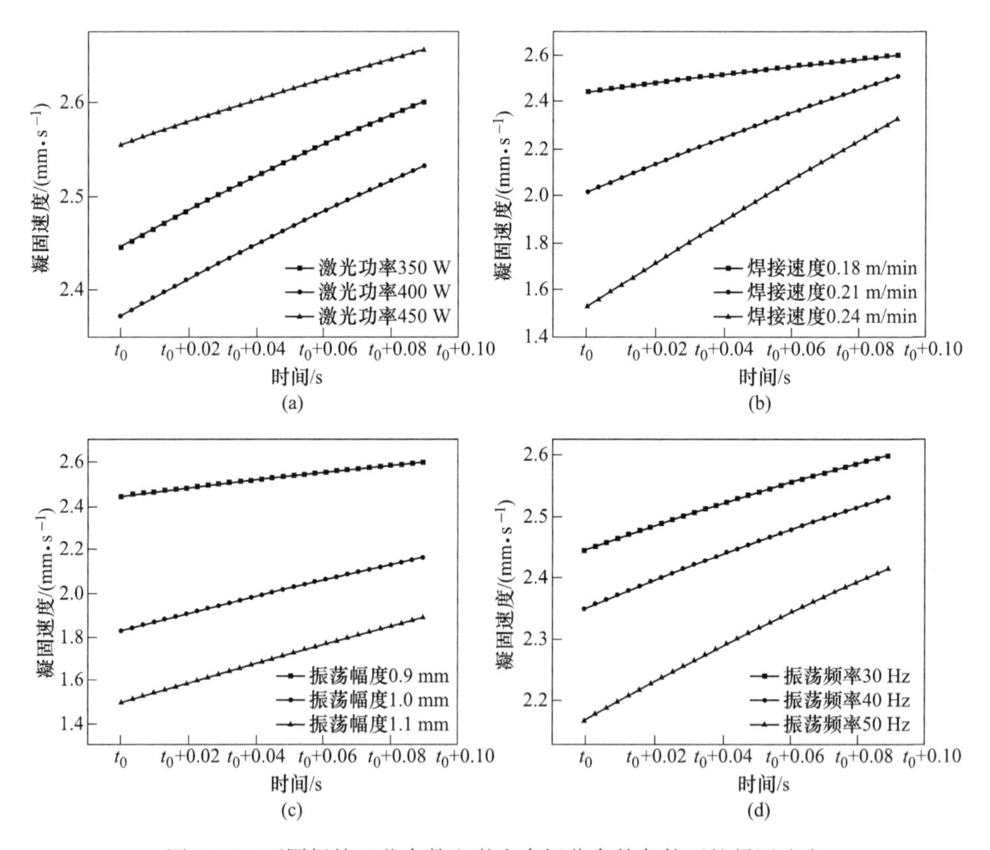

图 5.25　不同焊接工艺参数和激光束振荡参数条件下的凝固速度

（a）不同激光功率条件下的凝固速度；（b）不同焊接速度条件下的凝固速度；（c）不同振荡幅度条件下的凝固速度；（d）不同振荡频率条件下的凝固速度

小。从图 5.25（c）中可以看出，在表 5.2 中的第 1、6、7 组焊接工艺参数和激光束振荡参数条件下，随着振荡幅度的增大，凝固速度逐渐减小。从图 5.25（d）中可以看出，在表 5.2 中的第 1、8、9 组焊接工艺参数和激光束振荡参数条件下，随着振荡频率的增大，凝固速度逐渐减小。

5.3.4.3 振荡激光焊接过程焊缝微观组织溶质场结果

选用 5.1.1.2 节建立的振荡激光焊接过程熔池瞬态凝固条件模型，选取焊接工艺参数为激光功率 350 W、焊接速度 0.18 m/min、离焦量 0 mm，激光束振荡参数为振荡幅度 0.9 mm、振荡频率 30 Hz 的 IN718 镍基合金振荡激光焊接过程进行数值计算，获得熔池纵截面温度梯度和凝固速度，输入 5.2.1 节建立的激光焊接过程焊缝微观组织演变模型中。通过对该模型进行数值求解，获得了振荡激光焊接过程焊缝微观组织溶质场结果，分析了振荡激光焊接过程焊缝微观组织的演变。

振荡激光焊接过程焊缝微观组织的演变如图 5.26 所示。从图 5.26（a）中可以看出，在凝固初始阶段，焊缝微观组织以平面晶的形式生长。随着熔池凝固过程的进行，固液界面平衡逐渐被打破，发生界面失稳，开始出现突起，如图 5.26（b）所示。随着熔池凝固速度逐渐增大，固液界面的突起生长速度加快，逐渐演变成柱状晶，如图 5.26（c）所示。随着柱状晶的生长，相邻柱状晶之间形成竞争生长，生长速度快的柱状晶尖端的生长空间更大，而生长速度慢的柱状晶尖端生长空间小，其生长逐渐受抑制，且随着生长空间的减小逐渐停止生长，如图 5.26（d）所示。

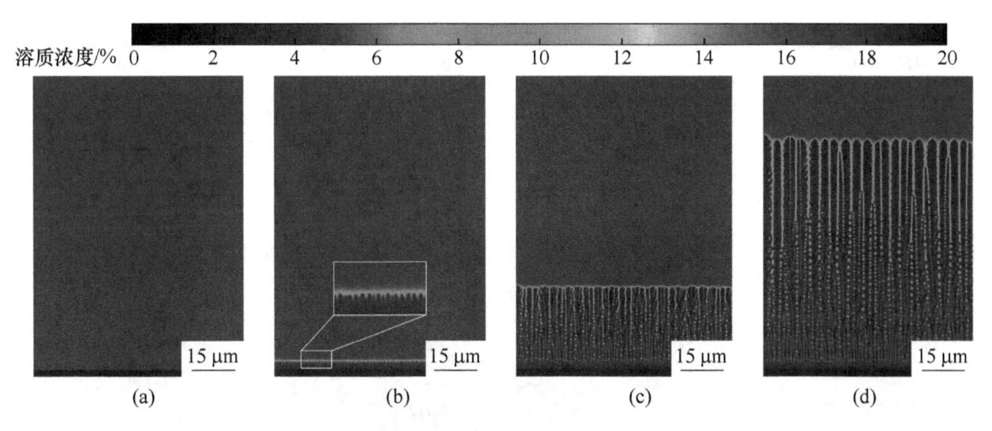

图 5.26 振荡激光焊接过程焊缝微观组织的演变
（a）0 ms；（b）0.32 ms；（c）3.20 ms；（d）9.60 ms

激光束到达熔池前部柱状晶的演变过程如图 5.27 所示。从图 5.27（a）（b）中可以看出，当激光束到达熔池前部，由于熔池纵截面的温度梯度逐渐增大，柱状晶的侧枝发生熔化。随着激光束与焊接中心线距离的减小和温度梯度的增大，柱状晶变得更细，尖端位置后移，如图 5.27（c）（d）所示。

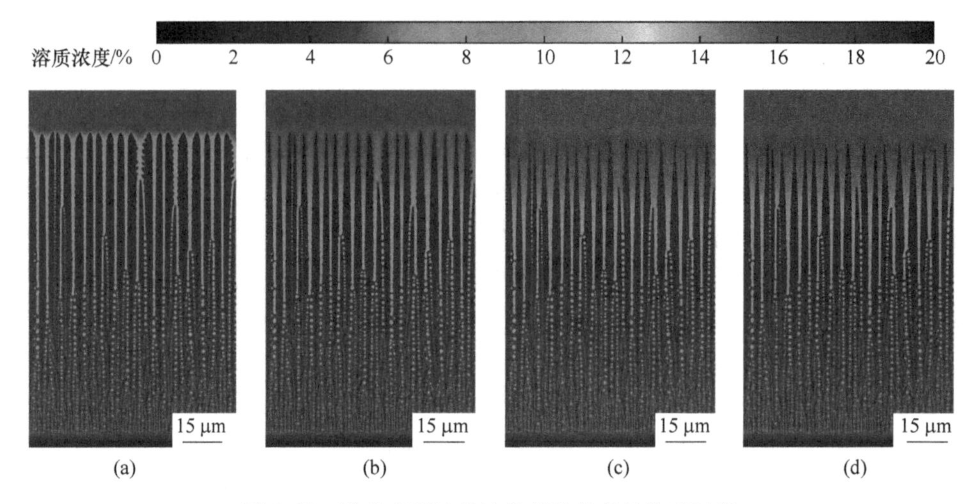

图 5.27　激光束到达熔池前部柱状晶的演变过程

（a）14.08 ms；（b）14.72 ms；（c）15.36 ms；（d）15.68 ms

激光束远离熔池前部柱状晶的演变过程如图 5.28 所示。随着激光束远离熔池前部，熔池纵截面的温度梯度减小，熔池后部开始凝固，柱状晶继续生长，如图 5.28（a）所示。随着温度梯度的进一步降低，固相从未熔化的柱状晶侧面析出，并积聚在柱状晶的尖端，形成近似等轴晶的形状，如图 5.28（b）所示。从

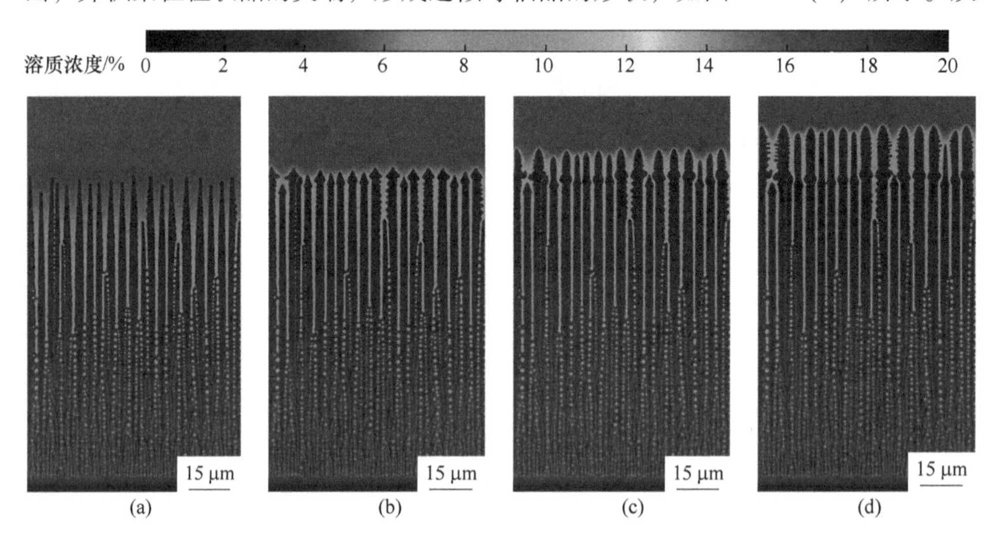

图 5.28　激光束远离熔池前部柱状晶的演变过程

（a）16.00 ms；（b）17.28 ms；（c）18.56 ms；（d）19.84 ms

图 5.28（c）中可以看出，柱状晶继续生长，尖端在与凝固速度平行的方向上的生长速度增大；在垂直于凝固速度方向上，尖端的生长速度减小。随着柱状晶的生长，侧枝重新出现并生长，如图 5.28（d）所示。

激光束到达熔池后部柱状晶的演变过程如图 5.29 所示。从图 5.29（a）（b）中可以看出，当激光束到达熔池后部时，由于温度梯度增大，柱状晶停止生长。大量柱状晶开始熔化，变得更短、更细，尖端位置后移，如图 5.29（c）所示。从图 5.29（d）中可以看出，此时刻的柱状晶熔化程度最大，柱状晶呈现出最短、最细的特征。由于柱状晶尺寸的差异，较粗大的柱状晶在熔化后保留了更多的部分，其尖端位置也处在计算域前部。较细小的柱状晶熔化后保留的部分较少，其尖端位置落后于较粗大的柱状晶的尖端位置。图 5.29 所示的激光束到达熔池后部柱状晶的熔化程度明显高于图 5.27 所示的激光束到达熔池前部柱状晶的熔化程度。这是因为当激光束到达熔池后部 T_3 到 T_4 点（图 5.23（a））范围时，熔池纵截面的最高温度和温度梯度明显高于激光束到达熔池前部 T_1 到 T_2 点（图 5.23（a））范围时熔池纵截面的最高温度和温度梯度。

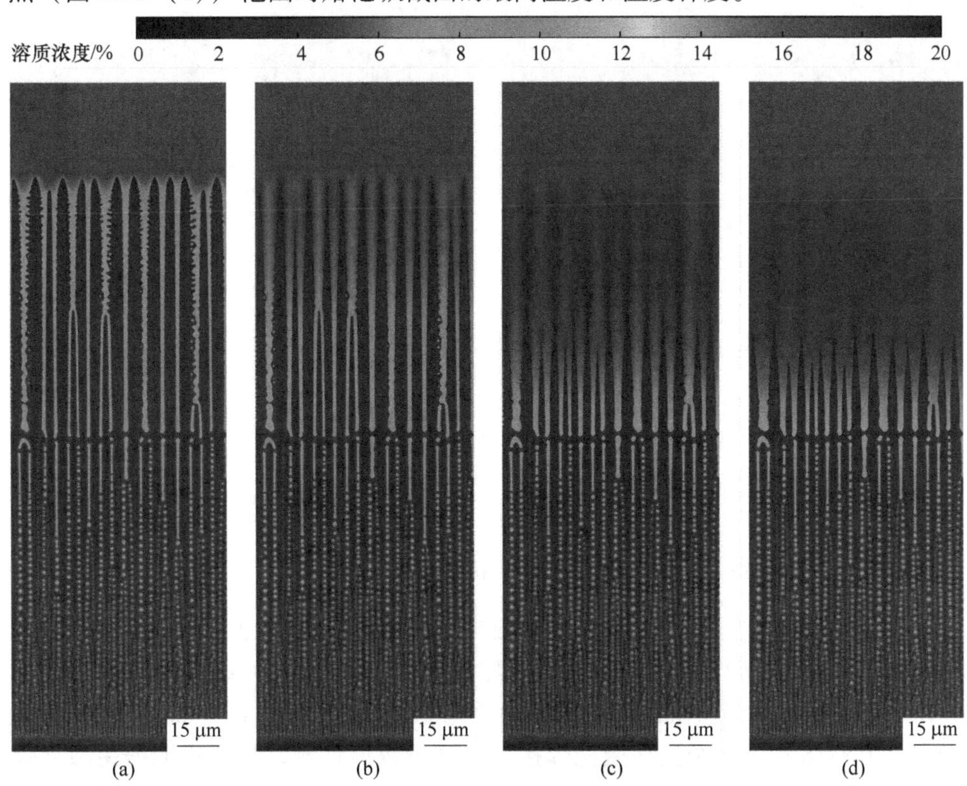

图 5.29 激光束到达熔池后部柱状晶的演变过程

（a）30.72 ms；（b）31.68 ms；（c）32.64 ms；（d）33.60 ms

激光束远离熔池后部柱状晶的演变过程如图 5. 30 所示。随着激光束远离熔池后部，熔池后部再次发生凝固，柱状晶变粗，尖端保持近似等轴晶的形状，如图 5. 30（a）（b）所示。随着熔池凝固过程的进行，尖端继续以柱状晶的形式生长。从图 5. 30（c）（d）中可以看出，由于柱状晶尖端位置的差异，长柱状晶的侧枝数量明显多于短柱状晶的侧枝数量。

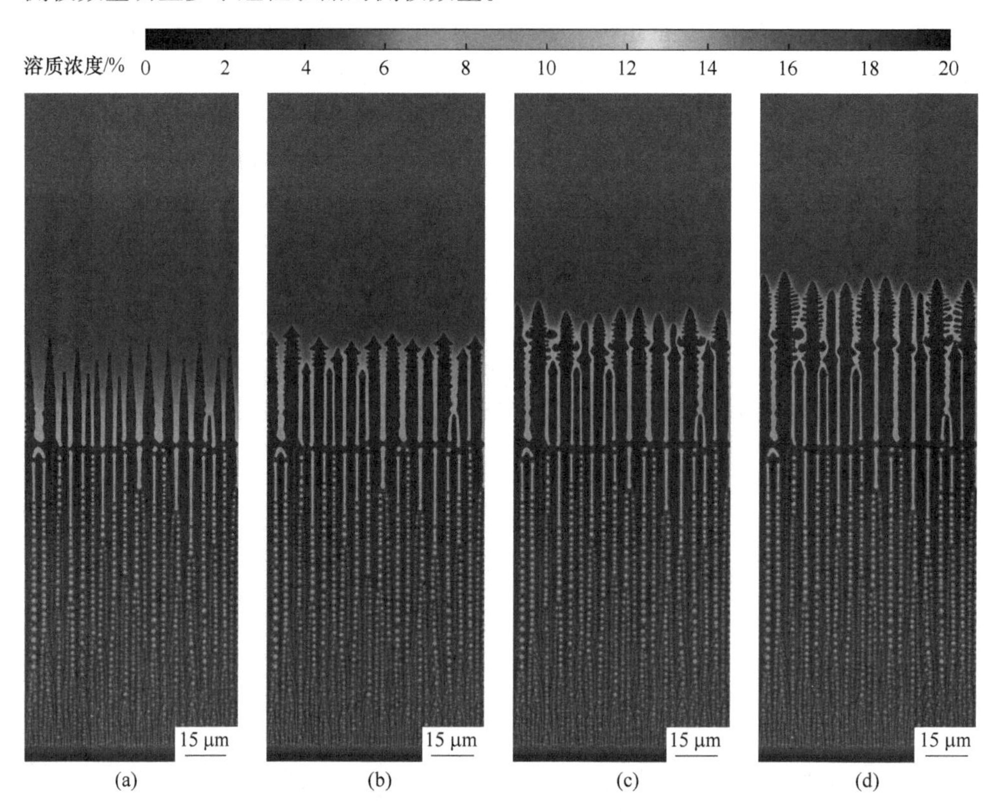

图 5. 30　激光束远离熔池后部柱状晶的演变过程

（a）33. 92 ms；（b）35. 52 ms；（c）37. 12 ms；（d）38. 72 ms

5. 3. 5　振荡激光焊接过程焊缝微观组织特征

为了分析振荡激光焊接过程焊缝微观组织特征，选用 5. 2. 1 节建立的激光焊接过程焊缝微观组织演变模型，选取焊接工艺参数为激光功率 350 W、焊接速度 0. 18 m/min、离焦量 0 mm，激光束振荡参数为振荡幅度 0. 9 mm、振荡频率 30 Hz 的IN718 镍基合金振荡激光焊接过程进行数值计算，将获得的振荡激光焊接过程焊缝微观组织溶质场结果进行了可视化处理。柱状晶熔化后尖端附近溶质浓度监测位置如图 5. 31（a）所示，获得的振荡激光焊接过程柱状晶熔化后尖端附近沿监测线的溶质浓度分布如图 5. 31（b）所示。从图 5. 31 中可以看出，柱状晶熔化后，柱状晶间隙的液相区域溶质浓度较高。这是由于柱状晶持续生长，溶质被排出进入液相区域中，相邻柱状晶之间狭长的液相通道不利于溶质扩散，最终形成了溶质富集区域。当沿监测线从液相区域进入柱状晶内部时，溶质浓度迅速降低；当监测位置沿监测线离开柱状晶进入液相区域时，溶质浓度又迅速升高。

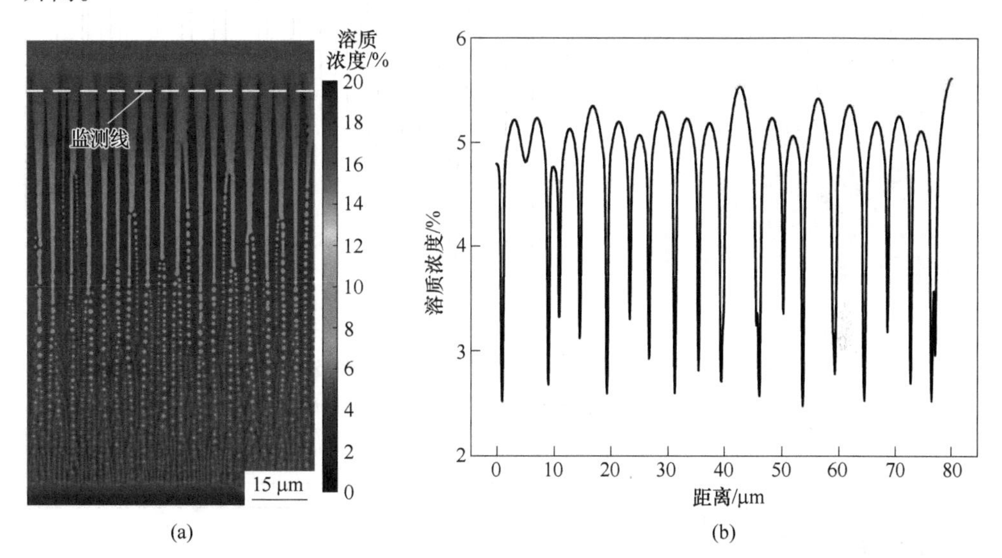

图 5.31 柱状晶熔化后尖端附近溶质浓度监测位置示意图及沿监测线的溶质浓度分布
（a）溶质浓度监测位置示意图；（b）沿监测线的溶质浓度分布

柱状晶再凝固后尖端附近溶质浓度监测位置如图 5.32（a）所示，获得的振荡激光焊接过程柱状晶再凝固后尖端附近沿监测线的溶质浓度分布如图 5.32（b）所示。从图 5.32 中可以看出，柱状晶内部的溶质浓度明显低于柱状晶间隙的液相区域溶质浓度。从柱状晶间隙的液相区域到柱状晶内部，溶质浓度迅速下降。在柱状晶内部，从柱状晶的边缘到中心，溶质浓度缓慢下降，柱状晶中心的溶质浓度最低。

柱状晶再凝固后其内部溶质浓度监测位置如图 5.33（a）所示，获得的振荡激光焊接过程柱状晶再凝固后其内部沿监测线的溶质浓度分布如图 5.33（b）所示。从图 5.33 中可以发现，从液相区域到柱状晶熔化、再凝固后形成的新固相区域，溶质浓度急剧下降，而从形成的新固相区域到未熔化的柱状晶内部，溶质浓度呈上升趋势。在未熔化的柱状晶内部，从柱状晶的边缘到中心，溶质浓度逐渐降低。所形成的新固相区域中的溶质浓度低于未熔化的柱状晶内部的溶质浓度。

从上述振荡激光焊接过程焊缝微观组织溶质场结果分析中可以得出，柱状晶内部的溶质浓度小于柱状晶间隙的液相区域溶质浓度，从柱状晶边缘到

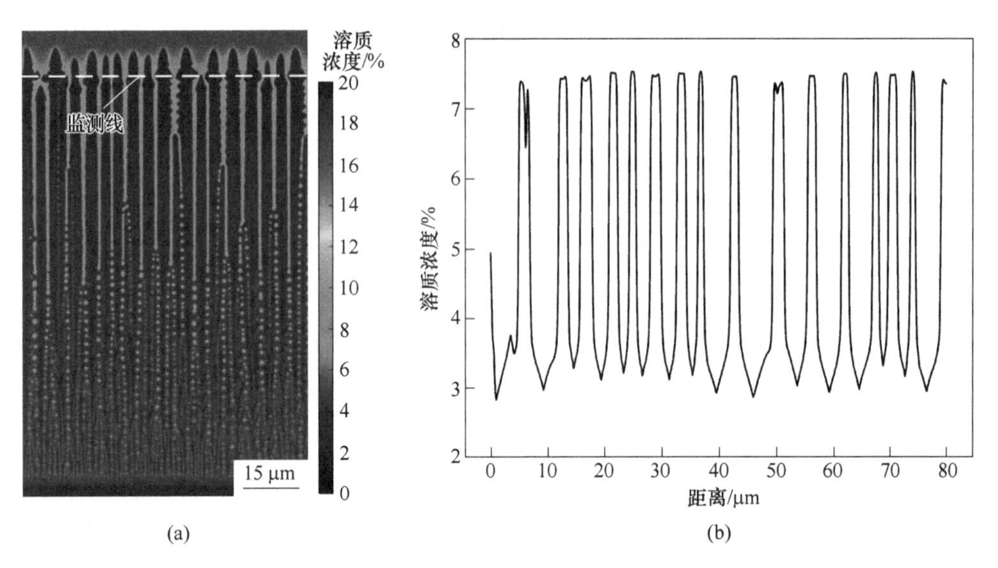

图 5.32　柱状晶再凝固后尖端附近溶质浓度监测位置示意图及沿监测线的溶质浓度分布
（a）溶质浓度监测位置示意图；（b）沿监测线的溶质浓度分布

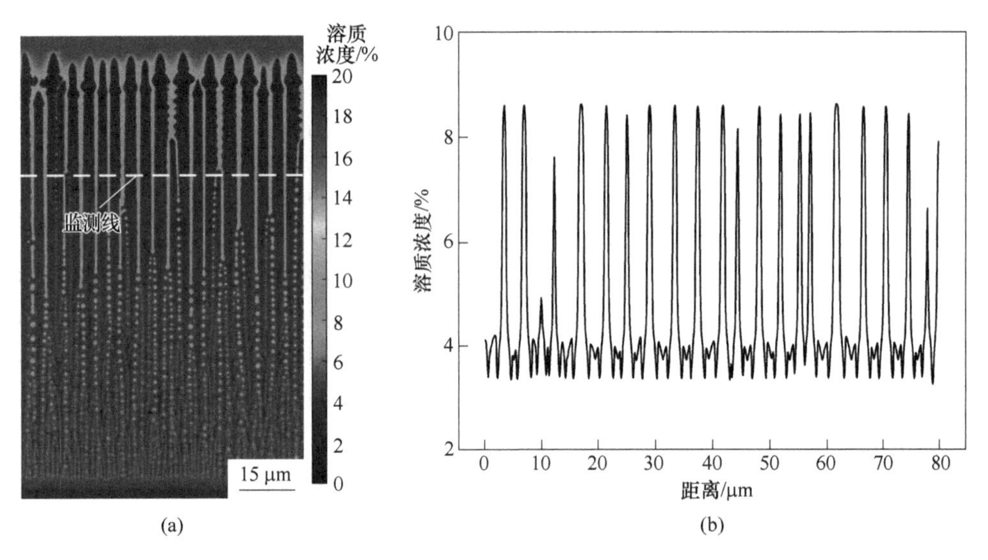

图 5.33　柱状晶再凝固后其内部溶质浓度监测位置示意图及沿监测线的溶质浓度分布
（a）溶质浓度监测位置示意图；（b）沿监测线的溶质浓度分布

中心，溶质浓度逐渐下降；从柱状晶间隙的液相区域到固相区域，溶质浓度迅速下降；从形成的新固相区域到未熔化的柱状晶内部，溶质浓度呈上升趋势。

5.3.6 振荡激光焊接过程能量分布对焊缝微观组织特征的影响

不同的焊接工艺参数和激光束振荡参数将影响振荡激光焊接过程的能量分布。其中，激光功率、焊接速度、振荡幅度和振荡频率是影响振荡激光焊接过程能量分布的重要参数。本节选用5.2.1节建立的激光焊接过程焊缝微观组织演变模型，选取焊接工艺参数和激光束振荡参数如表5.2所示的IN718镍基合金振荡激光焊接过程进行数值计算，获得了振荡激光焊接过程焊缝微观组织溶质场结果，并对溶质场结果进行了可视化处理。分析了振荡激光焊接过程中不同激光功率、焊接速度、振荡幅度和振荡频率条件下的焊缝微观组织形貌，研究了振荡激光焊接过程能量分布对焊缝微观组织特征的影响。

表5.2中的第1、2、3组不同激光功率条件下焊缝微观组织形貌如图5.34

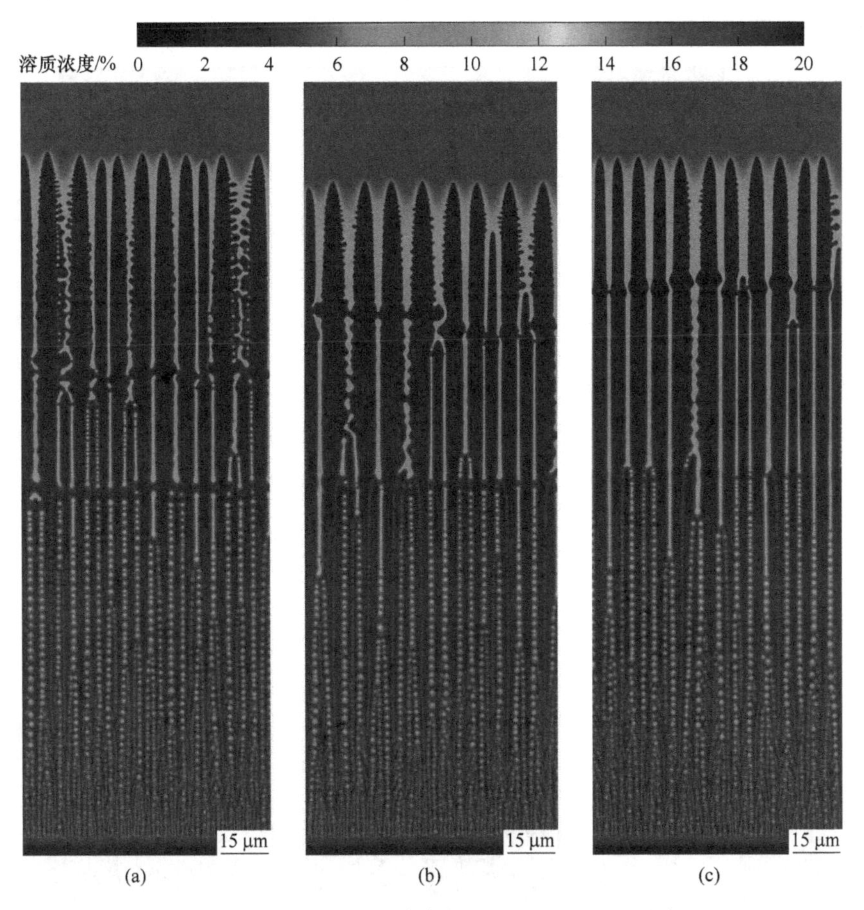

图5.34 不同激光功率条件下焊缝微观组织形貌

(a) 激光功率350 W；(b) 激光功率400 W；(c) 激光功率450 W

所示。从图 5. 34 中可以看出，柱状晶侧枝的数量随着激光功率的增大而减少，一次枝晶臂间距随激光功率的增大先增大后减小。柱状晶的长度随着激光功率的增大先减小后增大，这是由于焊接过程熔池的凝固速度随着激光功率的增大先减小后增大（图 5. 25（a））。因此，在一定范围内，通过减小激光功率可以降低激光束输入的能量，减小柱状晶的长度，细化晶粒。

表 5. 2 中的第 1、4、5 组不同焊接速度条件下焊缝微观组织形貌如图 5. 35 所示。从图 5. 35 中可以看出，随着焊接速度的增大，一次枝晶臂间距先减小后增大。当焊接速度为 0. 18 m/min 时，柱状晶的侧枝较多；当焊接速度为 0. 21 m/min 时，柱状晶侧枝的数量减少。随着焊接速度的增大，柱状晶的长度不断减小。这是由于焊接过程中凝固速度随着焊接速度的增加而逐渐降低（图 5. 25（b））。因此，在一定范围内，通过增大焊接速度可以降低激光束线能量，减小柱状晶的长度和一次枝晶臂间距，细化晶粒。

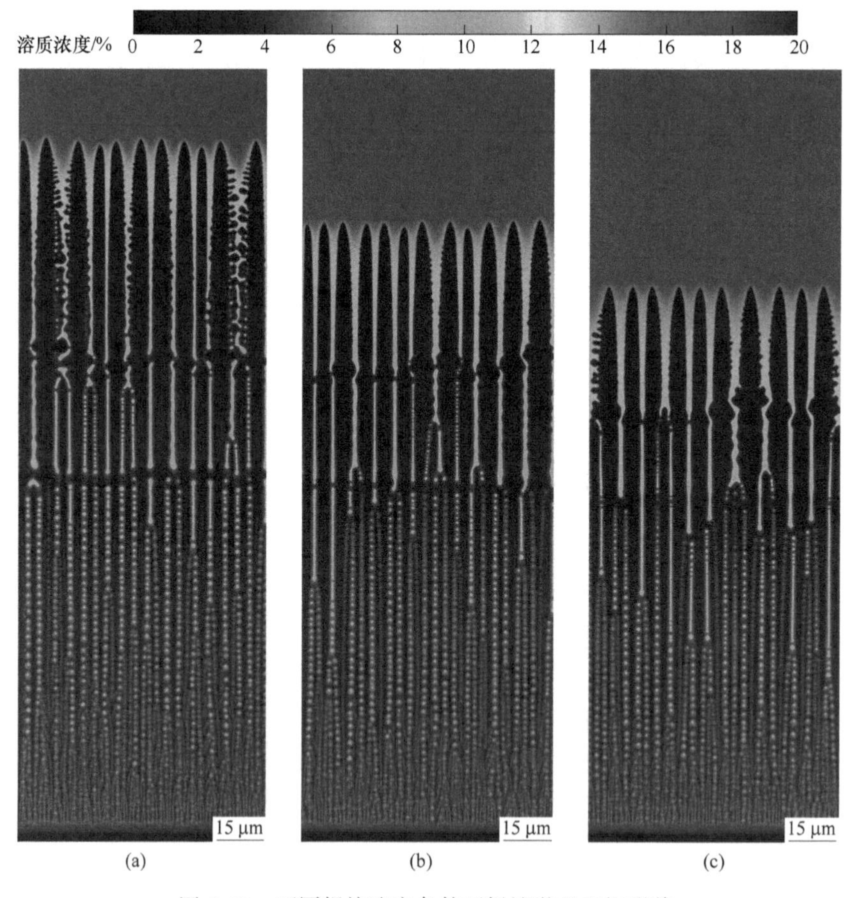

图 5. 35　不同焊接速度条件下焊缝微观组织形貌

（a）焊接速度 0. 18 m/min；（b）焊接速度 0. 21 m/min；（c）焊接速度 0. 24 m/min

表5.2中的第1、6、7组不同振荡幅度条件下焊缝微观组织形貌如图5.36所示。从图5.36中可以看出，随着振荡幅度的增大，柱状晶的长度逐渐减小，一次枝晶臂间距逐渐增大。振荡幅度为1.1 mm时的计算域右侧柱状晶尺寸明显大于左侧柱状晶尺寸，如图5.36（c）所示。这是因为尖端生长速度较低的柱状晶由于竞争生长受到抑制而停止生长，尖端生长速度较快的柱状晶生长空间增大。振荡幅度为1.1 mm时的计算域右侧柱状晶尖端生长速度更快，柱状晶尺寸更大，侧枝更发达。因此，在一定范围内，通过增大振荡幅度可以增大焊接过程能量分布范围，减小能量密度峰值，提高能量分布的均匀性，减小柱状晶的长度，细化晶粒。

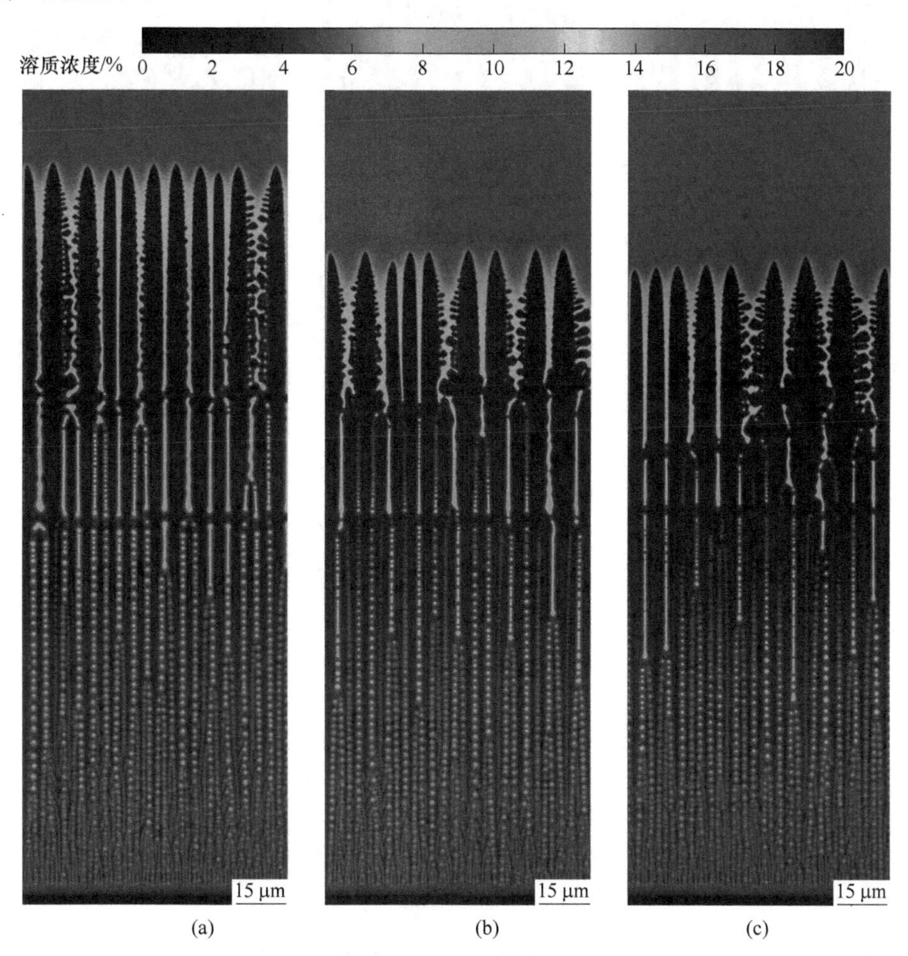

图5.36 不同振荡幅度条件下焊缝微观组织形貌

（a）振荡幅度0.9 mm；（b）振荡幅度1.0 mm；（c）振荡幅度1.1 mm

表5.2中的第1、8、9组不同振荡频率条件下焊缝微观组织形貌如图5.37

所示。从图 5.37 中可以看出，随着振荡频率的增大，一次枝晶臂间距先减小后增大。当振荡频率为 50 Hz 时，柱状晶的长度最短，如图 5.37（c）所示。这是由于在振荡频率 50 Hz 条件下，柱状晶发生熔化、再凝固的次数更多。因此，在一定范围内，通过增大振荡频率可以减小能量密度峰值，提高能量分布的均匀性，减小柱状晶的长度，细化晶粒。

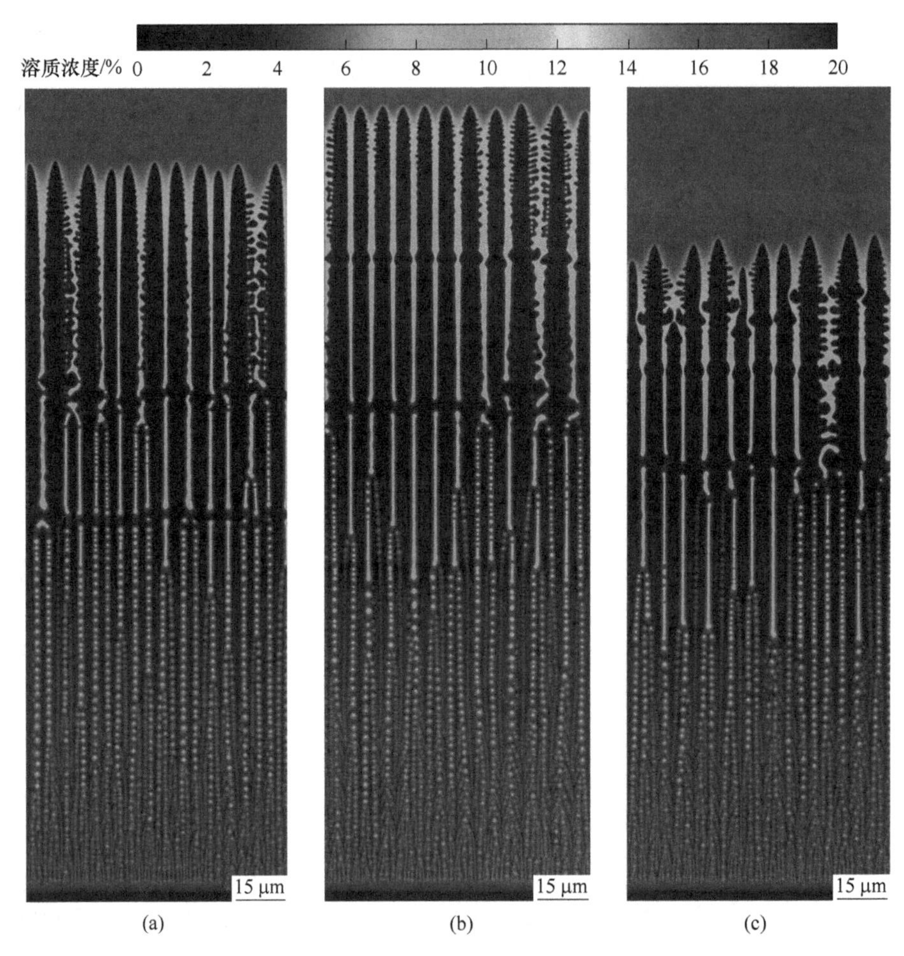

图 5.37　不同振荡频率条件下焊缝微观组织形貌

（a）振荡频率 30 Hz；（b）振荡频率 40 Hz；（c）振荡频率 50 Hz

晶粒尺寸和一次枝晶臂间距对焊接质量具有重要影响。在一定范围内，晶粒尺寸和一次枝晶臂间距越小，焊接接头的微观组织越细密，力学性能越好[16-18]。因此，通过改变焊接工艺参数和激光束振荡参数调节激光焊接过程能量分布，能够对焊缝微观组织特征进行调控。

5.4 激光焊接过程能量分布对焊缝微观组织特征的调控分析

常规激光焊接主要从焊接工艺参数方面对焊缝微观组织进行调控。相比于常规激光焊接，振荡激光焊接过程能量分布对焊缝微观组织特征的影响更加复杂，需要从焊接工艺参数和激光束振荡参数方面详细分析振荡激光焊接过程能量分布的差异性，研究不同激光功率、焊接速度等焊接工艺参数和振荡幅度、振荡频率等激光束振荡参数条件下焊接过程能量分布对焊缝微观组织特征的影响。由于晶粒尺寸和一次枝晶臂间距等焊缝微观组织特征对焊接接头的质量具有重要影响，本节基于上述振荡激光焊接过程能量分布对焊缝微观组织特征的影响，分析了振荡激光焊接过程能量分布对焊缝微观组织特征的调控。

通过以上分析发现，在振荡激光焊接过程中，随着熔池凝固过程的进行，熔池中的温度梯度波动变化。随着温度梯度周期性的增大和减小，柱状晶发生熔化、再凝固。焊接工艺参数和激光束振荡参数对焊缝微观组织特征具有重要的影响。在一定范围内，通过减小激光功率可以降低激光束输入的能量，减小柱状晶的长度，达到细化晶粒的目的；通过增大焊接速度可以降低激光束线能量，减小柱状晶的长度和一次枝晶臂间距；通过增大振荡幅度可以增大能量分布范围，减小能量密度峰值，提高能量分布的均匀性，减小柱状晶的长度；而增大振荡频率可以减小能量密度峰值，提高能量分布的均匀性，减小柱状晶的长度。综合激光功率、焊接速度、振荡幅度和振荡频率对振荡激光焊接过程能量分布进行协同调控，可以调节振荡激光焊接过程能量分布特征，进而细化焊缝晶粒，改善焊缝微观组织形貌，提高焊接质量。

参 考 文 献

[1] KOU S. Welding metallurgy [M]. New Jersey: John Wiley & Sons, 2003: 143-199.

[2] WANG X, LIU P, JI Y, et al. Investigation on microsegregation of IN718 alloy during additive manufacturing via integrated phase-field and finite-element modeling [J]. Journal of Materials Engineering and Performance, 2019, 28 (2): 657-665.

[3] 王磊. 2A14 铝合金激光焊接熔池微观组织演变相场法研究 [D]. 南京：南京航空航天大学, 2018.

[4] ZHENG W, DONG Z, WEI Y, et al. Onset of the initial instability during the solidification of welding pool of aluminum alloy under transient conditions [J]. Journal of Crystal Growth, 2014, 402: 203-209.

[5] 郑文健. Al-Cu 合金焊接熔池凝固枝晶动态生长机制的相场研究 [D]. 哈尔滨：哈尔滨工业大学, 2014.

[6] POSTACIOGLU N, KAPADIA P, DOWDEN J. Theory of the oscillations of an ellipsoidal weld pool in laser welding [J]. Journal of Physics D: Applied Physics, 1991, 24 (8): 1288-1292.

[7] FARZADI A, DO-QUANG M, SERAJZADEH S, et al. Phase-field simulation of weld

solidification microstructure in an Al-Cu alloy [J]. Modelling and Simulation in Materials Science and Engineering, 2008, 16 (6): 065005.

[8] ZHENG W, DONG Z, WEI Y, et al. Phase field investigation of dendrite growth in the welding pool of aluminum alloy 2A14 under transient conditions [J]. Computational Materials Science, 2014, 82: 525-530.

[9] FARZADI A, SERAJZADEH S, KOKABI A. Prediction of solidification behaviour of weld pool through modelling of heat transfer and fluid flow during gas tungsten arc welding of commercial pure aluminium [J]. Materials Science and Technology, 2008, 24 (12): 1427-1432.

[10] ECHEBARRIA B, FOLCH R, KARMA A, et al. Quantitative phase-field model of alloy solidification [J]. Physical Review E, 2004, 70 (6): 061604.

[11] MOELANS N, BLANPAIN B, WOLLANTS P. An introduction to phase-field modeling of microstructure evolution [J]. CALPHAD-Computer Coupling of Phase Diagrams and Thermochemistry, 2008, 32 (2): 268-294.

[12] TONG X, BECKERMANN C, KARMA A, et al. Phase-field simulations of dendritic crystal growth in a forced flow [J]. Physical Review E, 2001, 63 (6): 061601.

[13] SIQUIERI R, REZENDE J, KUNDIN J, et al. Phase-field simulation of a Fe-Mn alloy under forced flow conditions [J]. The European Physical Journal Special Topics, 2009, 177: 193-205.

[14] 黄义. 高速列车钛合金激光焊接接头微观组织结构分析 [D]. 长沙：中南大学，2022.

[15] HERNANDO I, ARRIZUBIETA J, LAMIKIZ A, et al. Laser beam welding analytical model when using wobble strategy [J]. International Journal of Heat and Mass Transfer, 2020, 149: 119248.

[16] ZHU Q, CHEN G, WANG C, et al. Microstructure evolution and mechanical property characterization of a nickel-based superalloy at the mesoscopic scale [J]. Journal of Materials Science & Technology, 2020, 47: 177-189.

[17] PARIYAR A, JOHN A, PERUGU C, et al. Influence of laser beam welding parameters on the microstructure and mechanical behavior of Inconel X750 superalloy [J]. Manufacturing Letters, 2023, 35: 33-38.

[18] JI H, DENG Y, XU H, et al. The mechanism of rotational and non-rotational shoulder affecting the microstructure and mechanical properties of Al-Mg-Si alloy friction stir welded joint [J]. Materials & Design, 2020, 192: 108729.

6 激光焊接过程能量分布智能调控

实现激光焊接过程能量分布的智能调控，能够提高激光焊接质量。本章对激光焊接过程能量分布从能量密度峰值、能量分布对称性和均匀性等评价指标方面进行调节，为激光焊接过程能量分布智能调控提供支持。介绍了激光焊接过程能量分布智能调控方法，并基于该方法对焊接工艺参数进行优化，调控了激光焊接过程能量分布，进而优化了焊缝横截面形貌特征参数。在此基础上开发了一种激光焊接过程能量分布智能调控系统及相应的调控装置，利用该系统及装置调节激光焊接过程的各项参数，能够高效率、高质量地实现激光焊接过程能量分布的智能调控。

6.1 激光焊接过程能量分布评价指标

激光焊接过程中容易出现焊缝不对称、成分偏析、气孔等缺陷，严重影响焊接接头力学性能，特别是对于异种材料激光焊接。激光焊接过程能量分布对焊缝成形质量及焊接缺陷的形成具有重要影响。本节基于 3.1.1 节建立的激光焊接过程能量分布模型（本节使用式（3.3）进行计算），对不同工艺条件下的激光焊接过程能量分布评价指标的能量密度峰值、能量分布对称性及均匀性进行调节。

6.1.1 激光焊接过程能量密度峰值

焊接工艺参数中焊接速度、激光功率是影响基材表面能量密度峰值的重要因素。本节以异种材料顺时针圆形振荡激光焊接为例，分析激光功率和焊接速度对激光焊接过程中基材表面能量密度峰值的调节作用。

为了分析焊接速度对基材表面能量密度峰值的调节作用，对焊接速度为 2.5 m/min、3.5 m/min、4.5 m/min 的异种材料顺时针圆形振荡激光焊接过程能量分布进行积分计算，具体的焊接工艺参数与激光束振荡参数如表 6.1 所示。其中，焊接方向为 x 轴正方向，焊接中心线位置为 $y=0$ mm。根据表 6.1 中的焊接工艺参数与激光束振荡参数，计算得到的基材表面能量分布如图 6.1 所示。从图 6.1 中可以看出，在焊接中心线两侧基材表面能量密度较高。当焊接速度从 2.5 m/min 增加到 4.5 m/min 时，基材表面能量密度高于 6.0×10^{-2} kJ/mm^{2}的区域面积逐渐减小，基材表面的能量密度峰值由 7.1×10^{-2} kJ/mm^{2}降为 4.1×10^{-2} kJ/mm^2。这是由于在焊接速度 4.5 m/min 条件下，激光束扫过单位面积基材的时间减少，单位面积基材吸收的激光束能量减少。

表 6.1　不同焊接速度条件下异种材料顺时针圆形振荡激光焊接工艺参数与激光束振荡参数

序号	激光功率 *LP* /kW	焊接速度 *WS* /(m · min^{-1})	振荡幅度 *OA* /mm	振荡频率 *OF* /Hz
1	3.0	2.5	1.0	180
2	3.0	3.5	1.0	180
3	3.0	4.5	1.0	180

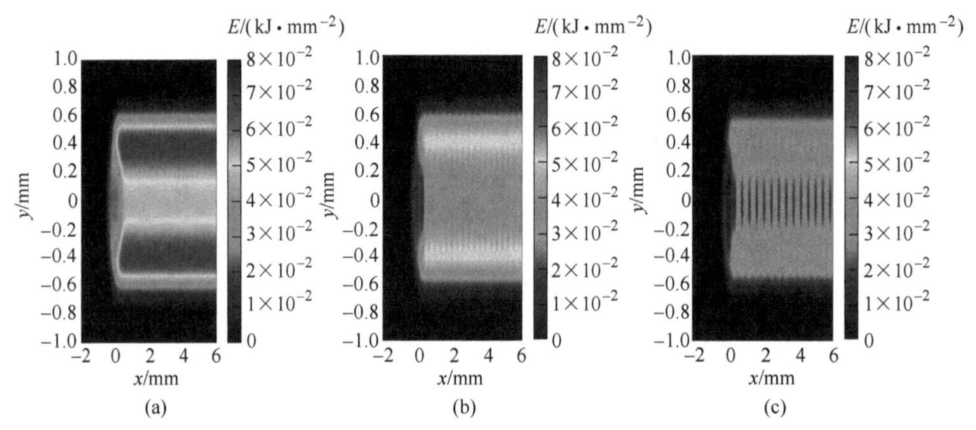

图 6.1　不同焊接速度条件下基材表面能量分布

（a）焊接速度 2.5 m/min；（b）焊接速度 3.5 m/min；（c）焊接速度 4.5 m/min

为了分析激光功率对基材表面能量密度峰值的调节作用，对激光功率为 2.5 kW、3.0 kW、3.5 kW 的异种材料顺时针圆形振荡激光焊接过程能量分布进行积分计算，具体焊接工艺参数与激光束振荡参数如表 6.2 所示。其中，焊接方向为 x 轴正方向，焊接中心线位置为 $y=0$ mm。根据表 6.2 中的焊接工艺参数与激光束振荡参数，计算得到的基材表面能量分布如图 6.2 所示。从图 6.2 中可以看出，在焊接中心线两侧基材表面能量密度较高。当激光功率从2.5 kW 增加到 3.5 kW 时，基材表面能量密度高于 4.0×10^{-2} kJ/mm^{2}的区域面积增大，基材表面的能量密度峰值由 3.5×10^{-2} kJ/mm^{2}增加为 4.8×10^{-2} kJ/mm^2。这是由于在激光功率 3.5 kW 条件下，激光束扫过单位面积基材时输入的能量增加，单位面积基材吸收的激光束能量增加。

表 6.2　不同激光功率条件下异种材料顺时针圆形振荡激光焊接工艺参数与激光束振荡参数

序号	激光功率 *LP* /kW	焊接速度 *WS* /(m · min^{-1})	振荡幅度 *OA* /mm	振荡频率 *OF* /Hz
1	2.5	4.5	1.0	180
2	3.0	4.5	1.0	180
3	3.5	4.5	1.0	180

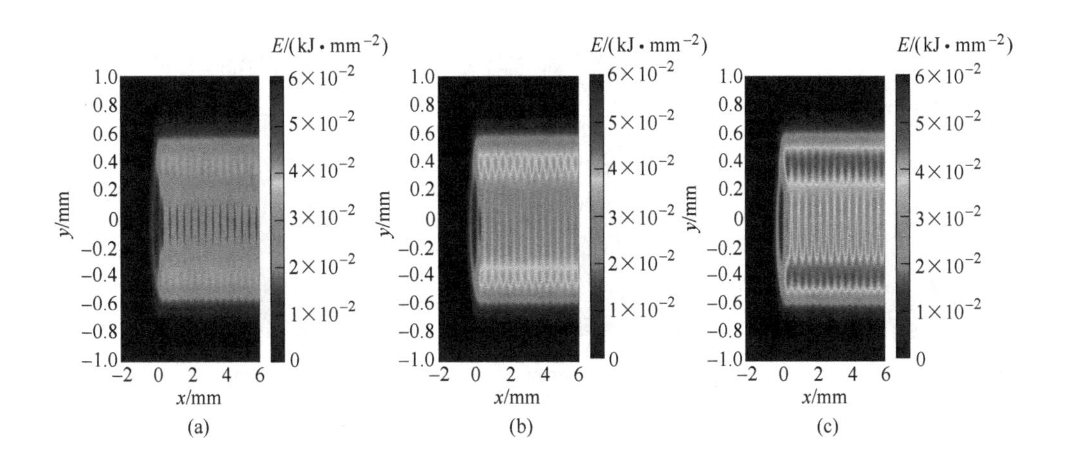

图 6.2 不同激光功率条件下基材表面能量分布

(a) 激光功率 2.5 kW; (b) 激光功率 3.0 kW; (c) 激光功率 3.5 kW

6.1.2 激光焊接过程能量分布对称性

在异种材料激光焊接过程中，材料热物性差异容易导致成形焊缝出现两侧宽度不对称等缺陷。通过调整两侧基材表面的能量分布，增加窄焊缝一侧基材吸收的能量，可以改善焊缝的不对称性。

本节介绍通过改变异种材料顺时针圆形振荡激光焊接过程焊接中心线位置来调整两侧基材表面的能量分布。焊接工艺参数设为激光功率 3.0 kW、焊接速度 3.0 m/min，激光束振荡参数设为振荡幅度 1.0 mm、振荡频率 180 Hz，焊接方向为 x 轴正方向，焊接中心线位置分别为 $y=0$ mm、$y=0.05$ mm、$y=0.10$ mm，通过积分计算得到的基材表面能量分布如图 6.3 (a) 所示。从图 6.3 (a) 中可以看出，y 轴负方向一侧的基材吸收的能量与 y 轴正方向一侧的基材吸收的能量基本相等。假设此情况下 y 轴正方向一侧基材焊缝较窄，将焊接中心线向 y 轴正方向偏移 0.05 mm，使 y 轴正方向一侧基材吸收更多的能量，能够有效改善异种材料热物性差异导致的焊缝宽度不对称缺陷，如图 6.3 (b) 所示。另外，若焊接中心线位置向 y 轴正方向的偏移量过大，则可能导致之前焊缝较窄一侧的基材吸收能量过多，焊缝宽度增加过多；而之前焊缝较宽一侧的基材吸收能量减少，焊缝宽度减少，最终可能出现反向的宽度不对称，如图 6.3 (c) 所示。

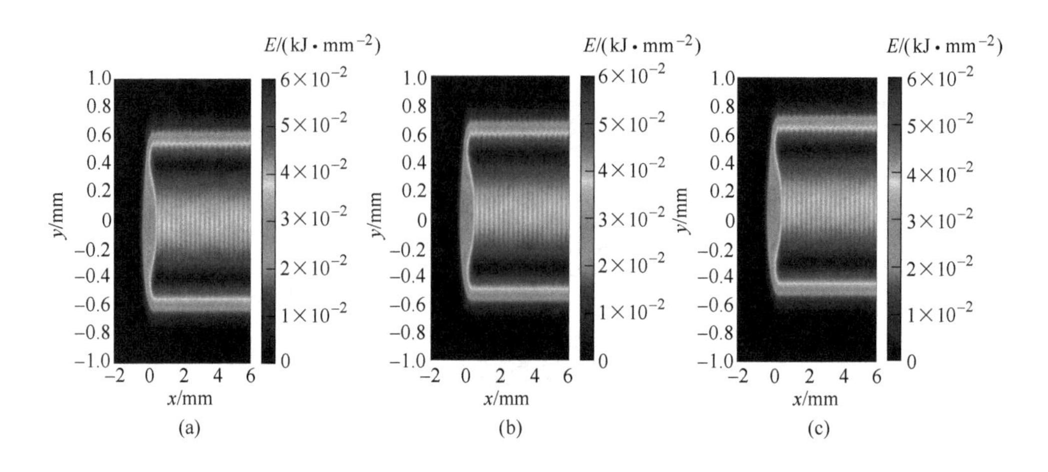

图 6.3　不同焊接中心线位置条件下基材表面能量分布

（a）焊接中心线位置为 y=0 mm；（b）焊接中心线位置为 y=0.05 mm；（c）焊接中心线位置为 y=0.10 mm

6.1.3　激光焊接过程能量分布均匀性

在异种材料激光焊接过程中材料热物性差异容易导致焊缝呈现出两侧深度不一致的形貌特征。通过调节两侧基材表面的能量分布，能够改善焊缝两侧深度的不一致性。

本节介绍通过改变异种材料顺时针圆形振荡激光焊接过程中激光束在两侧基材上的激光功率来调节其表面的能量分布。焊接工艺参数设为激光束在 y 轴负方向一侧时激光功率 2.0 kW，在 y 轴正方向一侧时激光功率 2.0 kW、2.5 kW、3.0 kW，焊接速度 3.0 m/min，激光束振荡参数设为振荡幅度 1.0 mm，振荡频率 180 Hz，焊接方向为 x 轴正方向，焊接中心线位置为 y=0 mm，通过积分计算得到的基材表面能量分布如图 6.4 所示。从图 6.4（a）中可以看出，当激光束在 y=0 mm 两侧基材上的激光功率相等时，y 轴负方向一侧基材吸收的能量与 y 轴正方向一侧基材吸收的能量基本相等。假设此情况下 y 轴正方向一侧基材焊缝深度较小，保持激光束在 y 轴负方向一侧的激光功率 2.0 kW 不变，将激光束在 y 轴正方向一侧的激光功率增大 0.5 kW，使 y 轴正方向一侧基材吸收更多的能量，能够有效改善异种材料热物性差异导致的焊缝深度不一致性，如图 6.4（b）所示。另外，若激光束在 y 轴正方向一侧的激光功率过大，则可能导致之前焊缝深度较小的一侧基材吸收能量过多，焊缝深度增加过多，最终出现反向的深度不一致，如图 6.4（c）所示。

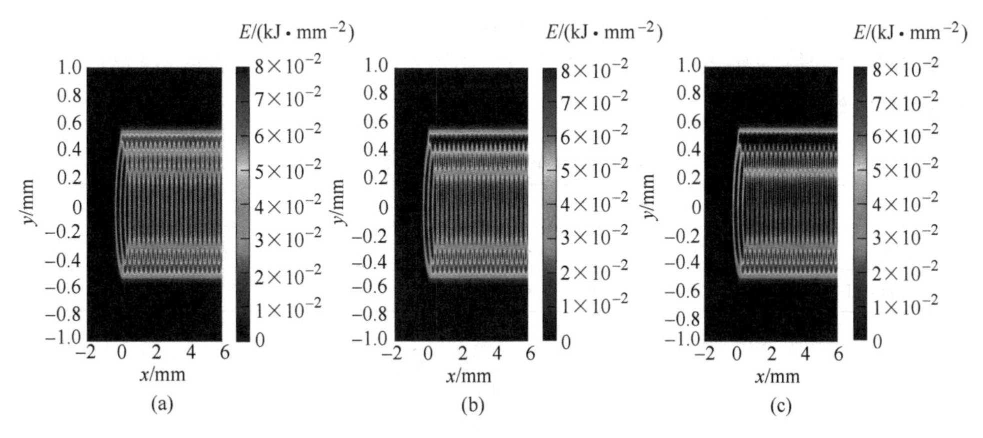

图 6.4 y 轴正方向一侧不同激光功率条件下基材表面能量分布

（a）激光功率 2.0 kW；（b）激光功率 2.5 kW；（c）激光功率 3.0 kW

6.2 激光焊接过程能量分布智能调控方法

为了更加高效准确地对激光焊接过程能量分布进行调控，提升激光焊接质量，本节针对异种材料激光焊接中焊缝的成形特征，介绍了一种激光焊接过程能量分布智能调控方法。通过激光焊接实验获取能量分布智能调控过程中所需的焊缝横截面形貌特征参数，基于粒子群算法（particle swarm optimization，PSO）、反向传播神经网络（back propagation neural network，BPNN）等智能算法构建焊缝横截面形貌特征参数与激光焊接过程能量分布的关系模型，通过 GA 建立激光焊接过程能量分布智能调控优化模型，从焊缝形貌、接头力学性能等方面，验证激光焊接过程能量分布智能调控方法的有效性。

6.2.1 焊缝横截面形貌特征参数获取

激光焊接过程能量分布对焊缝横截面形貌特征具有重要的影响，焊缝横截面形貌特征参数是建立激光焊接过程能量分布智能调控方法的基础数据。根据 1.4.3 节的分析结果，激光焊接焊缝横截面形貌中主要的特征参数包括上熔宽 WF_1、下熔宽 WF_2、左熔宽 L_1、右熔宽 L_2、熔深 WP 等。本节主要选取 L_1、L_2、WF_2 和 WP 作为建立激光焊接过程能量分布智能调控方法所需要的焊缝横截面形貌特征参数。下面介绍通过异种材料激光焊接实验获取焊缝横截面形貌特征参数的过程。

6.2.1.1 实验材料与设备

选择 Q235 低碳钢和 SUS301L-HT 不锈钢作为焊接基材，其化学成分如表 6.3 所示。图 6.5 所示为异种材料激光焊接过程的示意图，基材的尺寸均为 150 mm×

75 mm×2 mm。为了避免油污、氧化物等因素干扰激光焊接实验过程，选用铣床对两种基材的待焊接表面进行铣削处理，用钢丝刷对基材其他表面进行处理，并用丙酮溶液擦洗清理。

表 6.3　基材的化学成分（质量分数）　　(%)

材料	C	P	S	Si	Mn	Cr	Ni	N	Fe
Q235	0.014	0.017	0.038	0.1	0.038	—	—	—	余量
SUS301L-HT	0.018	0.027	0.002	0.47	1.24	17.75	7.5	0.1	余量

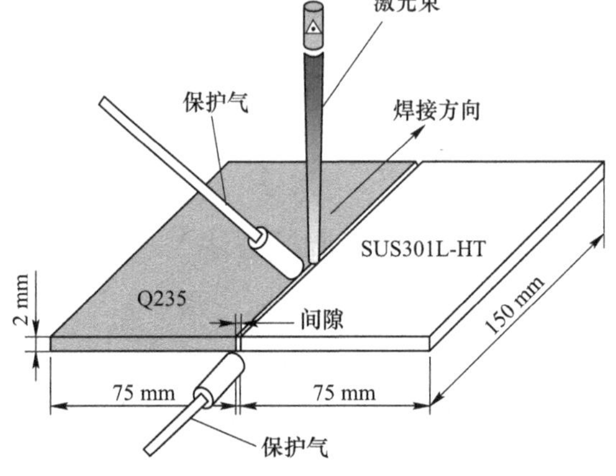

图 6.5　异种材料激光焊接过程的示意图

激光焊接实验过程中所采用的焊接系统如图 6.6 所示。其中激光器为 IPG YLR-4000 光纤激光器，波长为 1.07 μm，激光束光斑半径为 0.15 mm，光束质量为 6.3 mm · mrad。在整个焊接实验中，使用连续激光模式。激光头上装有保护

图 6.6　激光焊接系统

气装置，防止激光焊接过程中熔融金属被氧化。焊接过程中激光头倾斜角度为7°。焊接工艺参数包括激光功率 *LP*、焊接速度 *WS*、离焦量 *FP*、间隙 *GAP*，激光束振荡参数包括振荡频率 *OF* 和振荡幅度 *OA*。激光焊接过程中，*LP*、*WS*、*FP* 等焊接工艺参数与激光束振荡参数由控制系统进行设置，基材之间的 *GAP* 由塞尺进行控制。

6.2.1.2 实验方法

激光焊接过程能量分布对焊缝缺陷以及接头质量具有重要的影响[1]。根据前期的激光焊接工艺研究[2-3]，*LP*、*WS*、*FP*、*GAP* 等焊接工艺参数以及 *OF*、*OA* 等激光束振荡参数对激光焊接过程能量分布具有显著的影响，并在一定程度上决定了异种材料激光焊接的质量。在本节实验中，主要考虑焊接工艺参数 *LP*、*WS*、*FP*、*GAP*，将 *LP*、*WS*、*FP*、*GAP* 作为实验输入，对激光焊接过程能量分布进行调控。*LP* 的范围设置为 1.50~3.50 kW，*WS* 的范围设置为 2.50~3.50 m/min，*FP* 的范围设置为-3.0~1.0 mm，*GAP* 的范围设置为 0~0.08 mm。选取焊缝横截面形貌特征参数中的 L_1、L_2、WF_2和 *WP* 作为实验的输出。其中，WF_1 包括 L_1 和 L_2。每个输入因素被分为五个水平，间隔相等，本实验转化为一个四因素五水平的问题。实验中的焊接工艺参数及其水平如表 6.4 所示。实验采用田口矩阵 L_{25} 进行设计，如表 6.5 所示。

根据表 6.5 所示的实验设计，共进行了 25 组激光焊接实验。在实验完成之后，制作金相试样。用砂纸和抛光剂对金相试样进行打磨、抛光处理。为了提高焊缝和基材之间的对比度，将抛光后的金相试样用凯勒试剂腐蚀 30 s。待金相试样腐蚀完成之后，使用光学显微镜对其进行观察，并将得到的金相显微图像输入图像分析软件中进行测量，最终获得焊缝横截面形貌特征参数。

表 6.4 实验中的焊接工艺参数及其水平

参数	单位	符号	因素水平				
			1	2	3	4	5
激光功率	kW	*LP*	1.50	2.00	2.50	3.00	3.50
焊接速度	m/min	*WS*	2.50	2.75	3.00	3.25	3.50
离焦量	mm	*FP*	-3.0	-2.0	-1.0	0	1.0
间隙	mm	*GAP*	0	0.02	0.04	0.06	0.08

表 6.5 实验设计

序号	*LP*/kW	*WS*/(m·min^{-1})	*FP*/mm	*GAP*/mm
1	1.50	2.50	-3.0	0
2	1.50	2.75	-2.0	0.02

续表 6.5

序号	LP/kW	WS/(m · min^{-1})	FP/mm	GAP/mm
3	1.50	3.00	-1.0	0.04
4	1.50	3.25	0	0.06
5	1.50	3.50	1.0	0.08
6	2.00	2.50	-2.0	0.04
7	2.00	2.75	-1.0	0.06
8	2.00	3.00	0	0.08
9	2.00	3.25	1.0	0
10	2.00	3.50	-3.0	0.02
11	2.50	2.50	-1.0	0.08
12	2.50	2.75	0	0
13	2.50	3.00	1.0	0.02
14	2.50	3.25	-3.0	0.04
15	2.50	3.50	-2.0	0.06
16	3.00	2.50	0	0.02
17	3.00	2.75	1.0	0.04
18	3.00	3.00	-3.0	0.06
19	3.00	3.25	-2.0	0.08
20	3.00	3.50	-1.0	0
21	3.50	2.50	1.0	0.06
22	3.50	2.75	-3.0	0.08
23	3.50	3.00	-2.0	0
24	3.50	3.25	-1.0	0.02
25	3.50	3.50	0	0.04

6.2.2 激光焊接过程能量分布智能调控方法建立

6.2.2.1 激光焊接过程能量分布智能调控目标

为了建立激光焊接过程能量分布智能调控优化模型，需要先设定智能调控目标。由第 4 章的内容可知，激光焊接过程能量分布对焊缝形成过程及焊缝横截面形貌特征具有重要的影响。本节以焊缝横截面形貌特征参数作为激光焊接过程能量分布的调控目标。智能调控目标的设定主要考虑三个方面：减少焊缝的纵向缺陷（longitudinal defects，LD），期望 WP 等于基材的厚度 T；减少焊缝的横向缺陷（transverse defects，TD），期望 L_1 和 L_2 的差异性尽可能小；期望焊缝区域（welding zone，WZ）的面积尽可能小，WZ 近似为梯形，其面积由 WF_1、WF_2 和 WP 计算获得。基于以上分析，激光焊接过程能量分布智能调控优化问题可用数学形式表示为：

$$F = HD + WD + S_{\text{welding area}} \tag{6.1}$$

HD 为 WP 与 T 之间的高度差，可表示为：

$$HD = WP - T \tag{6.2}$$

WD 是 L_1 和 L_2 之差，用于表征焊缝的不对称性，可表示为：

$$WD = L_1 - L_2 \tag{6.3}$$

$S_{\text{welding area}}$ 为 WZ 的面积，可表示为：

$$S_{\text{welding area}} = \frac{1}{2} \times (WF_1 + WF_2) \times WP \tag{6.4}$$

为了使式（6.1）中各项的单位保持统一，且避免出现负值，将 HD 和 WD 转换为平方值，输入式（6.1）中。将智能调控优化目标转化为使 F 值最小化，可表示为：

$$F = \omega_{LD}(WP - T)^2 + \omega_{TD}(L_1 - L_2)^2 + \omega_{WZ} \times \frac{1}{2} \times (WF_1 + WF_2) \times WP \tag{6.5}$$

式中，ω_{LD}、ω_{TD} 和 ω_{WZ} 分别为 LD、TD 和 WZ 的权重系数。异种材料激光焊接焊缝中的 TD 过大可能改变接头的组织成分分布，对接头性能的影响最大。LD 对接头性能的影响比 WZ 的影响更大，这是因为 LD 可以改变焊接接头的有效面积。因此，确定 TD 的权重系数最大，为 0.5，LD 和 WZ 的权重系数次之，分别为 0.3 和 0.2。

6.2.2.2 焊缝横截面形貌特征参数与焊接过程能量分布的关系模型

焊缝横截面形貌特征参数与焊接过程能量分布之间具有非常复杂的非线性关系，难以用常规方法建立他们之间的精确关系模型。在前期的研究中，PSO-BPNN 被证明是解决复杂非线性问题的有效方法[4-5]。BPNN 是一种以误差反向传播算法训练的多层前馈网络，由 Rumelhart 等[6]于 1986 年提出。BPNN 具有响应速度快、学习精度高的优点，是最受欢迎的神经网络之一，广泛地应用于模式识别、装配优化、变量预测等领域[7-8]。然而，BPNN 对初始值非常敏感，不同的初始值可能会得到完全不同的结果。不合适的初始值也会导致模型在求解过程中发生波动，难以收敛。因此，BPNN 难以获得网络的最佳连接权重值和阈值。在网络训练过程中，有必要对连接权重值和阈值进行优化。PSO 是 Eberhart 和 Kennedy 等[9]提出的一种种群优化算法，具有优异的全局优化能力。利用 PSO 优化 BPNN 中的连接权重值和阈值后，BPNN 将具有更快的收敛速度和更高的精度。本节采用 PSO-BPNN 对焊缝横截面形貌特征参数与焊接过程能量分布之间的关系进行建模，如图 6.7 所示。具体描述如下：首先，根据输入（*LP*、*WS*、*FP*、*GAP*）和输出（L_1、L_2、WF_2、*WP*）确定 BPNN 的结构。然后，利用 PSO 对搜索空间中 BPNN 编码的所有连接权重值和阈值进行优化。最后，采用优化后的连接权重值和阈值对 BPNN 进行训练。通过对优化过程进行演化，使训练误差达到最小，终止优化过程。通过以上训练过程，BPNN 的预测输出与实际输出之间的误差将大大减小。

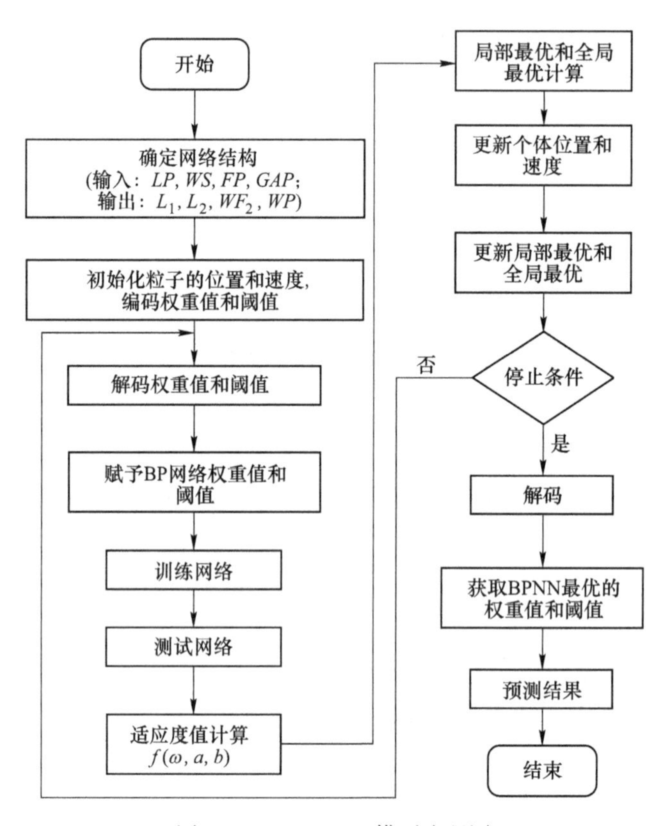

图 6.7　PSO-BPNN 模型流程图

（1）BPNN 结构确定。BPNN 由输入层、隐藏层和输出层组成。BPNN 的参数包括输入层神经元的数量、输出层神经元的数量和隐藏层神经元的数量，这些参数均需要进行初始化。BPNN 的输入有 *LP*、*WS*、*FP* 和 *GAP*，输入层的神经元数量为 4 个；输出有 L_1、L_2、WF_2 和 *WP*，输出层的神经元数量为 4 个。隐藏层神经元数量的确定非常重要，对网络的收敛性和预测精度具有较大的影响。对于三层的 BPNN 结构，隐藏层神经元数量 l 的范围可由经验公式确定[10]：

$$l = \sqrt{p + m} + \alpha \tag{6.6}$$

式中，p 和 m 分别为输入层和输出层的神经元数量；α 为 1~10 之间的常数。在本节中，通过式（6.6）和试错法确定隐藏层神经元数量为 12 个。根据上述对神经元数量的设置，确定为 4-12-4 三层前馈 BPNN。

（2）连接权重值和阈值的编码。在确定 BPNN 的结构之后，需要对连接权重值和阈值进行编码，通过 PSO 对两者进行优化。将浮点类型的数字用于连接权重值和阈值。编码将连接权重值和阈值的序列连接在一起，形成一个长字符串 K。字符串 K 的长度为：

$$K = p \times l + l + l \times m + m \tag{6.7}$$

根据式（6.7），字符串 K 的长度为 $4\times12+12+12\times4+4=112$。优化后的个体值将被解码为相应的连接权重值和阈值，用于 BPNN 训练。

（3）适应度函数确定。为了减小实际输出与预测输出之间的误差，将 PSO 适应度函数定义为：

$$f(\omega,a,b) = \min\{\max[|\mathrm{Err}_k(\omega,a,b)|]\} \qquad k = 1,2,\cdots,4 \tag{6.8}$$

式中，ω 为输入层与隐藏层、隐藏层与输出层之间优化后的连接权重值；a 为隐藏层优化后的阈值；b 为输出层优化后的阈值；$\mathrm{Err}_k(\omega,\ a,\ b)$ 为实际输出 Y_k 与 BPNN 预测输出 O_k 之间的相对误差，表示为：

$$\mathrm{Err}_k(\omega,a,b) = \frac{Y_k - O_k}{Y_k} \times 100\% \qquad k = 1,2,\cdots,4$$

由 BPNN 计算得到输出值（L_1、L_2、WF_2 和 WP），通过适应度函数将相应的值转换为适应度值，用于 PSO 优化效果的比较。在适应度值更新的过程中，新一代适应度值的产生和演化与上述过程相同。当演化过程收敛或到达预定代后终止时，网络的预测误差为最小值。

（4）BPNN 训练。为了提高拟合精度，利用实验结果对网络进行训练。网络训练参数设置如下：最大 epoch 数为 1000，准确率为 0.01，学习率为 0.1。训练过程中，输入层与隐藏层之间采用 Tan-Sigmoid 传递函数，隐藏层与输出层之间采用 Purelin 传递函数。为了充分地训练 BPNN，将表 6.5 中实验设计所得到的数据全部输入 BPNN 模型中进行训练。另外，还增加了 6 组焊接实验，实验结果用于对 BPNN 的预测结果进行测试。测试实验设计如表 6.6 所示。

表 6.6　BPNN 测试实验设计

序号	LP/kW	WS/(m · min^{-1})	FP/mm	GAP/mm
1	1.80	2.50	−1.0	0
2	2.00	2.80	−1.0	0.06
3	2.50	2.75	+0.5	0
4	3.00	2.50	0	0.03

续表 6. 6

序号	*LP*/kW	*WS*/(m · $\min^{-1}$)	*FP*/mm	*GAP*/mm
5	3. 20	3. 20	-1. 0	0
6	3. 50	3. 30	-1. 0	0. 02

（5）PSO-BPNN 预测结果。对 PSO-BPNN 的流程编写了相应的程序代码进行计算。PSO 的种群大小和最大迭代次数分别设置为 50 和 200，维度的大小与字符串 *K* 的长度相同，速度因子设为 $c_1 = c_2 = 2$，连接权重值和阈值的取值范围为-1～1。

经过约 110 代的演化，实际输出与预测输出的最大误差稳定在 16. 0%，如图 6. 8 所示。表 6. 7 所示为 PSO-BPNN 预测结果与测试实验结果的对比。从表 6. 7 中可以看出，预测结果与实验结果的误差相对较小。结果表明，PSO-BPNN 的预测结果与实验结果吻合良好，所建立的 PSO-BPNN 模型对焊缝横截面形貌特征参数具有较高的预测精度。将 PSO-BPNN 与 GA 相结合，可以得到最优的焊接工艺参数组合，从而实现激光焊接过程能量分布的智能调控。

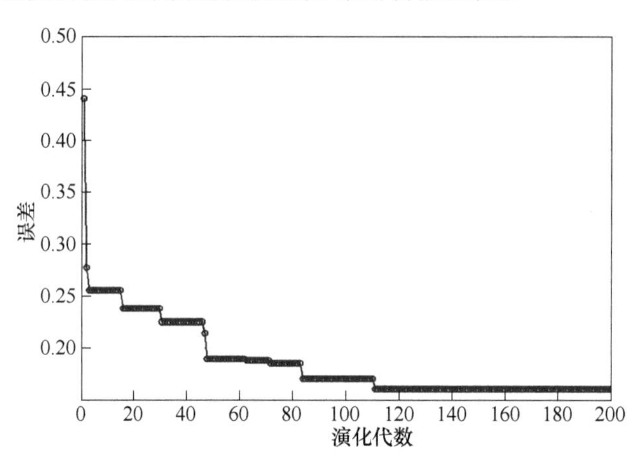

图 6. 8　PSO-BPNN 预测误差的演化曲线

表 6. 7　PSO-BPNN 预测结果与测试实验结果对比

序号	L_1			L_2			WF_2			*WP*		
	EV /mm	PBV /mm	Err /%	EV /mm	PBV /mm	Err /%	EV /mm	PBV /mm	Err /%	EV /mm	PBV /mm	Err /%
1	0. 388	0. 4219	-8. 74	0. 635	0. 6984	-9. 98	0. 351	0. 3460	1. 42	2. 072	1. 9759	4. 64
2	0. 593	0. 5165	12. 90	0. 612	0. 6849	-11. 91	0. 579	0. 4902	15. 34	2. 016	2. 0241	-0. 40
3	0. 612	0. 6596	-7. 78	0. 715	0. 7687	-7. 51	0. 687	0. 7001	-1. 91	2. 065	2. 1858	-5. 85

续表 6.7

序号	L_1			L_2			WF_2			WP		
	EV /mm	PBV /mm	Err /%	EV /mm	PBV /mm	Err /%	EV /mm	PBV /mm	Err /%	EV /mm	PBV /mm	Err /%
4	0.653	0.6215	4.82	0.703	0.6635	5.62	1.005	1.0909	-8.55	1.933	2.0424	-5.66
5	0.355	0.4118	-16.00	0.677	0.6651	1.76	1.309	1.1910	9.01	1.899	1.8515	2.50
6	0.602	0.5246	12.86	0.651	0.6098	6.33	1.439	1.3937	3.15	1.847	1.9825	-7.34

注：EV，实验值；PBV，预测值；Err，误差=(EV-PBV)/EV×100%。

6.2.2.3　激光焊接过程能量分布智能调控优化模型

GA 是由 Holland[11] 提出的一种随机搜索和优化的算法，由自然选择和遗传学机制演变而来，已成功地应用于混合模型装配、多目标优化等领域。因此，选择 GA 建立激光焊接过程能量分布智能调控优化模型，对 PSO-BPNN 的预测输出进行优化，获得最优的焊接工艺参数组合，实现激光焊接过程能量分布的智能调控。

GA 在搜索空间中对随机生成的一组个体进行操作，通过这些个体的复制、交叉等来产生最优解。目标函数如 6.2.2.1 节中式（6.5）所示。基于 GA 的激光焊接过程能量分布智能调控优化流程如图 6.9 所示。为了获得理想的焊缝横截面形貌特征参数，将目标函数 F 设为 GA 的适应度函数，用于适应度值计算。表 6.4 所示的焊接工艺参数及其水平用于确定输入参数变量的上界和下界向量，具体如下。

下界向量：$\boldsymbol{P}_{\text{Lower}} = [1.50 \quad 2.50 \quad -3.0 \quad 0]$；

上界向量：$\boldsymbol{P}_{\text{Upper}} = [3.50 \quad 3.50 \quad 1.0 \quad 0.08]$。

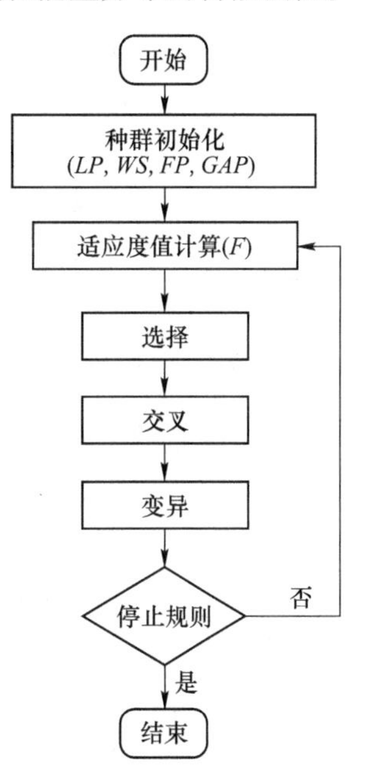

图 6.9　基于 GA 的激光焊接过程能量分布智能调控优化流程

GA 在有界向量的约束下优化焊接工艺参数，将其输入到训练好的 PSO-BPNN 中，得到预测的焊缝横截面形貌特征参数。在进行 GA 演化之前，对其定义了演化代数、种群大小、代沟、交叉率和变异率等参数。在 GA 的演化过程中，通过选择算子、交叉算子和变异算子不断更新以适应度值表示的目标函数 F。若演化代数超过定义的最大允许代数，则演化将终止。在利用 GA 进行优化的过程中，所获得的适应度值演化曲线如图 6.10 所示。经过多次 GA 计算实验，发现表 6.8 所示的 GA 参数能够有效地优化焊接工艺参数，实现激光焊接过程能量分布的智能调控优化。

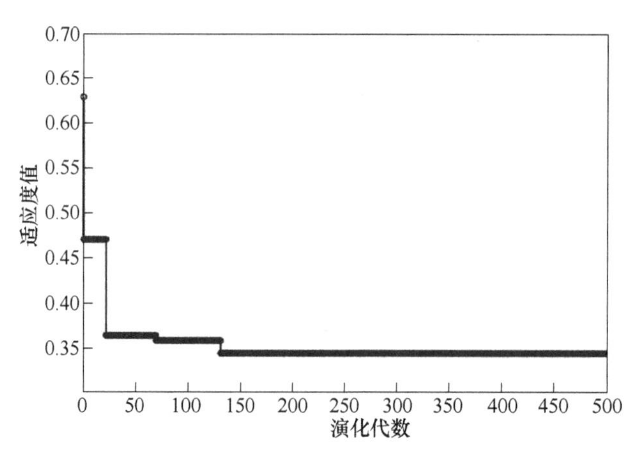

图 6.10　GA 适应度值演化曲线

表 6.8　GA 参数

参数	值
演化代数	500
种群大小	60
代沟	0.95
交叉率	0.7
变异率	0.02

6.2.3　激光焊接过程能量分布智能调控优化结果验证

基于所建立的激光焊接过程能量分布智能调控优化模型，可通过优化激光功率、焊接速度、离焦量、间隙等焊接工艺参数来调控焊接过程能量分布，进而获得最优的焊缝横截面形貌特征参数。本节通过激光焊接实验，对比经过激光焊接过程能量分布智能调控优化以及未经过激光焊接过程能量分布智能调控优化获得的焊缝横截面形貌与接头力学性能，验证所提出模型的有效性。

经过激光焊接过程能量分布智能调控优化得到的焊接工艺参数与焊缝横截面形貌特征参数如表 6.9 所示。考虑到激光焊接系统的实际性能，选取接近于表 6.9 中优化值的焊接工艺参数作为可行解进行激光焊接验证实验。采用光学显微镜对验证实验中得到的焊缝进行金相显微观察，并将金相显微图像输入到图像分析软件中，获得相应的焊缝横截面形貌及其特征参数，结果如图 6.11 所示。实验验证结果如表 6.10 所示。从表 6.10 中可以看出，相比于其他的输出，WF_2的误差最大，为-8.753%。由于 WF_2是焊缝的底部特征参数，受材料组织分布差异、激光能量密度波动、环境等随机因素的影响较大，导致误差最大。以上分析表明，所提出的激光焊接过程能量分布智能调控优化模型准确可靠。

表 6.9　激光焊接过程能量分布智能调控优化获得的焊接工艺参数与焊缝横截面形貌特征参数

L_1 /mm	L_2 /mm	WF_2 /mm	WP /mm	LP /kW	WS /(m·min^{-1})	FP /mm	GAP /mm
0.60569	0.65306	0.44719	2.0116	2.4961	3.4922	0.3660	5.97×10^{-5}

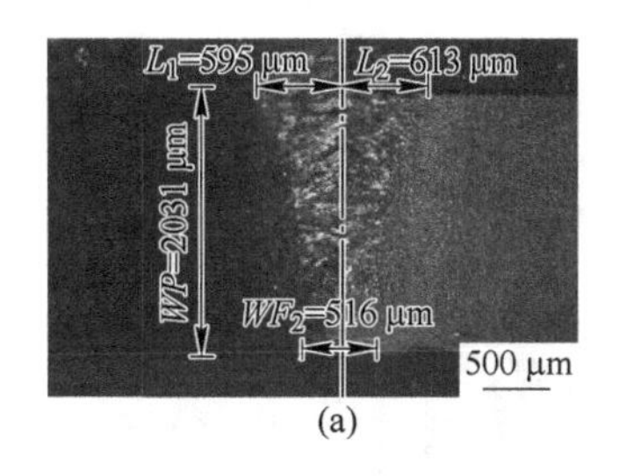

(a)

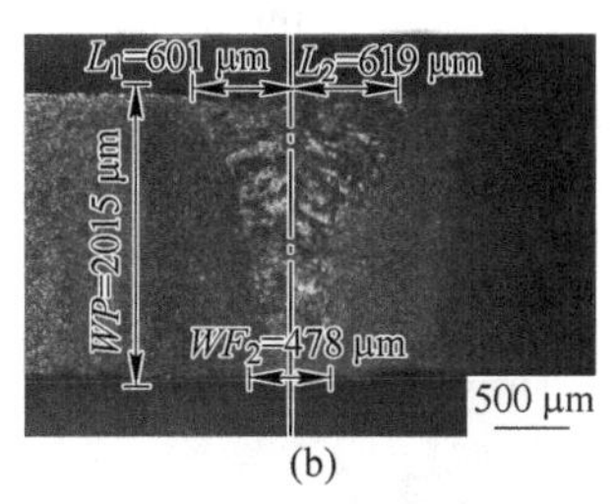

(b)

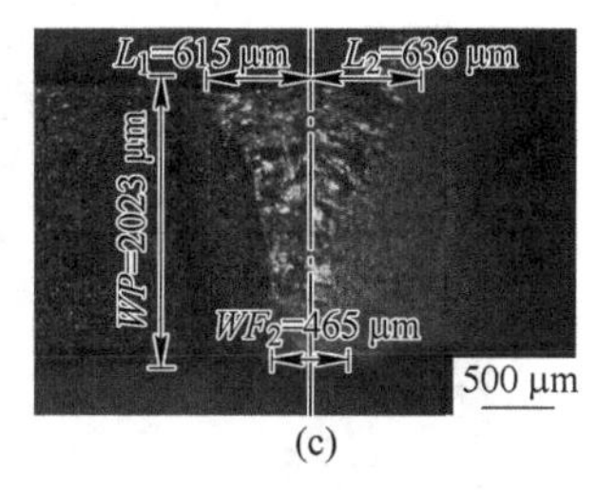

(c)

图 6.11　经过激光焊接过程能量分布智能调控优化的焊缝横截面形貌及其特征参数
（a）可行解 1；（b）可行解 2；（c）可行解 3

表 6.10　实验验证结果

算法	F /mm^2	L_1 /mm	L_2 /mm	WF_2 /mm	WP /mm	LP /kW	WS/(m·min^{-1})	FP /mm	GAP /mm
优化解	0.34434	0.60569	0.65306	0.44719	2.0116	2.4961	3.4922	0.3660	5.97×10^{-5}
可行解 1	0.35060	0.595	0.613	0.516	2.031	2.5	3.5	0.5	0
可行解 2	0.34238	0.601	0.619	0.478	2.015	2.5	3.5	0.5	0
可行解 3	0.34753	0.615	0.636	0.465	2.023	2.5	3.5	0.5	0
平均值	0.34683	0.60366	0.62267	0.48633	2.023	2.5	3.5	0.5	0
Err/%	−0.723	0.334	4.653	−8.753	−0.566				

注：Err，误差=(优化解−平均值)/优化解×100%。

随机选取未经过激光焊接过程能量分布智能调控优化的焊缝横截面形貌进行分析，如图 6.12 所示。从图 6.12 中可以看出，焊缝中存在余高过大、未焊满、塌陷、根部凹陷、根部未焊透、不对称、气孔、热裂纹等缺陷，这些缺陷会降低焊接接头的力学性能，从而直接影响焊接接头的质量。

从图 6.11 和图 6.12 中可以看出，与未经过激光焊接过程能量分布智能调控优化的焊缝横截面形貌相比，经过激光焊接过程能量分布智能调控优化的焊缝缺陷显著减少。因此，通过激光焊接过程能量分布智能调控优化能够有效地调节激光焊接过程能量分布，改善焊缝形貌，提高焊接质量。

为了进一步评估经过激光焊接过程能量分布智能调控优化的焊接接头的性

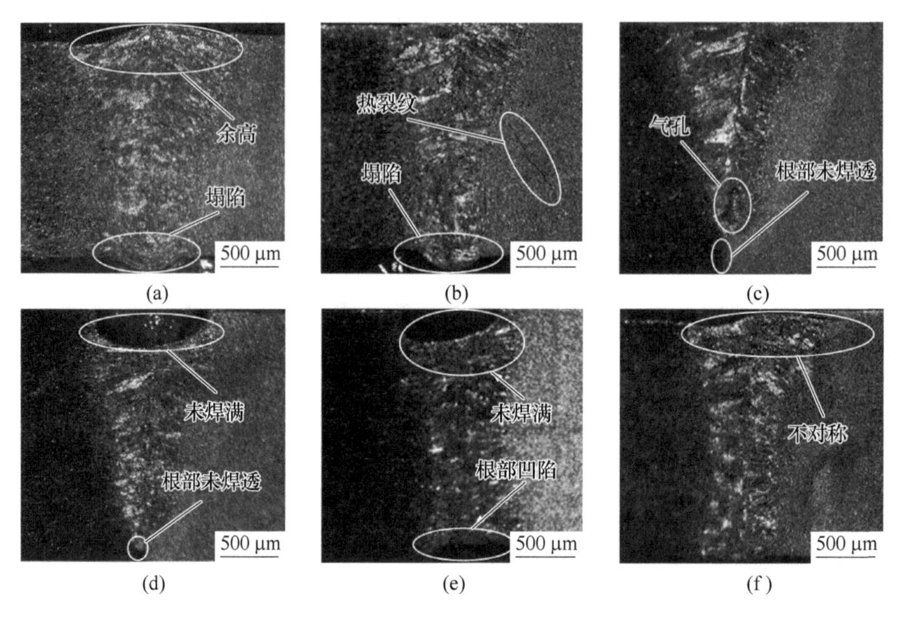

图 6.12　未经过激光焊接过程能量分布智能调控优化的焊缝横截面形貌
（a）焊缝 1 横截面形貌；（b）焊缝 2 横截面形貌；（c）焊缝 3 横截面形貌；
（d）焊缝 4 横截面形貌；（e）焊缝 5 横截面形貌；（f）焊缝 6 横截面形貌

能，采用显微硬度测试仪，在载荷为 50 g 的情况下，对经过抛光的焊缝横截面进行了维氏显微硬度测试。测试位置为距焊缝中心线 5 mm 的范围内。相邻压痕的间距在焊缝区域为 0.1 mm，在其他区域为 0.2 mm，以避免压痕引起局部硬化。经过激光焊接过程能量分布智能调控优化的焊接接头显微硬度分布如图 6.13 所示。从图 6.13 中可以看出，显微硬度具有明显的不对称性，SUS301L-HT 侧基材区域的显微硬度更高。Q235 侧基材区域的平均显微硬度为 132 HV，SUS301L-HT 侧基材区域的平均显微硬度为 351 HV。Q235 侧基材区域显微硬度分布基本保持均匀，从热影响区到焊缝区域呈现出升高的趋势。这是由于基材区域的微观组织主要为铁素体和奥氏体，热影响区的微观组织主要为马氏体。从显微硬度值的变化可以看出，焊缝的宽度大约为 1.2 mm，这与焊缝横截面形貌特征参数的测试结果基本相符。与 SUS301L-HT 侧相比，Q235 侧的热影响区要宽很多，这是由于 SUS301L-HT 的导热性较低所导致的。

另外，采用拉伸试验机以 1 mm/min 的加载速度，在室温下对经过激光焊接过程能量分布智能调控优化的焊接接头进行了拉伸测试。为了减小实验误差，同时制备了三个拉伸件进行测试。其中，Q235 和 SUS301L-HT 的抗拉强度分别为 381 MPa 和 1120 MPa。若焊缝的抗拉强度高于基材的抗拉强度，则断裂应发生在基材区域，否则发生在焊缝区域。拉伸测试结果表明，经过激光焊接过程能量分

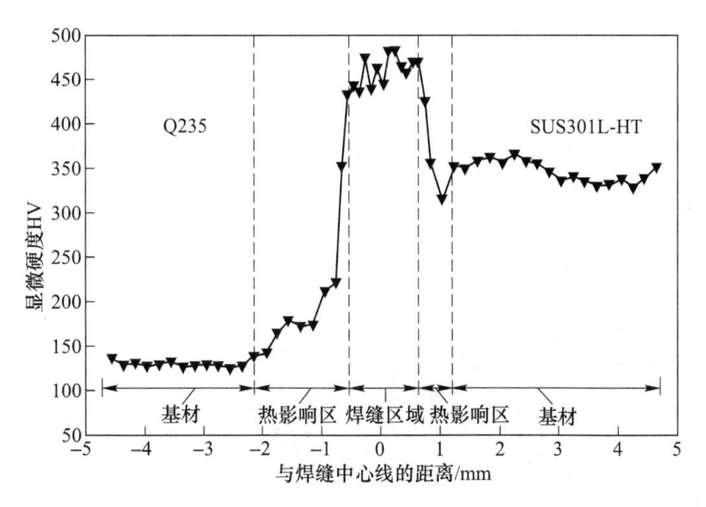

图 6.13 经过激光焊接过程能量分布智能调控优化的焊接接头显微硬度分布

布智能调控优化的焊接接头的抗拉强度分别为 382 MPa、385 MPa 和 383 MPa，且拉伸件的断裂位置均处于 Q235 侧，断口位置分别位于距焊缝中心线 13.0 mm、13.1 mm 和 13.3 mm 处，如图 6.14 所示。大部分塑性变形发生在 Q235 侧，焊缝区域未发生塑性变形。从测试结果可以明显看出，焊缝的抗拉强度高于 Q235 侧基材的抗拉强度。因此，经过激光焊接过程能量分布智能调控优化的焊接接头具有更优异的力学性能。

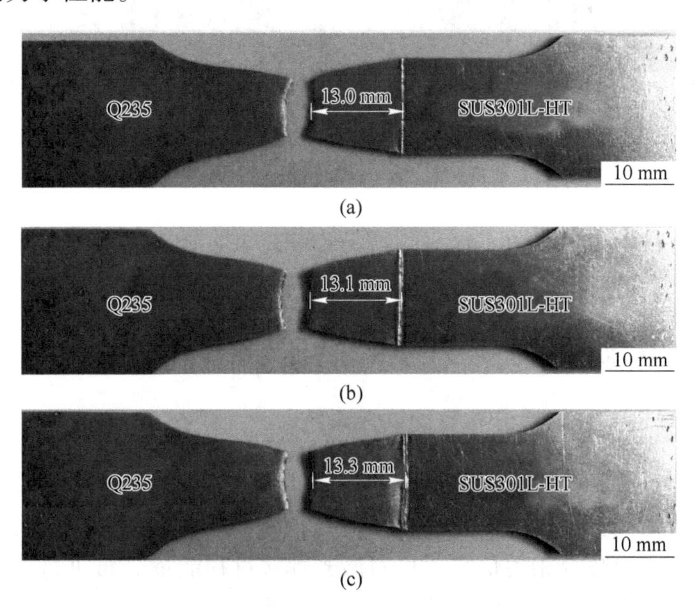

图 6.14 经过激光焊接过程能量分布智能调控优化的焊接接头拉伸测试结果

（a）拉伸件 1；（b）拉伸件 2；（c）拉伸件 3

图 6. 15 所示为未经过激光焊接过程能量分布智能调控优化的焊接接头拉伸测试结果。从图 6. 15 中可以看出，大部分拉伸件在焊缝处断裂，未观察到颈缩现象。与经过激光焊接过程能量分布智能调控优化的焊缝的抗拉强度对比，未经过激光焊接过程能量分布智能调控优化的焊缝的抗拉强度低于基材，延展性也有所下降。这是由于焊缝的余高过大、未焊满、塌陷、根部凹陷、根部未焊透、不对称等缺陷导致抵抗拉伸的有效承载面积减少，使得接头抗拉强度降低。另外，气孔和粗大的偏析相引起的应力集中、微裂纹等降低了接头的延展性[12]。

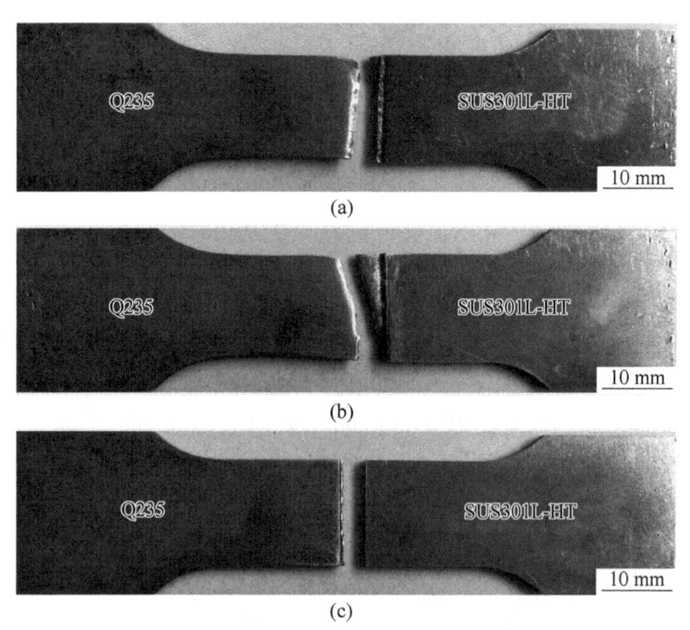

图 6. 15 未经过激光焊接过程能量分布智能调控优化的焊接接头拉伸测试结果
（a）拉伸件 1；（b）拉伸件 2；（c）拉伸件 3

从以上分析中可以看出，激光焊接过程能量分布智能调控方法能够有效地改善焊缝形貌，提升接头力学性能，对于提高激光焊接质量具有重要的意义。

6. 3 激光焊接过程能量分布智能调控的实现

6. 3. 1 激光焊接过程能量分布智能调控系统

为了实现对激光焊接过程能量分布的精准调控，本节介绍了一种激光焊接过程能量分布智能调控系统（软件）。通过在该系统上输入材料参数、接头形式、工艺参数和振荡参数等相关信息，可对激光焊接过程能量分布进行调控，从而改善焊缝的形成过程，减少焊缝缺陷，提高焊接质量。

激光功率、焊接速度、离焦量等工艺参数共同影响了激光焊接过程能量分布，对基材的熔化、蒸发等多物态转变过程及熔池小孔动力学行为具有显著的影响，最终影响焊缝的成形质量。因此，在激光焊接过程能量分布智能调控系统中，将激光功率、焊接速度、离焦量作为能量分布调控中的重要参数。

与同种材料激光焊接过程相比，在异种材料激光焊接过程中，材料热物性的差异容易导致焊缝出现不对称、裂纹及气孔等缺陷，严重影响异种材料激光焊接质量。针对异种材料激光焊接，激光焊接过程能量分布智能调控系统通过改变激光束线能量和调整焊接中心线位置来调控异种材料激光焊接过程能量分布。

下面以异种材料激光焊接为例，对激光焊接过程能量分布智能调控系统进行介绍。在激光焊接过程能量分布智能调控系统中，通过“材料参数”设置界面选择“基材种类”，输入基材的元素含量，如图 6.16 所示。在完成材料参数的输入后，进入“接头形式”设置界面，如图 6.17 所示。“接头种类”可选择对接、搭接、角接和 T 型接头等常见接头种类。在确定“接头种类”后，需要进一步输入基材 1 和基材 2 的尺寸信息，分别为长、宽、厚。

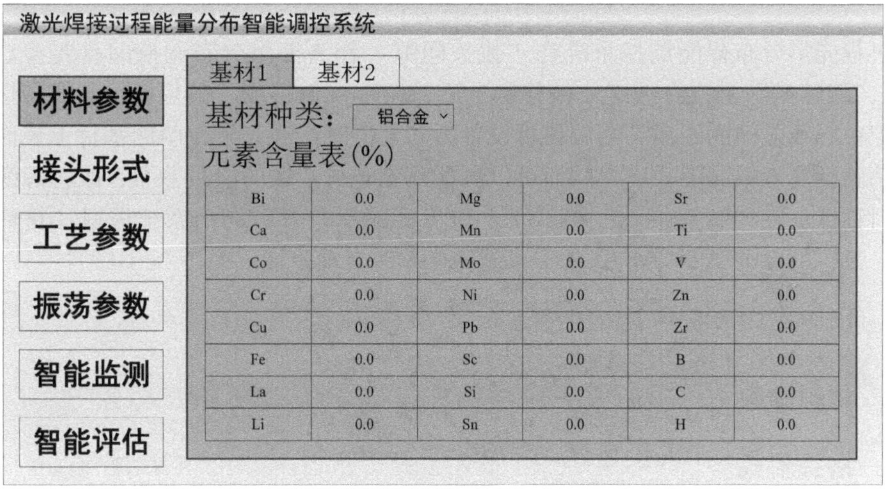
激光焊接过程能量分布智能调控系统
材料参数
接头形式
工艺参数
振荡参数
智能监测
智能评估
基材1
基材2
基材种类：
铝合金
元素含量表(%)
Bi 0.0 Mg 0.0 Sr 0.0
Ca 0.0 Mn 0.0 Ti 0.0
Co 0.0 Mo 0.0 V 0.0
Cr 0.0 Ni 0.0 Zn 0.0
Cu 0.0 Pb 0.0 Zr 0.0
Fe 0.0 Sc 0.0 B 0.0
La 0.0 Si 0.0 C 0.0
Li 0.0 Sn 0.0 H 0.0

图 6.16 “材料参数”设置界面

在完成接头形式参数的输入后，进入“工艺参数”设置界面，如图 6.18 所示。该界面的参数可选择“自定义”或者“智能推荐”模式进行设置。在“自定义”模式下，若采用振荡激光束进行焊接，可根据激光束辐射区域的不同而设置不同的激光功率大小。当激光束移动到焊接中心线左侧时，激光功率为 $P_{左}$；当激光束移动到焊接中心线右侧时，激光功率为 $P_{右}$。若采用恒定激光功率进行焊接，$P_{左}$ 和 $P_{右}$ 设置为同一数值即可。另外，还需要对“焊接速度”“离焦量”“接头间隙”“偏移侧”和“偏移量”参数进行设置。由于在异种材料激光焊接过程中，接头的间隙对焊缝形成过程和焊接质量具有较大的影响，因此，激光焊

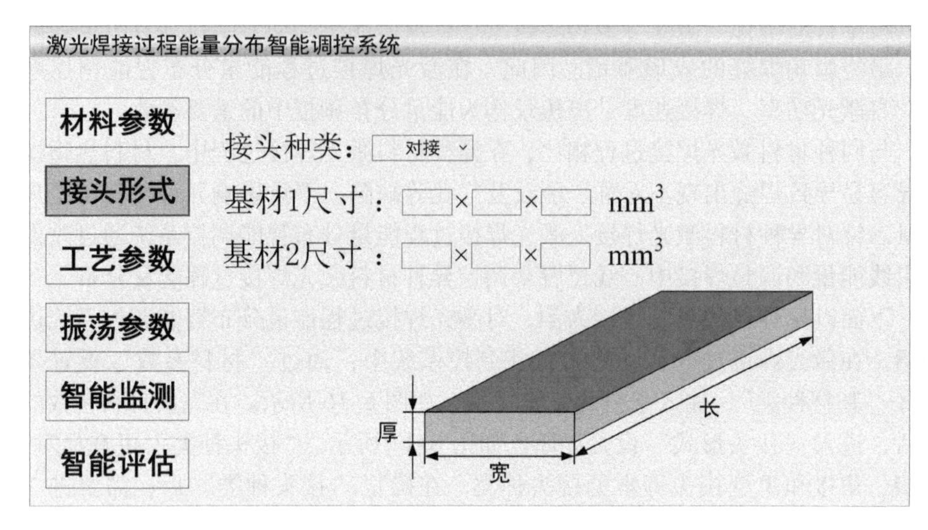

图 6.17　“接头形式”设置界面

接过程能量分布智能调控系统将“接头间隙”作为能量分布调控的重要参数之一。“偏移量”是指在选定“偏移侧”后，位于“偏移侧”的焊接中心线与接头间隙中心线之间的距离，当偏移量设置为非零值时，激光束在两侧基材上表面的振荡路径具有不同的长度，从而可以调控两侧基材区域的能量分布，改善焊缝的不对称性。在“智能推荐”模式下，该界面的所有参数均由系统根据“材料参数”和“接头形式”等信息基于智能优化算法自动生成。

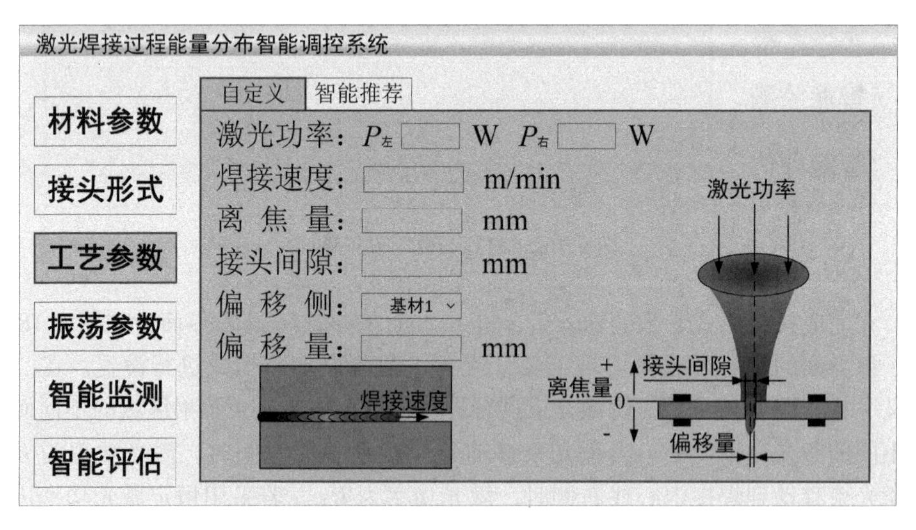

图 6.18　“工艺参数”设置界面

在完成工艺参数的输入后，进入“振荡参数”设置界面，如图 6.19 所示。

该界面的参数可选择“自定义”或者“智能推荐”模式进行设置。在“自定义”模式下，“振荡路径”可选择圆形、“∞”形、“8”形等形状。T 为振荡周期，即激光束完成一次振荡所用的时间。通过设置振荡幅度、振荡频率可以调控激光焊接过程能量分布的均匀性。“出光时间比（$T_{左}:T_{右}$）”指同一振荡周期内激光束辐射在焊接中心线左侧的时长与辐射在焊接中心线右侧的时长的比值，该值将影响激光束在焊接中心线两侧的实际运动速度，进而影响激光束线能量，从而实现对两侧能量分布的调控。在“智能推荐”模式下，该界面的参数均由系统根据“材料参数”和“接头形式”等信息基于智能优化算法自动生成。

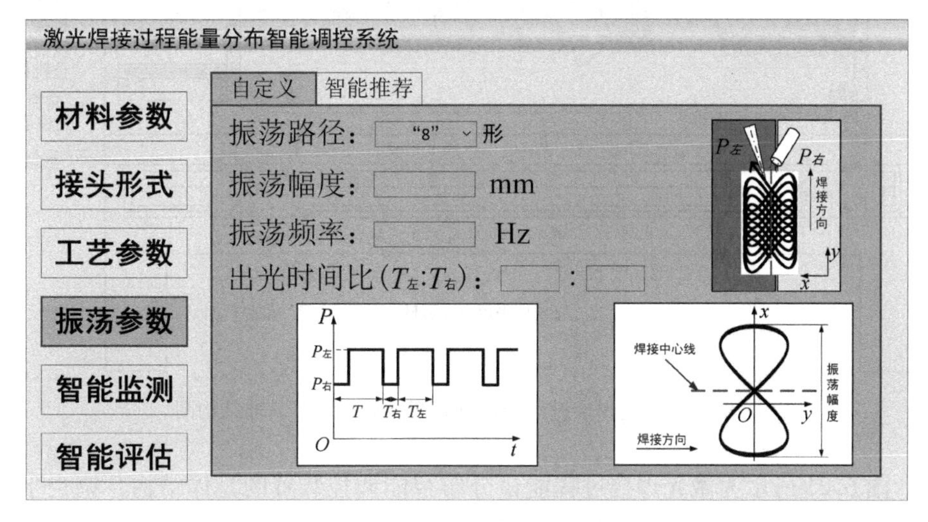

图 6.19　“振荡参数”设置界面

在完成激光焊接过程能量分布智能调控系统中的“材料参数”、“接头形式”、“工艺参数”和“振荡参数”设置后，可进行激光焊接实验。另外，激光焊接过程能量分布智能调控系统能够实现对激光焊接过程的智能监测和焊接接头质量的智能评估，为优化系统“智能推荐”参数提供基础数据。

利用激光焊接过程能量分布智能调控系统，基于 4.3.2.3 节获得的激光焊接过程能量分布对焊缝形成过程的调控机制，通过输入激光功率、焊接速度、离焦量、偏移侧、偏移量、振荡路径、振荡幅度、振荡频率、出光时间比（$T_{左}$：$T_{右}$）等参数，能够实现对激光焊接过程能量分布的智能调控，从而改善激光焊接焊缝成形质量。

6.3.2　激光焊接过程能量分布智能调控装置

本节主要介绍了一种激光焊接过程能量分布智能调控装置，作为激光焊接过程能量分布智能调控系统中的硬件设备，用于实现对接接头激光焊接过程能量分布的智能调控。该装置的整体结构如图 6. 20 所示，主要包括调控平台、纵向移动机构、U 形块、间隙调整块、纵向定位机构、夹紧机构、横向移动机构等结构。

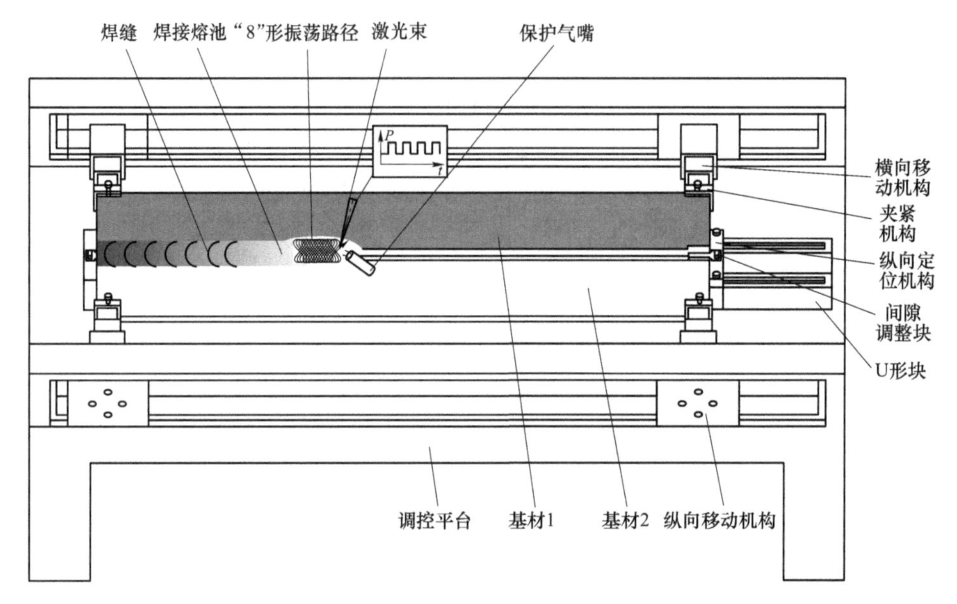

图 6. 20 激光焊接过程能量分布智能调控装置整体结构图

图 6. 21 所示为激光焊接过程能量分布智能调控装置的具体结构。调控平台上表面中部固定设置有 U 形块，U 形块上部滑槽内滑动设置有纵向定位机构，U 形块的上部和纵向定位机构上部凹槽内设置有能够灵活插拔的间隙调整块，间隙调整块的宽度与激光焊接过程能量分布智能调控系统中设置的接头间隙相同，调控平台上部设置有 4 组纵向移动机构，纵向移动机构端部设置有横向移动机构，横向移动机构端部设置有夹紧机构。

激光焊接基材的间隙调整与定位夹紧的具体操作过程如下：将基材 1 和基材 2 水平放置于 U 形块的表面，并保持基材的左端面与 U 形块左端定位面对齐，根据在智能调控系统中设置的“接头形式”参数移动纵向移动机构和横向移动机构，使夹紧机构顺利完成对基材的夹持。根据在激光焊接过程能量分布智能调控系统中设置的接头间隙调整需求，选择两个宽度与接头间隙设置值相同的间隙调整块分别放置于基材左右两侧的 U 形块上部和纵向定位机构上部凹槽内。滑动纵向定位机构使其左端面与基材的右端面对齐，通过横向移动机构调整基材的横向位置，使基材 1 的前端面和基材 2 的后端面分别与间隙调整块的前后端面对齐。在固定纵向定位机构和横向移动机构后，取出间隙调整块，即完成了基材的间隙调整和定位夹紧。然后，选用振荡激光束按照激光焊接过程能量分布智能调控系

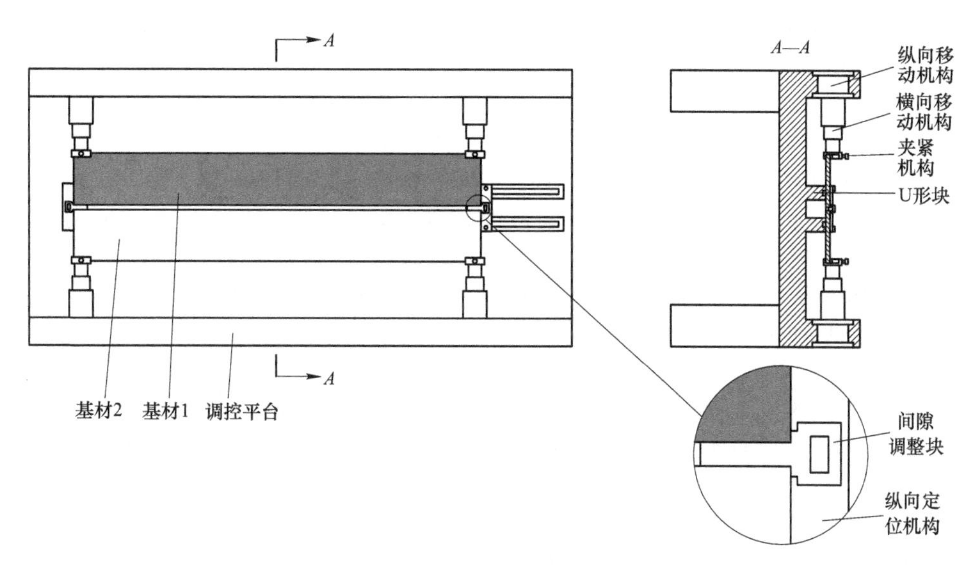

图 6. 21　激光焊接过程能量分布智能调控装置具体结构图

统中设置的各项参数进行焊接，实现激光焊接过程能量分布的智能调控。

激光焊接过程能量分布智能调控装置通过间隙调整块、定位机构、夹紧机构及调控平台等组件配合，在保证基材间隙调整精度的条件下，减少了基材的间隙调整和定位夹紧时间，提高了对接接头激光焊接效率，同时能够根据激光焊接过程能量分布智能调控系统中设置的各项参数，高效率、高质量地实现激光焊接过程能量分布的智能调控。

参 考 文 献

[1] AI Y, YE C, LIU J, et al. Study on improvement of weld defect in oscillating laser welding of aluminum alloy T-joints assisted by solder patch [J]. Optics & Laser Technology, 2024, 176: 110873.

[2] RUGGIERO A, TRICARICO L, OLABI A, et al. Weld-bead profile and costs optimisation of the CO_2 dissimilar laser welding process of low carbon steel and austenitic steel AISI316 [J]. Optics & Laser Technology, 2011, 43 (1): 82-90.

[3] AI Y, SHAO X, JIANG P, et al. Process modeling and parameter optimization using radial basis function neural network and genetic algorithm for laser welding of dissimilar materials [J]. Applied Physics A, 2015, 121 (2): 555-569.

[4] LIANG X, YANG Z, GU X, et al. Research on activated carbon supercapacitors electrochemical properties based on improved PSO-BP neural network [J]. CMC-Computers, Materials & Continua, 2009, 13 (2): 135-151.

[5] XIAO W, YE J. Improved PSO-BPNN algorithm for SRG modeling [C] // 2009 International Conference on Industrial Mechatronics and Automation. Chengdu: IEEE, 2009: 245-248.

[6] CHEN F. Back-propagation neural networks for nonlinear self-tuning adaptive control [J]. IEEE Control Systems Magazine, 1990, 10 (3): 44-48.

[7] DAI H, MACBETH C. Effects of learning parameters on learning procedure and performance of a BPNN [J]. Neural Networks, 1997, 10 (8): 1505-1521.

[8] CHEN W, HSU Y, HSIEH L, et al. A systematic optimization approach for assembly sequence planning using Taguchi method, DOE, and BPNN [J]. Expert Systems with Applications, 2010, 37 (1): 716-726.

[9] EBERHART R, KENNEDY J. A new optimizer using particle swarm theory [C] // Proceedings of the sixth international symposium on micro machine and human science. Nagoya: IEEE, 1995: 39-43.

[10] LI C, PARK S. Combination of modified BPNN algorithms and an efficient feature selection method for text categorization [J]. Information Processing & Management, 2009, 45 (3): 329-340.

[11] HOLLAND J. Adaptation in natural and artificial systems: an introductory analysis with applications to biology, control, and artificial intelligence [M]. MIT Press, 1992.

[12] LEO P, RENNA G, CASALINO G, et al. Effect of power distribution on the weld quality during hybrid laser welding of an Al-Mg alloy [J]. Optics & Laser Technology, 2015, 73: 118-126.